자연을 담은 디자인

김수봉 저

박영사

감사의 글

이 책은 조경에 관심이 있으나 조경을 잘 모르는 분들을 위한 교양서요, 안내서다. 책 내용에서 전공서적의 냄새와 때를 없애려고 노력했다. 조경을 잘 설명할 수 있는 주제를 저자가 그동안 쓴 책에서 임의로 선정하고, 그 주제를 중심으로 이야기를 새롭게 풀어나갔다. 본문의 글도 가능하면 많이 줄이고 될 수 있으면 그림과 사진으로 내용을 쉽게 설명하려고 노력하였다. 이 책이 여러분들께서 조경을 이해하고 다가가는데 도우미 역할을 잘 하였으면 좋겠다. 필자는 이 책으로 인해 도시가 건강하고 도시에 사는 사람들이 행복하게 사는 법을 알았으면 하고 바란다.

이 책의 출판을 흔쾌히 허락해 주신 박영사 관계자분들과 책 준비에 많은 도움을 준 나의 오른팔이자 왼팔인 계명대학교 조경계획연구실(LEAP) 제자들, 특히 박사과정 문혜식과 김병진, 석사과정 이동권, 정희령, 장사정(Jiang Sijing), 그리고 학부연구생 이유정(그림), 백두수, 김미진(편집), 이담덕, 임준영, 최원기에게 감사의 마음을 전한다. 끝으로 나의 가족들에게 감사한다.

2015년 12월 10일, 21년 전 박사학위 받은 날

계명대학교 덕래관 7305호에서

易良 김수봉

차례

프롤로그: 조경은 오달수다 · · · 1

CHAPTER 01 자연을 담은 디자인 · · · 5
1.1 조경이란? · · · 5
1.2 조경의 현실 · · · 9
1.3 자연미와 예술미 · · · 13
1.4 대상의 축소와 자연미 · · · 16
1.5 관계의 축소와 자연미 · · · 18

CHAPTER 02 정원과 조경은 무엇이 다를까 · · · 23
2.1 정원이란? · · · 23
2.2 조경이란? · · · 26
2.3 정원과 조경의 차이 · · · 32
2.4 조경의 현대적 가치 · · · 35
1) 진: 조경의 가치는 다름이다 36
2) 선: 조경의 가치는 자연이다 37
3) 미: 조경의 가치는 오달수다 39
4) 조경이 명품조연의 역할을 수행한 하이라인 40

CHAPTER 03 조경의 오늘을 만든 사람들 · · · 45
3.1 앤드류 잭슨 다우닝(Andrew Jackson Downing): 미국조경의 설립자 · · · 45
3.2 프레데릭 로우 옴스테드(Frederick Law Olmsted): 미국 조경의 아버지 · · · 49
3.3 찰스 엘리엇(Charles Eliot) · · · 54
3.4 헨리 빈센트 허바드(Henry Vincent Hubbard) · · · 58
3.5 가렛 에크보(Garrett Eckbo) · · · 61
3.6 이안 맥하그(Ian McHarg) · · · 66
3.7 알아두면 좋은 현대 조경가 요약 · · · 71

CHAPTER 04 동양의 정원은 왜 만들었을까 · · · 73
4.1 중국의 정원: 원림(園林) · · · 74
4.2 일본의 정원 · · · 79
1) 아스카(飛鳥)시대와 나라(奈良)시대 80
2) 헤이안(平安)시대 80
3) 가마쿠라(鎌倉)시대 82
4) 무로마치(室町) 시대 82
5) 모모야마(桃山)시대 83
6) 에도(江戸)시대 84
7) 메이지(明治)시대 이후 84
8) 일본정원의 특성 85
4.3 한국의 정원 · · · 86
1) 한국정원에 영향을 준 사상체계 86
2) 삼국시대: 신라의 월지 88
3) 조선시대: 창덕궁 후원과 소쇄원 92
4) 한국정원의 특징 100
CHAPTER 05 서양의 정원은 무엇을 남겼나 · · · 101
5.1 성서의 정원: 에덴동산 · · · 101
5.2 메소포타미아의 정원 · · · 105
1) 수렵원(狩獵苑) 106
2) 공중정원 107
5.3 이집트의 정원 · · · 109
1) 주택과 분묘정원 109
2) 신원(神苑) 110
5.4 그리스의 아도니스 가든 · · · 111
5.5 로마의 주택정원 · · · 113
1) 주택정원 113
2) 별장정원 114
3) 포럼과 시장, 그리고 정원식물 115
5.6 중세의 정원 · · · 117
1) 유럽의 정원 117
2) 이슬람 정원 119
5.7 르네상스 정원 · · · 123
1) 이탈리아 정원 124
2) 프랑스 정원 125
5.8 18세기 영국 정원 · · · 128

CHAPTER 06 공원녹지의 존재이유는 무얼까 · · · 131

6.1 도시공원 및 녹지 등에 관한 법률에 의한 분류 · · · 132
1) 도시공원 및 녹지 등에 관한 법률 제15조 133
2) 도시공원 및 녹지 등에 관한 법률 제35조 135

6.2 공원녹지의 특징 · · · 136
1) 공원녹지의 성격 136
2) 공원녹지의 기능 138
3) 공원녹지의 유형 140
4) 그린인프라 141

6.3 영국의 공원: 버큰헤드파크 · · · 143
6.4 미국의 공원: 센트럴파크 · · · 148
6.5 우리나라의 도시공원 · · · 154
1) 도시공원의 효시 마을숲 154
2) 도시공원의 도입에서 여의도공원까지 157

CHAPTER 07 공원녹지는 어떻게 만들어졌나 · · · 163

7.1 대구시 도시공원의 도입과 전개 · · · 163
1) 달성공원과 중앙공원 165
2) 앞산공원과 망우공원 167
3) 두류공원과 범어공원 170
4) 봉무공원, 국채보상기념공원, 2·28기념중앙공원 172
5) 가로수, 도시숲, 푸른옥상 175

7.2 서울특별시 · · · 180
1) 여의도샛강생태공원과 길동생태공원, 영등포공원 180
2) 선유도공원 · 낙산공원 · 월드컵공원 181
3) 청계천복원과 서울숲 183
4) 북서울꿈의숲과 서서울호수공원, 상상어린이공원 184
5) 푸른도시선언과 시민생활 밀착형 공원녹지 186
6) 서울시 공원녹지 정책의 주요 변화로 본 교훈 188

CHAPTER 08 조경의 시작은 인간의 이해에서부터 · · · 191

8.1 인간의 몸과 스케일(Scale) · · · 192
8.2 황금비와 척도 · · · 195
8.3 스케일의 측정 · · · 200
8.4 환경심리학 · · · 203
1) 개인적 공간 205
2) 개인적 공간의 크기 207
3) 영역성 212

CHAPTER 09 자연을 담기 위한 준비 · · · 217

9.1 조경계획과정: P · P · T분석 · · · 219

9.2 People: 이용자 특성 · · · 221

1) 사회적 분석: 설문조사법(Questionnaires) 221

2) 이용자행태와 환경의 상호작용 분석(User's Behaviour) 222

9.3 Place: 대상지의 물리적, 생태적 그리고 역사적 특성 · · · 224

1) 지질(Geology) 224

2) 토양(Soil) 225

3) 지형(Topography) 225

4) 식생(Vegetation) 225

5) 야생동물(Wildlife) 226

6) 대상지의 특성(Existing Features) 226

7) 시각적인 질(Visual Quality) 227

8) 기후(Climate) 227

9.4 Time: 시대적 특성 · · · 228

9.5 조경디자인 요소: 4E · · · 229

1) 지형 231

2) 식물재료 234

3) 물 237

4) 돌 239

CHAPTER 10 자연과 인간을 화해시키는 방법 · · · 243

10.1 디자인과 환경의 특성 · · · 243

1) 상호관련성 244

2) 광역성 245

3) 시차성 247

4) 탄력성과 비가역성 248

5) 엔트로피 증가 249

10.2 기후변화와 조경디자인 · · · 250

10.3 조경디자인을 위한 기초 생태학과 생태계 · · · 254

10.4 도시생태계 · · · 257

10.5 도시열섬현상과 지속가능한 디자인 · · · 261

1) 도시열섬현상 261

2) 지속가능한 개발(Sustainable Development) 263

10.6 그린디자인 · · · 266

1) 인간과 자연을 화해시키는 방법 266

2) 3R : 재생, 재활용, 재사용 268

3) 지속가능한 조경디자인: 그린디자인 270

CHAPTER 11 자연을 담는 방식 · · · 273
11.1 식재디자인 원리 · · · 275
1) 통일(Unity) 276
2) 대비(Contrast) 278
3) 균형(Balance) 279
4) 점진(Gradation) 280
5) 반복(Repetition) 282
6) 유사(Similarity) 283
7) 축(Axis) 284
8) 질감(Texture) 285
9) 리듬(Rhythm) 287
10) 균제(Symmetry) 288
11.2 식재디자인의 기본개념 · · · 289
11.3 식물의 규격 · · · 295
1) 측정 기준 295
2) 식물규격표시 방법 297

CHAPTER 12 나무를 이야기하다 · · · 299
12.1 소나무(Pinus densiflora Siebold et Zucc.) · · · 301
12.2 메타세쿼이아(Metasequoia glyptostroboides Hu & W. C. heng) · · · 303
12.3 은행나무(Ginkgo biloba L.) · · · 305
12.4 칠엽수(Aesculus turbinata BLUME.) · · · 306
12.5 배롱나무(Lagerstroemia indica L.) · · · 311
12.6 이팝나무(Chionanthus retusus Lindl. & Paxton) · · · 313
12.7 호랑가시나무(Ilex cornuta Lindl. & Paxton) · · · 315

에필로그: 나무와 친해지는 한 가지 방법 · · · 319
13.1 벚꽃(Prunus serrulata var. spontanea (Maxim.) E. H. Wilson) · · · 323
13.2 목련(Magnolia kobus A. P. DC.) · · · 324
13.3 산딸나무(Cornus kousa F. Buerger ex Miquel) · · · 325
13.4 모과나무(Cydonia sinensis THOUIN) · · · 326
13.5 섬잣나무(Pinus parviflora S. et Z.) · · · 327
13.6 백합나무(Liriodendron tulipifera L.) · · · 328
13.7 박태기나무(Cercis chinensis Bunge) · · · 329
13.8 피라칸타(Pyracantha angustifolia C. K. Schneid.) · · · 330

13.9 꽃댕강나무(Abelia mosanensis T.H.Chung) · · · · · · · · · · 331
13.10 단풍나무(Acer palmatum Thunb.) · · · · · · · · · · · · · · · 332
13.11 중국단풍(Acer buergerianum MIQ.) · · · · · · · · · · · · · · 333
13.12 화살나무(Euonymus alatus (Thunb.) Siebold) · · · · · · · · 334
13.13 메타세쿼이아(Metasequoia glyptostroboides) · · · · · · · · · · 335
13.14 수수꽃다리(Syringa oblata var. dilatata (Nakai) Rehder) · · · · 336
13.15 영산홍(Rhododendron indicum Linnaeus) · · · · · · · · · · 337
13.16 탱자나무(Poncirus trifoliata) · · · · · · · · · · · · · · · · · · 338
13.17 은목서(Osmanthus fragrans (Thunb.) Lour.) · · · · · · · · · 339
13.18 상수리나무(Quercus acutissima CARR.) · · · · · · · · · · · · 340
13.19 전나무(Abies holophylla Max.) · · · · · · · · · · · · · · · · · 341
13.20 좀작살나무(Callicarpa dichotoma.) · · · · · · · · · · · · · · · 342

찾아보기 · 344

프롤로그: 조경은 오달수다

조경의 어머니는 정원이었다. 정원은 에덴동산(Garden of Eden) 이후로 중세봉건시대나 르네상스시대의 왕이나 귀족을 위한 사적공간이었으며 회화와 같은 예술로 취급했다. 조경은 근대시민사회와 함께 탄생하였고 우리 모두를 위한 공적인 공간, 즉 공원 만들기에 그 목적이 있으며 디자인과정을 통해 만들어진다. 그러나 정원과 공원의 공통어는 자연이며 자연미다. 그래서 조경은 자연과 함께하는 디자인이다. 이 책은 자연을 담은 디자인, 즉 조경학에 관한 교양서요, 입문서다.

어떤 것의 가치라는 것은 그것의 쓸모 혹은 인간과의 관계에 의하여 지니게 되는 중요성을 말하며 더 나아가서는 인간의 욕구나 관심의 대상 또는 목표가 되는 진, 선, 미를 이르는 말이다. 조경학개론시간에 학생들에게 강의를 하면서 늘 궁금해 하는 것은 우리 학생들이 조경의 가치에 대해서 어떻게 생각하고 또 이해하고 있는지가 매우 궁금했다. 그래서 강의시간에 몇몇 학생들에게 질문해보면 대부분 머뭇거리거나 묵묵부답이다. 우리가 지금 공부하고 있는

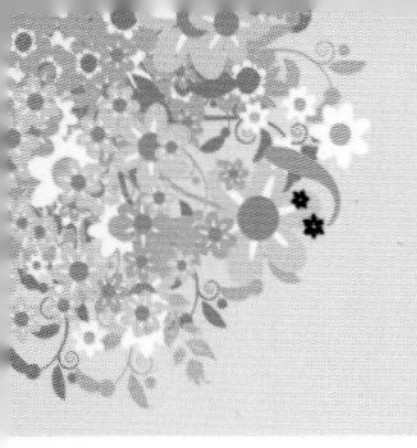

조경이 어떻게 쓰이며 그 혜택이 무엇인지도 모르면서 조경학 공부를 하고 있다고 하니 조금 답답했다. 그래서 조경학개론이 조경학과 교육과정에 존재하는 것인지는 모르겠지만 조경의 가치에 대해 그동안 학생들에게 이야기해준 내용을 요약하면 다음과 같다.

조경의 주요 소재인 수목과 꽃, 물이나 돌 그리고 흙이 만드는 장소나 공간을 우리는 도시의 자연이라고 한다. 이러한 자연은 조경의 매우 중요한 주제이며 또 한편으로는 조경의 가치라고 생각한다. 그렇다 조경의 가장 중요한 가치는 다른 건설업, 예컨대 건축공학이나 토목공학에서는 사용하지 않는 수목과 꽃, 물이나 돌 그리고 흙 등과 같은 자연소재를 주로 사용한다는 점이다. 조경이 이러한 자연의 재료를 사용하여 도시에 자연을 조성하고 자연미를 표현하는 것이 조경의 가치이며 본질이 될 수 있다고 생각한다. 그럼에도 우리 학생들은 자기 전공에 대한 자부심이 없어서 인지 아니면 관심의 부족에서인지 이 기본적인 그러나 중요한 조경의 가치를 잊고 공부하는 것 같아서 안타깝다.

한편 이 조경의 가치는 조경이 도시에 베푸는 혜택을 잘 이해하는 데서 더 빛을 발한다. 도시를 생태계로 가정한다면 도시는 주택, 도로, 공장과 같은 인공시스템과 하천이나 산, 호수, 공원녹지와 같은 자연시스템으로 이루어진다. 외부의 화석연료로 만들어진 에너지에 주로 의존하는 인공시스템은 주로 건축이나 토목과 같은 건설 분야의 몫으로 많은 엔트로피를 발생시켜 도시를 오염시키고 황폐화시킨다. 반면 태양에너지에 주로 의존하는 자연시스템은 엔트로피를 비교적 적게 발생시키며 조경에 의해 주로 공급되고 조성되는 공원과 녹지 그리고 숲이 주를 이룬다고 하겠다. 결국 조경의 진정한 가치는 도시에 자연을 공급하여 도시와 도시민에게 다음과 같은 4가지 혜택을 주는 데 있다고 생각한다.

조경은 도시생태계에서 자연을 공급하여 인공시스템에 의해 황폐해진 도시환경과 각종 환경오염에 의해 고통을 받는 도시민을 치유(healing)시키고, 시간이 지나면 이것은 도시의 생태계엔 조화(harmony), 도시민들에게는 건강(healthy)을 주어 결국 도시민에게 행복(happiness)을 가져다주는 중요한 역할을 하는 친환경 · 친인간적인 건설업이라는 데 그 가치가 있다. 조경은 자연을 매개로 환경을 고려하는 계획, 디자인, 시공, 관리를 할 때 존재의 가치가 있고 작지만 품위 있는 건설업이며 학문이다.

한편 조경이 다른 디자인과 다른 점은 디자인에 시간개념을 담는다는 것이다. 즉 조경디자인은 식물재료가 그 주요 소재로 사용하기 때문에 조경공간은 매일, 계절에 따라 변화하며 5년, 10년, 15년, 혹은 30년 후의 모습이 다르다. 시간은 자연처럼 끝없는 생성과정에 있는 것이고 사계절처럼 순환하는 것이기 때문이다. 그래서 조경이 시간과 자연을 함께 담은 디자인이다. 자연은 스스로 그러한 것이기 때문이다.

올해 2015년 천만관객을 세 번이나 기록한 배우 오달수가 그러하듯 조경은 늘 건축과 도시의 조연이었다. 그럼에도 불구하고 조경이 없는 건축과 도시계획은 관객이 찾지 않는 연극이요, 영화다. 늘 주연이 되려 하는 건축과는 달리 조경은 그 옆에서 늘 오달수 같은 조연으로 주연을 도와 도시를 더 아름답고 건축물을 더 건축물답게 만들어 준다. 사람들은 집을 짓고 그 자투리땅에 정원을 만들었다. 도시를 만들 때 도로를 만들고 공장을 짓고 주택단지를 만들고 남은 땅에 공원을 만들었다. 버큰헤드파크도 공원 덕분에 주변 주택경기가 살아났고 센트럴파크 주변의 고층빌딩도 공원 덕분에 더욱 그 가치가 상승했다. 최근의 뉴욕의 하이라인은 죽어가는 철도를 살려 공원으로 변신시켰다. 그러자 뉴요커들의 산업공간을 바라보는 관점이 바뀌었다. 버려진 철도가 철거되지 않고 기존의 산업 공간을 보는 관점을 바꾼 것이다. 버려진 철도가 철거되지 않고 공원으로 바뀌면서 뉴욕 시민들은 공공공간에 대한 희망을 되살리고 미래에 자신들의 도시를 어떻게 가꿔가야 할 것인가를 생각하게 된 것 같다. 그 변화의 중심에 늘 조경이 있었다. 그래서 조경은 오달수, 명품조연이다.

영어의 동사 be는 '존재'의 동사다. 독일어 sein(자인)에 해당되며 '사실(fact)'을 의미한다. 또 다른 독일어 sollen(졸렌)은 영어의 should와 비슷하며 '당위'를 뜻한다. 당위라 함은 바람직한 모습이나 행동, 보편적 정의를 말하며 철학의 영역이다. 즉 인간이 추구해야 할 보편적인 가치(Value)를 말하며 그래서 가치는 당위의 영역이다. 반면 sein, 즉 존재는 우리의 있는 그대로의 모습, 사실적 진리, 과학의 영역이며 존재의 영역이다. 우리사회에서는 이 sein과 sollen을 혼동하는 경우가 많다. 그리고 시대가 변함에 따라 존재와 당위에 대한 새로운 정의와 사회적 합의가 필요하다. 조경의 세계도 그러하다.

조경의 사실적 진리는 나무를 심어 도시에 녹지와 공원을 만드는 것이다. 그러나 조경이 추구해야 할 보편적 가치는 다른 건설업과는 달리 자연을 주제로 하며, 명품조연 오달수 같은 역할을 마다하지 않는 '다름'에 있다고 생각한다.

이 책을 쓰면서 조경의 존재와 당위에 대하여 많은 깨달음이 있었고 아직도 그 생각은 진화 중이다. 그 깨달음과 진화에 대하여 지금부터 이야기하고자 한다.

CHAPTER
01

자연을 담은 디자인

"건축가와 조경가는 차이점이 있다.
그들은 오브제를 만들지만, 우리는 경험을 만든다.
우리는 형태를 찾지 않는다.
땅이 형태이기 때문이다."
－로렌스 할프린－

1.1 조경이란?

어떤 학문을 이해하는 데 가장 좋은 방법 중의 한 가지는 그 학문의 정의를 살펴보는 것이다. 조경학도 마찬가지로 그 정의를 살펴보면 조경학이 무엇을 추구하는 학문인지 쉽게 이해할 수 있을 것이다.

미국에서 탄생한 조경학은 뉴욕 센트럴파크 탄생의 주역인 옴스테드(Frederick L. Olmsted, 그림 1－1)는 1858년 조경사(Landscape Architect)라는 말을 처음 만들었고[1]

1 Fabos et. al. 1968, Frederic Law Olmsted, Founder of Landscape Architecture in America, University of Massachusetts Press, Amherst.

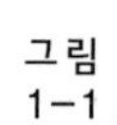

그림 1-1 조경학 탄생의 주역 옴스테드[2] (Frederick Law Olmsted)

그림 1-2 미국조경가협회(ASLA) 홈페이지 모습

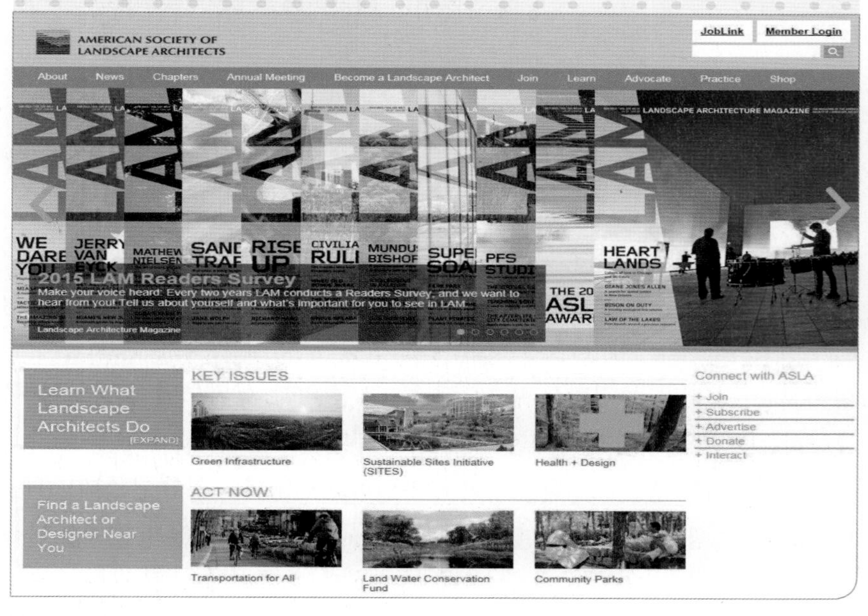

2 자료 : https://en.wikipedia.org/wiki/Frederick_Law_Olmsted 2015년 8월 5일 검색.

1863년 5월 14일 조경(Landscape Architecture)과 전문 직업을 탄생시켰다.[3] 1901년 미국의 하버드대학교에 조경학과가 최초로 설립되면서 조경전문가를 배출하기 위한 최초의 근대적 조경교육이 시작되었다.

미국조경가협회(ASLA: American Society of Landscape Architects)[4]는 1899년에 창설되었는데, 이 단체는 조경을 「인간의 이용과 즐거움을 위하여 토지를 다루는 기술」로 정의하였다. 즉 조경을 기능과 미라는 두 가지 목적을 성취하기 위해 인간 삶의 바탕인 토지 자체를 조정, 변화, 유지하는 전문 분야로 파악했다. 미국에서 조경은 20세기 초기에 도시를 아름답게 가꾸어서 시민들을 교화시키고 아울러 사회통합을 목표로 하였던 소위 도시미화운동(City Beautiful Movement)의 중심적인 역할을 수행하였다. 옴스테드는 조경가의 역할은 환경의 질과 관련하여 도시와 농촌개발의 아주 세심한 부분의 계획과 디자인을 할 수 있어야 한다고 생각했다(그림 1－2).

일반인들은 경관을 단지 시각적인 것, 혹은 토지와 관련하여 디자인된 공간이나 도시의 정원 같은 것, 혹은 교외경치의 어떤 느낌 같은 것을 묘사할 때 자주 쓴다. 그러나 조경전문가들은 경관을 단지 눈으로 보는 것에 더하여 인간의 서식처(Habitat)를 포함하는 통합적인 환경으로 보았다. 미국에서는 1907년 도시계획분야가 조경에서 빠져나간 이후 조경은 계획분야보다는 좀 더 세부적인 공원이나 정원 등의 디자인 분야가 활발해졌다.[5]

이후 세계 1, 2차 세계대전 이후 미국은 주택, 학교, 고속도로 등의 프로젝트가 많아지면서 생태와 사회문제에 관심이 집중되기 시작하였다. 이러한 관심은 1960년대에 접어들면서 본격화되었으며, 미국조경가협회는 1975년에 이르러 조경을 「유용하고 즐거움을 줄 수 있는 환경의 조성에 목표를 두고, 자원의 보전 및 관리를 고려하며, 문화적 과학적 지식의 응용을 통하여 설계·계획 혹은 토지의 관리 및 자연과 인공요소를 구성하는 기술」이라고 새롭게 정의하였다. 이러한 정의는 바로 맥하그와 같은 조경가들에 의하여

3 Newton, N. 1976, Design on the Land-The Development of Landscape Architecture, The Belknap Press of Harvard University Press, Cambridge, Massachusetts, p.273.

4 현재 미국조경가협회는 15,000명의 회원과 49개 조경관련지부 그리고 72개 학생관련지부로 이루어져 있다.

5 Anne, R. Beer 1990, Environmental Planning for Site Development, E. & F. N. SPON, p.25.

도시계획과정에 있어서 토지의 자연 및 물리적 요소의 효과에 대하여 재검토를 해야 한다는 주장이 제안되고 나서부터였다.[6] 즉 맥하그는 자연이 가지고 있는 본질적 수용력을 조경가는 이해해야 하며, 땅과 자연이 토지의 용도 결정에 중요한 관점이 됨을 강조하였다. 그는 도시계획 과정에서 환경에의 영향을 최소화하고 자연의 생산력 및 자정능력 유지하며 토지 및 공간이용의 밀도, 규모, 입지 등 가장 좋은 대안을 모색해야 함을 강조했다.

최근 하버드대학교 조경학과의 학과장인 찰스 발드하임(Charles Waldheim)은 조경의 역할에 대해서 「…(하버드대학교에)조경학과가 만들어진 1900년 이래로 직업으로서, 학문적 기준으로서 또 디자인의 매개로서 가장 중요한 조경의 역할은 도시와 환경과 문화를 하나로 엮는 것이었다. 그래서 조경의 임무는 도시화가 교차하는 자연과 건축 환경을 대상으로 진취적인 연구와 혁신적인 디자인을 실현하는 것이다… (중략)…오늘날 조경은 근래 어느 시대에 비교해 보아도 매우 위대한 문화적 관련성, 공공적 가시성, 그리고 직업적 리더십의 잠재력을 향유하고 있다.[7]」고 주장했다. 그리고 1929년에 설립된 영국조경협회(LI: Landscape Institute)는 그들의 역할에 대하여 「직업적 단체로서 그리고 교육적인 자선단체로서 우리 협회는 공공 편익을 위하여 자연환경과 자연 환경에 인위적인 조성을 가해 만들어낸 건축환경(Built Environment)을 보호하고 보존하며 그 가치를 높이기 위해 노력[8]」하는 것으로 규정하고 있다. 그러나 휘태커와 브라운[9]에 따르면 켄트, 브라운, 렙턴 팩스턴 등 유명한 풍경식정원가를 배출한 영국은 1969년에 이르러 겨우 셰필드대학교에 조경학과가 설치되었다. 반면 1971년 당시 미국에는 25개의 조경학과가 대학에 개설되어 있었다.

이러하듯 조경이라는 정의에 공통으로 흐르고 있는 키워드는 토지, 기술, 인간, 자연환경, 건축환경, 보존, 이용, 디자인, 공공성 등이며 그 역할과 정의는 시대와 장소에 단체와 국가에 따라 다양하며 변화하고 있음을 보여 준다.

6 Anne, R. Beer 1990, Environmental Planning for Site Development, E. & F. N. SPON, p.25.
7 http://www.gsd.harvard.edu/#/academic-programs/landscape-architecture/ 2015년 7월 6일 검색.
8 http://www.landscapeinstitute.org/about/ 2015년 7월 6일 검색.
9 벤 휘태커와 케네스 브라운 저, 김수봉 옮김, 2014, 우리의 공원(Parks for People), 박영사, p.91.

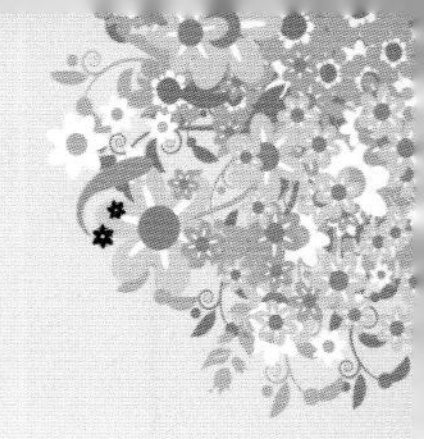

1.2 조경의 현실

우리나라에 조경이 처음 소개되었던 1970년대에 비해서 1990년대와 2000년대의 조경은 조경이 다루는 영역에서부터 우리 사회가 조경에 기대하는 수준까지도 많이 달라졌다. 1990년대부터 시작된 아파트 외부조경의 폭발적인 성장과 조경 설계공모의 양적인 팽창은 우리 조경계의 지형도를 변화시켰다. 수많은 조경설계사무소, 시공사, 조경 시설물 회사도 새로 생겨났고 조경관련 용어들도 새롭게 만들어졌으며 관련 분야와의 협업도 많이 늘어났다. 그러나 아직도 대중들은 조경을 단지 나무를 심는 직업으로 인식하고 조경학과 학생들은 조경이 무엇을 하는 직업인지를 친구에게, 가족에게 잘 설명하지 못한다. 아울러 어떤 조경가가 어떤 공원을 만들었는지조차 잘 모르고 있다. 필자가 도시계획이나 건축 및 공원관련심의를 가보면 조경기사들은 필자가 자주 질문하는 왜 이 나무를 이 장소에 심었는지 혹은 심어야 하는지에 대하여 잘 대답하지 못한다. 이게 조경교육의 현실이다. 조경이 가장 대중적인 직업이라면 대중들이 인식하는 조경과 호흡을 같이해야 한다. 이것이 이 책의 출발점이다.

2014년 〈환경과 조경〉 1월호 특집 〈309인에게 조경의 리얼리티를 묻다〉[10]에서 취업 준비생, 언론인, 직장인, 의사, 변호사, 화가, 주부 등 조경 비전문가 100인에게 '조경'하면 가장 먼저 떠오르는 것을 질문했는데 그들이 대답한 내용들을 몇 가지 살펴보면 다음과 같다.

『꽃, 아름답고 화려하다, 나무, 질서정연하면서도 아름다운 멋, 나무, 조명, 돌, 의자, 연인, 인공 정원, 최근의 아파트 정원(오솔길, 물길, 나무들), 정원 앞마당에서 안락한 노후를 보내는 해질녘, 그냥 잘 가꾸어진 정원이 생각난다, 정원, 나무, 공원, 자연과 인공, 조경은 삶의 쉼표』

이것을 요약하면 조경은 나무, 자연 정원 등으로 요약된다. 그 중에서도

10 환경과 조경, 2014년 1월호, pp 99–127.

나무가 가장 많았다고 한다. 이는 대중들이 조경을 어떻게 인식하고 있는지를 너무나 잘 보여준다고 하겠다.

한편 같은 질문을 받은 전문가 집단의 대답은 좀 심오하지만 어렵다. 예를 들면 다음과 같다.

『조경은 '생명의 이불'이다, '얼어붙은 호수를 깨트리는 도끼' 같은 풍경, 조경은 나무 심는 것이다, 조경은 그릇이다, 우리 시대 새로운 삶의 대안, 창의적이고, 도전적이며 무지하게 재미있는, 사람과 자연만이 존재하는 그 곳, 조경은 일상이다, 조경은 땅의 이야기다』

전문가들이 제시한 조경이 무엇이냐는 질문의 답들 중에서 필자가 가장 주목한 답변은 단연코 동심원조경기술사무소 안계동소장의 〈조경은 나무 심는 것이다〉라는 답변이었다. 그것은 그의 조경에 대한 생각이 앞서 일반대중들이 생각하는 조경이란 무엇인가의 답변들과 많이 닮았기 때문이다. 「그는 조경을 나무를 보기 좋고 쓸모 있게 심는 기술로 정의하면서 이 말에 대해 보통사람들은 수긍하고 조경하는 사람들은 버럭 화를 낼 것이라고 전제하면서 조경하는 이들은 조경을 토지와 환경을 아름답고 유용하고 건강하게 만들고 가꾸는 이론과 창조를 포괄하는 종합과학예술이라고 하고 싶을 것이나 일반인들은 고개를 갸웃거린다고 했다. 그는 이어 조경하는 사람들의 70~80%는 나무를 제대로 심을 줄 모르며, 나무의 이름과 특성 배식디자인을 못하고 직접 나무를 캐거나 심어 본 적이 없을 뿐 아니라 잘 돌볼 줄도 모르면서도 조경으로 밥을 먹고사는 나라가 우리나라라고 했다. 그는 조경이 다른 기술 분야, 즉 토목공학이나 건축공학과 차별화되는 원천기술이 바로 나무를 잘 다룰 줄 아는 것이라고 주장했다. 포스트개발시대에서 가장 중요한 것은 면허보다 실력, 마스터플랜 설계보다 현장 설계·시공 일괄수행능력이라고도 했다. 아울러 정원에 대한 대중의 관심이 뜨거운 시대에 조경하는 이들에게 가장 중요한 것도 식물소재의 이해와 그것을 심고 가꾸는 일이며, 조경하는 사람들이 가장 듣기 싫어하는 '나무나 심는 일'을 제대로 배워야 한다고 했다」

과거로 돌아가서 1972년 당시 박정희 대통령이 논산훈련소 소장에게 내린 지시사항을 살펴보면[11]

『논산훈련소에는 가급적 속성수를 많이 심고 특히 훈련장 주위에는 속성 활엽수를 심으면 하계 훈련하다가 휴식 시간에 휴식처로 할 수 있을 것임.

훈련장 주위에 리기다수 1, 2년생을 심어 두었다는 것은 상식 밖의 일임. 훈련소 발족 27년이 되고 역대 수많은 소장이 지나갔고 수많은 장정들이 훈련을 받고 갔는데 나무 한포기 제대로 자라지 않는다면 모두 무엇을 하는 사람들인가?

근본적으로 계획을 다시 수립하여 5개년 계획으로 완전 녹지화하도록 지시할 것.』

1972. 11. 30. 박정희

우리나라의 조경의 토대를 마련했던 분의 당시 지시문을 잘 살펴보아도 조경은 객관적이고 과학적이며 실용적인 나무심기이며 이로 인하여 녹지화가 이루어지고 아름다운 생태적인 녹지공간을 만드는 것이 조경임을 그의 지시사항에서도 잘 보여주고 있다. 그러한 나무심기를 바탕으로 개발의 시대에 환경보존의 임무를 조경이 전적으로 담당했다고 볼 수 있다. 그리고 그에게 감동을 준 것은 차관을 받기 위해 방문했던 독일의 훌륭한 산림과 아름다운 경관이었다고 한다. 그는 측근에게 "우리 국토가 완전히 푸르게 될 때까지는 다시는 유럽을 방문하지 않겠다"고 까지 말했다고 한다.[12] 이러한 여러 사실들이 그의 조경관에 많은 영향을 미쳤을 것이고 그의 조경관은 우리의 조경의 현실을 들여다보는 좋은 잣대가 될 수 있다.

따라서 저자는 수목이나 꽃, 돌 혹은 물 등과 같은 자연(혹은 생명)을 소재로 하여 자연미를 표현하는 것을 목적으로 하는 것이 조경이라고 생각한다. 그래서 조경은 자연 그 중에서 나무(혹은 꽃)의 특징을 잘 이해해야 하며 잘 심고 가꿀 줄 알아야 하는 직업이다. 조경전문가는 나무를 기능적으로, 심미적으로 또 생태적으로 적절한 곳에 심고 가꾸고 보호할 수 있는 능력을 가져야 한다고 생각한다. 나는 그것이 바로 조경사가 다른 건설업인 건축공학이나 도시계획 혹은 토목공학과 구별되는 원천 기술이라고 생각한다.

---

11 http://alswjd6253.blog.me/206198191 2015년 7월 27일 검색.

12 http://alswjd6253.blog.me/206198191 2015년 7월 27일 검색.

그림 1-3 우리나라 조경 탄생의 토대를 마련한 박정희 대통령[13]

그 나무와 꽃으로 만들어지는 도시의 자연(혹은 생물서식 소공간), 즉 시민을 위한 숲과 녹지공간을 창조하고 조성하고 가꾸고 보호하는 기술을 가진 사람, 즉 조경사(造景士)를 (라디오·텔레비전 프로·음반) 제작자(PD)와 같이 「도시녹지제작자(PD)」 혹은 「도시녹지닥터(의사)」라고 이해해도 문제가 없을 것이다.

한편 빌라와 자연이 조화를 이루는 정원을 가장 이상적인 것으로 여겼던 르네상스 건축가 알베르티(Leon Battista Alberti)는 그의 저서 건축론의 서문에서 "내가 정확하게 어떤 사람을 보고 건축사라고 말하는지를 밝혀두는 편이 좋을 것이다. 왜냐하면 손으로 일을 하는 사람이 건축사에게 필요한 것이 사실이라고 해서 당신들 앞에 목수를 내놓으면서 그를 다른 학문에 깊이 정통한 사람들과 동등하게 취급해 달라고 부탁할 수는 없는 일이기 때문이다. 확실하고 놀라운 이성과 규칙을 가지고, 첫째로 정신과 지성으로 어떻게 대상을 분류하며, 둘째로 하나의 작품을 만들어 내기 위하여 무게를 이동시켜 보기도 하고 집채들을 합쳤다 쌓아 올렸다 해보면서 인간의 요구에 훌륭하고 위엄있게 부합될 재료들을

13 http://alswjd6253.blog.me/206202158 2015년 7월 27일 검색.

어떻게 정확하게 꿰어 맞추는가를 아는 사람이 바로 건축사이다. 그리고 이러한 일을 수행해 나가기 위해서 최상의 높은 지식이 그에게 요구된다."[14]라고 건축사를 정의하였다. 르네상스 당시에는 건축사가 조경을 겸하였다고 볼 때 알베르티가 주장한 건축사의 정의는 바로 조경사의 정의이며 이 오래된 정의는 오늘날 조경사가 반드시 갖추어야 할 필요조건임에 틀림없다고 하겠다. 따라서 오늘날의 조경사는 현장의 중요성과 클라이언트의 요구를 잘 읽고 해석해서 대안을 제시할 줄 아는 높은 이성과 특히, 수목에 대한 최상의 지식을 갖추어야 할 것이다.

1.3 자연미와 예술미

조경의 주요 소재인 수목과 꽃, 물이나 돌 그리고 흙이 만드는 장소나 공간을 우리는 도시의 자연이라고 한다.[15] 이러한 자연을 조경의 매우 중요한 주제라고 전제한 사람은 일본 교토(京都)대학 교수였던 나카무라 마코토(中村 一)였다.[16] 그는 조경이 다른 건설업 예컨대 건축공학이나 도시계획, 토목공학과 구분되는 특징을 수목이나 꽃, 암석 그리고 물 등과 같은 자연소재를 사용하는 것이라고 했다. 그는 자연의 재료를 사용하여 자연미를 표현하는 것이 조경의 큰 목적 중의 하나이기 때문에 자연미를 연구하는 것은 곧 조경의 본질을 연구하는 것이라고 했다.

자연미는 18세기 후반 영국 풍경식 정원양식 탄생은 자연 경치를 주제로 한 그림, 즉 풍경화(Landscape Painting)와 직접적인 연관이 있다. 서양의 풍경화는 인간이나, 동물, 인간문화의 각종 산물인 집, 다리, 수레와 같은 것은 화면에서 배제되고 자연경치만이 그림의 주제가 되었던 순수한 풍경화였다. 그리고 이런 집, 다리, 수레와 같은 요소들이 나타나더라도 자연경치가 그려진 부분이 상당한 면적을 차지하고 지배적인 의미를 제시하고 있는 그림도 일단 풍경화의 범주에 포함시켰다고 한다. 그런데 여기에서 '자연'(nature)이라는 것은 인간의 손길이

14 Alberti, De Re Aedification (건축론), 서문. 안소니 블런트 지음, 조향순 옮김, 이탈리아 르네상스 미술론, 미진사, p.20에서 재인용.

15 김수봉, 2004, 공원녹지정책, pp.128–129.

16 한국조경학회지, 축소와 자연미, 1985, pp. 131–134 참고.

그림 1-4

클로드 로랭의 해돋이 장면(1646~1647), 메트로폴리탄 아트 뮤지엄, 뉴욕

전혀 닿지 않는 자연보전지역(wilderness)이 아니라 인간의 의도와 의지에 의해 많은 변화를 겪어 내용상으로는 극도의 인공상태에 있지만, 외견상으로는 자연보전지역을 연상케 하는 농촌·어촌·산촌의 농토, 저수지, 마을, 하천, 목장, 과수원, 그리고 각종 정원 등과 같은 문화화된 환경, 즉 풍경(風景)과 더 잘 부합되는 개념이라고 하겠다.[17]

이처럼 조경에서의 자연미는 풍경미인 것이다. 미학에서는 '예술미'에 대응하여 '자연미'를 논할 때 예술작품이 아닌 자연발생적 일체의 사물을 모두 '자연'의 범주에 귀속시키고 있기도 하다. 그러므로 풍경화에서 '자연'이라 함은 정신적 관점이 아니라 물질적 관점에서 본 인간의 가시(可視)적·가촉(可觸)적 외계, 그 중에서도 '옥외의 환경적 상황'을 가리킨다.

따라서 조경의 주제인 자연이란 '옥외의 모든 환경적 상황'이라고 하겠으며, 조경이 추구하는 자연미는 인위적 힘이 미치지 않은 '야생상태의 자연'이 아닌 인간이 가꾸어 낸 '문화적인 자연미, 즉 '풍경의 미'라고 할 수 있겠다. 근대 풍경화가 새로운 시각으로 바라다본 자연은 지금까지 인간의 배경으로서 바라다본 수동적인 자연이 아니라 그곳에 독자적인 법칙과 질서,

17 마순자, 2003, 자연, 풍경 그리고 인간, 서울: 아카넷.

그리고 미가 있는 실재적이며 능동적인 자연이다. 풍경화가 등장하던 시기에 유행했던 픽처레스크(picturesque)란 말은 반프랑스적, 즉 반기하학적조경양식, 프랑스조경의 자연통제 혹은 관리에 반대하는 양식을 말한다. 픽처레스크는 이탈리어어인 피토레스코(Pittoresco), 프랑스어인 피토레스끄(Pittoresque)를 영어화한 것이다. 픽처레스크의 정신은 자연에 대한 주목이며, 자연을 꾸미거나 수식함이 없이 있는 그대로를 그려내는 것이었다. 이것은 당시 영국의 비평계에서는 하나의 미학적 · 예술적인 표준이었다. 이것은 인간에 의해 만들어진 아름다움이 아닌, 자연 그대로를 드러냄으로써 감상자 스스로가 그 안에서 아름다움을 찾아낼 수 있도록 배려하는 것이다. 당시 귀족과 부르조아의 지적 유행이자 생활방식이었던 픽처레스크는 도시적인 풍경보다는 비도시의 풍경, 즉 도시인들이 자연이라고 생각하는 풍경 예컨대 그것은 마치 클로드 로랭의 그림(그림 1－4)에서처럼, 매우 아름답고 유려한 존재들의 결합체였다. 이러한 풍경미, 즉 자연미가 바로 조경의 탄생의 배경이 되었으며 조경의 목적이 되었다.

낭만주의가 대두하던 18세기 후반 풍경화의 등장에 큰 영향을 준 요인은 산업혁명으로 등장한 공장에서의 대량생산과 그로 인한 도시의 환경오염 초래가 그 첫째 요인이었다. 다음으로는 시민혁명으로 인해 진리에의 접근이 더 이상 특정 통치자들에게만 허용되는 것이 아니라 모든 일반 사람들에게도 가능해졌다는 사실이다. 즉 정치적으로 모든 사람들의 인식의 위계가 상하 수직적 관계에서 수평적으로 평등하게 바뀌어졌다는 것이다. 바야흐로 근대의 탄생이 풍경화의 탄생 그리고 조경의 탄생에 커다란 영향을 주었다.

한편 플라톤은 예술은 자연을 모방했기 때문에 자연미가 예술미보다 높은 가치를 지닌다고 주장하였고, 칸트 역시 아름다움이란 자연 자체이거나 또는 자연으로 여겨지는 것이어야 한다고 주장한다. 그러나 헤겔은 이러한 고전적인 주장과는 달리 자연미가 인간의 정신 속에서 태어난 아름다움이 아니기 때문에 예술미가 '고급미'라면 그렇지 못한 자연미는 '저급미'라고 주장하여 자연미를 추구하는 조경하는 사람들의 사기를 저하시키는 주장을 하였다. 헤겔의 철학을 추종하는 일본의 조경미학자 나카무라 교수[18]는 헤겔의 예술미는 정신에서 생기며 정신에서 재생산된 미이기 때문에 고급미라는 주장을 반박하기보다는 자연미와

18 한국조경학회지, 축소와 자연미, 1985, pp. 131–134 참고.

예술미를 저급과 고급으로 구분하지 말고 '초급'과 '고급'으로 할 것을 제안했다. 즉 미를 고급과 초급으로 구분하며 자연미가 상대적으로 예술미에 비해 가볍게 느껴지지만 미의 구분을 고급과 저급이 아닌 고급과 초급으로 나누면 고급미에 이르기 위해서 초급미는 꼭 필요한 것이며 서로 대등한 관계가 될 수 있다는 것이다. 즉 초급이 없다면 고급도 존재할 수 없다고 하면서 조경하는 사람의 마음을 달래주려 하였다. 그는 조경이 추구하는 자연미는 예술미인 '고급미'에 이르기 위한 기초로서의 '초급미'를 말한다. 그럼에도 불구하고 저자는 플라톤의 주장인 예술은 자연의 모방인 관계로 자연미가 예술미보다 높은 가치를 지닌다는 주장에 더 마음이 간다.

1.4 대상의 축소와 자연미[19]

고대로부터 중국과 한국 일본에서는 자연과 인간이 혼연일체가 됨으로써 자연의 운행에 순응하려는 자연숭배사상은 자연과의 밀접한 접촉을 통하여 자연미(自然美)를 일상생활에 가까이 하려고 하였다. 여기에서 광대한

그림 1-5 대상의 축소: 아파트에서 볼 수 있는 산을 축소한 조경의 모습

19 한국조경학회지, 축소와 자연미, 1985, pp. 131–134 참고.

경주 월지의 항공사진에서 섬과 동해안을 축소한 모습을 볼 수 있다.[20] 그림 1-6

자연경관을 한 군데에 축소하여 뜰과 방안에 꾸미는 여러 가지 지혜와 창의력이 발현되었는데 이것은 동양산수화, 석가산(石假山), 수석, 분재, 분경(盆景), 그리고 축경식정원 등의 형식으로 발전되었다(그림 1-5).

나카무라 교수의 주장에 따르면 결국 조경도 자연미를 얻기 위하여 자연을 축소해야 하는데 그는 축소를 〈대상의 축소〉와 〈관계의 축소〉로 나누었다. 〈대상의 축소〉의 예로는 고대 동양정원에 자주 조성되었던 연못 중앙의 섬을 들 수 있다. 비록 그 섬의 표현이 중국과 한국의 경우는 신선이 사는 곳이라고 여겨 신비주의적인 색채가 짙은 반면 일본의 섬은 인간이 사는 섬이라는 차이는 있었다. 그러나 이런 정원연못의 섬과 같이 경치를 축소하여 상징화시킨 〈축경縮景〉기법은 오늘날에도 좁은 인간의 생활공간에서 자연미를 도입하기 위해 충분히 응용할 수 있는 방법이다. 이처럼 대상을 축소시키는 기법은 상징화의 한 가지 형태라고 이해할 수 있겠다. 따라서 조경공사에서 많이 쓰이는 기법인 축경(縮景)이 바로 〈대상의 축소〉에 해당된다(그림 1-6).

이러한 축경은 한국의 경우 신라인들이 즐겨 쓰던 조경기법이었다. 특히 경주 월지(안압지) 서쪽에 위치한 임해전의 명칭에서 알 수 있듯이 신라인들은

20 http://blog.daum.net/_blog/BlogTypeView.do?blogid=0Z7i8&articleno=8114 2015년 8월 3일 검색.

안압지를 통해 바다 모습을 축소하여 표현했던 것으로 보인다. 서쪽 물가에 자리를 잡은 건물터에서 동쪽을 바라보면 심한 굴곡을 이룬 호안을 따라 자연스럽게 놓인 경석과 그 뒤에 자리잡은 석가산이 마치 바닷가의 경관을 바라보고 있는 것 같은 느낌을 준다.[21] 실제로 이 월지 호안의 모습은 컴퓨터 시뮬레이션 결과 동해바다와 감은사로 이어지는 동해구 지역을 바닷물로 채웠을 때와 비슷한 모습을 나타내어 안압지가 동해바다를 축소[22]하였음을 보여 주었다.

1.5 관계의 축소와 자연미[23]

조경이 추구하는 자연미는 원자재나 반제품을 인공적으로 처리하는 가공의 정도가 적은 대상(對象)의 아름다움이다. 다시 말하면 가공은 되지만 그 가공의 정도가 적은 대상의 아름다움을 말하며, 그것은 손을 직접 사용하여 만드는 수공의 아름다움(手工美)을 말한다. 즉 조경을 시공할 때를 생각해 보면 사람의 손을 직접 사용하는 작업의 양이 건축이나 토목의 작업의 양에 비해 상대적으로 많다. 다시 말하면 손으로 하는 작업의 장점을 유지하는 것이 조경이 추구하는 자연미를 지키는 것이다. 조경과 직접적으로 관계되는 원예(Horticulture, 園藝)의 어원은 라틴어 hortus(garden), 즉 채소의 재배 혹은 가축을 기르기 위하여 주위를 둘러싼 토지인 園(원)과 경작을 의미인 라틴어 cultus(cultivation)가 합쳐진 말이다. 따라서 사람의 손으로 하는 이 원예작업이라는 것은 인간과 대상사이의 매개(媒介)가 적다는 것을 의미한다. 여기서 매개란 철학적의미로 '서로 떨어져 있는 실재(實在, reality)[24] 사이에 관련을 지어 주기 위하여 또 하나의 실재를 삽입하는 일'[25]을 의미한다.

21 윤국병, 1984, 조경사, 일조각, pp.228-239.
22 대구문화방송, 2004, 안압지: 우리 정원의 원류를 찾아서, pp.42-58.
23 한국조경학회지, 축소와 자연미, 1985, pp. 131-134 참고.
24 좀 어려운 이야기지만 "변증법적 유물론에서는 실재라는 것은 의식에서 독립하여 의식의 밖에 객관적으로 존재하는 물질세계"를 말한다. 〈네이버 철학사전 참고〉
25 http://dic.daum.net/word/view.do?wordid=kkw000084329&q=%EB%A7%A4%EA%B0%9C 2015년 8월 3일 검색.

관계의 축소라 함은 대상과의 거리라는 관계를 축소시켜 자연미를 구체화시키는 것을 말한다. 여기서 구체화란 복잡하고 간접적인 관계로부터 단순하고 직접적인 관계로의 축소를 의미한다. 그리고 이러한 구체화된 자연미를 얻기 위해서 인간과 대상의 사이에 꼭 필요한 것이 바로 '매개(媒介)'라는 것이다. 나카무라교수는 그 매개의 예로 5·7·5의 음수율을 지닌 17자로 된 일본의 짧은 정형시인 '하이쿠(俳句)'[26]를 예로 들었다. 그는 하이쿠가 자연미를 포착하는 매우 훌륭한 매개로서 초급예술로서 우리들의 감정에 자연미를 심어준다고 했다. 그는 유명한 하이쿠 작가인 마츠오 바쇼(松尾芭蕉, 1644-1694)[27]의 작품 중에 "오래된 연못(古池)/개구리 뛰어드는/물소리 퐁당(古池や 蛙飛こむ 水の音)"이라는 유명한 시구를 예로 들었다. 원래 하이쿠는 반드시 계절적 미학을 살리고 해학적 요소가 살아 있어야 하는데 이 작품 역시 계절감과 해학을 놓치지 않은 작품이다.[28]

여기서 옛 연못의 '후루(古)'는 수면에 낀 이끼, 벌레먹이말, 붕어마름, 개구리밥과 같은 연못에 살고 있는 생물들이 떠오르고 개구리와 그 물소리는 봄을 상상하게하며 개구리가 몸을 뻗어 유연하게 연목 속으로 뛰어드는 해학적인 모습을 연상하게 된다.[29]

그러나 무엇보다도 하이쿠가 공공기관의 사람들이나 무사(武士)들보다는 일반 서민들의 삶과 애환을 담은 근대적 문학 장르였다. 원래 봉건시대의 무사였던 마츠오 바쇼오가 평범한 소시민이 되어 민중을 위한 시가인 하이쿠작가가 된 동기에도 이러한 근대적 의도가 숨어있었을 것이다.[30]

---

26 무엇보다도 하이쿠는 원래 연작시인 렌가(連歌)를 여는 첫 구절을 뜻했으며 렌가가 궁정에서 불리던 노래였다면 하이쿠는 민중의 삶과 애환을 담고 있는 노래였다. 그리고 필시 원래 봉건시대의 무사였던 마츠오 바쇼오가 평범한 소시민이 되어 민중을 위한 시가인 하이쿠작가가 된 동기에는 근대적 의도가 숨어있었다고 한다. 우리의 시조가 양반계급의 문화였다면 하이쿠는 서민 대중을 위한 문학 장르였다.

27 우리나라 윤선도가 활약하던 시대인 17세기에 활약했던 일본의 유명한 하이쿠(俳句) 작가로서 자연에 얼마나 순응하고 자연과 얼마나 깊은 교감을 갖느냐에 따라 예술가의 자질을 가늠하려고 했다고 한다. 바쇼오는 한낱 말장난에 불과했던 초기 하이쿠에 자연과 인생의 의미를 담아 문학의 한 장르로 완성시킨 인물이다.

28 유옥희, 2000, 세상에서 가잘 짧은 시 하이쿠 감상법, 신동아, 6월호.

29 이어령, 2009, 하이쿠의 시학, 서정시학, pp.297-298.

30 이어령, 2009, 하이쿠의 시학, 서정시학, pp.331-332.

그림 1-7 관계의 축소를 위해 사용한 수목과 돌 그리고 흙 과 같은 자연요소들

한편, 나카무라교수에 따르면 「바쇼(芭蕉)의 시구 중에 오래된 연못이라는 말로부터 떠오르는 주관적 이미지는 여러 형태가 있겠지만 객관적 대상으로서 생각하면 이 '오래된 연못'은 실제 일본 전국에 존재하는 관개용 저수지」라고 했다. 그런데, 요즈음 이 저수지는 도시화로 인하여 점점 파괴되고 소멸되어 가고 있으며, 농촌에서도 저수지는 점차 찾아보기 힘들다. 그는 만약 「일본에 저수지가 널리 존재하지 않는다면 오래된 연못이 가지는 시구의 가치도 영원히 지속되지 않을 것」이라고 하였다.

결국 그는 「자연이라는 대상이 존재해도 하이쿠라는 매개가 없으면 자연미는 얻을 수 없으며, 반대로 매개가 있어도 가장 중요한 자연이라는 대상이 없다면 역시 자연미는 얻지 못할 것」이라고 주장한다. 자연미를 얻기 위해서는 자연이라는 대상과 매개가 동시에 존재해야 한다는 말이다. 조경에서 자연미를 얻기 위한 그 대상은 바로 도시인근에 존재하는 산이나 도시공원, 대학캠퍼스, 학교정원, 하천과 저수지 같은 「도시 내의 자연」을 말하며 매개는 바로 지형(흙), 꽃이나 수목, 물 그리고 돌과 같은 요소들이라고 생각된다(그림 1-7).

이러한 조경요소들이 바로 칸트가 말하는 "사물 자체(Ding an sich)"[31]가

31 http://www.readersnews.com/news/articleView.html?idxno=45952, 임마누엘 칸트의 물자체, 2015년 8월 11일 검색.

아닐까? 우리 조경은 이 사물자체를 말하지 않고 단지 조경의 소재가 만드는 아름다움, 즉 사물자체가 나무라면 그 나무가 만드는 경관이라는 현상[32]만 이야기하는 어리석음을 범하고 있는 것 같다. 조경이 만드는 자연미는 바로 지형(흙), 꽃이나 수목, 물 그리고 돌과 같은 사물자체가 가지는 아름다움을 공부하는 것에서 시작되어야 할 것이다. 그래야 자연미를 우리 가까이에 가져올 수 있을 것이다.

저자는 최근에야 나와 같은 생각을 르네상스 시대 건축가 알베르티가 이미 하고 있었다는 것을 알게 되었다. 그는 "가장 아름답고 멋진 사물에 있어 우리를 즐겁게 해 주는 것은 정신의 합리적인 영감에서 또는 예술가의 손에서 나오거나 혹은 자연의 물질적인 재료로부터 생겨나는 것이다. 정신이 할 일은 선택하고 분류하며 정리하는 등 작품에 품위를 주는 그런 종류의 일이다. 사람이 할 일은 수집하고 덧붙이며 빼내고 윤곽을 잡아주며 꼼꼼하게 제작하는 것 등 작품에 우아함을 주는 그런 종류의 일이다. 사물은 자연으로부터 무게, 가벼움, 두께, 순도를 얻어낸다."[33]고 하였다. 즉 알베르티는 정신과 손 그리고 자연의 역할에 대하여 정신은 배열을 조정하고 손은 솜씨를 발휘하여 건축 작품에 품위를 주고 자연의 재료는 아름다움과 풍요로움 그리고 즐거움을 인간에게 준다고 하였다. 저자가 조경소재의 중요성을 강조하는 이유가 여기에 있다.

32 본질이나 객체의 외면에 나타나는 상. 사물자체의 반대 개념.
33 Alberti, De Re Aedification (건축론), bk. vii, ch3 (제7권 3장). 안소니 블런트 지음, 조향순 옮김, 이탈리아 르네상스 미술론, 미진사, p.26에서 재인용.

CHAPTER
02

정원과 조경은 무엇이 다를까

2.1 정원이란?

정원은 닫혀있는 공간이다. 영어 garden은 주택의 바깥뜰이라는 야드(yard), 코트(court) 그리고 라틴어 hortus(정원, 즉 원예와 과수원)는 그 어원이 같으며 닫혀있다는 의미다.

우리나라에서 일반적으로 쓰는 정원(庭園)이라는 용어는 일본사람들이 영어 가든(garden)과 프랑스어인 자흐댕(jardin) 그리고 독일어 가르텐(Gatren)[1] 등을 번역한 용어다. 우리나라의 경우 정원학회에서 한때 정원(庭苑)이라는 용어를 썼으나, 일반적으로는 우리나라에서 서양의 가든(garden)을 이야기할 때는 정원(庭園)이라는 용어를 사용하고 있다. 용어란 전문분야에서 주로 많이 사용하는 말이기 때문이다.

우리나라에서의 정원(庭園, garden)이란 단어는 그 역사가 그리 오래된 말이 아니다. '庭園'은 19세기 후반 메이지 초기 일본의 학계에서 사용되기 시작한 이래 일제강점기에 우리에게 수입되어 국어사전[2]에도 올라 있는, 한국과 일본의 현대

1 이탈리아어 giardino(자르디노) 그리고 스페인어 jardin(하르딘)

2 정원(庭園)이라는 단어는 일본인들이 19세기 후반에 만들어낸 말이다. 한국은 과거에 주로 중국말인 원림(園林), 임천(林泉), 정원(庭院) 등으로 불렀고 일제 강점기에 정원(庭園)이라는 말이 도입되었다. 사전적 정의로는 '미관이나 위락 또는 실용을 목적으로, 주로 주거 주위에 수목을 심든가, 또는 이 밖에 특별히 조경이 된 토지'를 말한다. 〈위키백과사전〉

일상용어다. 중국에서는 정원(庭園)보다는 '원림(園林)이란 용어를 일반적으로 쓰고 있다. 옛날에는 정원을 나타내는 한자어로 포(圃)나 원(園) · 유(囿) · 원(苑) 등의 용어가 많이 사용되었는데, 정원을 구성하는 주된 요소가 식물 중심이면 포(圃)나 원(園)을, 동물들을 기르거나 사냥과 같은 행위가 수반되는 공간에는 유(囿)나 원(苑)이란 한자를 주로 사용했다고 한다.

일본의 경우 한편으로는 유럽에서 사용하는 가든(garden)을 '식물을 재배하기 위해 울타리를 친 장소'로서 '채소의 재배 혹은 가축을 기르기 위하여 주위를 둘러싼 토지'이며 기능적인 측면을 강조하는 한자어 원(園)에 해당된다는 주장[3]이 있었다. 또 다른 한편으로 유럽의 가든(garden)은 티그리스 · 유프라테스강 유역의 메소포타미아와 나일강 유역의 이집트에 그 기원을 두고 있으며, 이곳에서 BC 3,000경에 한자어 '정(庭), 즉 오늘날의 생활환경에 해당하는 garden이 생겨났다'고 주장했다.[4] 그리고 성서에도 에덴동산(Garden of Eden)은 '푸른 수목과 관목으로 둘러싸인 녹음과 위안을 위한 장소'[5]라고 기술되어 있으며

그림 2-1 장 부루겔(Jan Brueghel the Elder)과 피터 폴 루벤스(Pieter Paul Rubens)가 그린 에덴동산 그림을 보면 에덴동산은 정과 원의 개념을 다 보여주고 있다.

3 石川 格, 1978, 造園學, p.10.
4 우에스기, 풍경구조론적 연구, 일본경도대학 박사논문, 1981.
5 Rohode, 1967, Garden Craft in Bible.

정원은 푸른 수목과 관목으로 둘러싸인 녹음과 위안을 위한 장소다. 그림 2-2

에덴이라는 의미는 기쁨, 즐거움이라는 뜻인 수메르어 에디누(edinu, 평지)에서 유래한 것[6]이다(그림 2-1). 따라서 서양의 가든은 "庭"과 "園" 두 가지의 의미를 동시에 가지고 있는 단어이기 때문에 일본사람들은 영어 가든(garden)을 정원(庭園)이라고 번역하여 불렀다.

이들 한자에서 흥미로운 점은 포(圃)나 원(園) · 유(囿)의 경우와 같이 글자들이 모두 '큰입 구(口)'를 '부수로 한다는 사실이다. '구(口)'는 담을 싼다, 둘러싼다는 의미이므로, 동양문화권에서의 정원이란 의미에는 담을 쌓아 공간을 주변으로부터 독립시킨다는 행위가 본질적으로 내포되어 있음을 알 수 있다. 이러한 점은 서양에서도 똑같이 발견된다. 영어의 'garden'은 히브리어의 'gan'이란 단어와 'oden' 또는 'eden'이란 말의 합성어인데, gan은 울타리 또는 에워싼다는 뜻을 함축한 보호나 방어의 의미를 담고 있으며, oden이나 eden은 즐거움이나 기쁨이라는 어의를 가지고 있다고 한다. 또 그리스말 파라데이소스(παράδεισος), 즉 영어의 파라다이스(paradise)라는 말도 '둘러싼다'는 의미의 'pairi'와 '형태를 만든다'는 'diz'라는 고대 페르시아 말인 파이리-다에자(pairi-daeza)에서 유래하였다.[7]

---

6 김수봉 외, 조경변천사, p.31.

7 pairi- "주위 + diz" 만들다, 형태 (벽)
자료: http://www.etymonline.com/index.php?search=paradise 2015년 8월 5일 검색.

페르시아사람들에게 파이리-다에자는 사방이 둘러싸인 녹음이 짙고 물이 풍부한 사냥터 혹은 정원을 의미했다. 요컨대 정원이라 함은 동양이든 서양이든 일정한 공간을 한정하고, 그 한정된 공간을 자신의 의도에 따라 길들이는 행위를 바탕에 깔고 있다.[8]

2.2 조경이란?

우리보다 먼저 서양문물을 도입한 일본은 조경을 조원(造園)이라고 부른다. 그들의 조원(造園, 우리말 조경)이라는 말은 다이쇼(大正)시대(1912-1926) 중반 다무라(田村) 등이 영어인 랜드스케이프 아키텍처(Landscape Architecture)의 번역어로 사용하기 시작하였다. 당시 일본에는 이미 작정(作庭), 조정(造庭), 정조(庭造) 등과 같은 'Landscape Architecture'의 다양한 번역어가 있었음에도

그림 2-3 공원은 특정계층이 아닌 우리 모두를 위한 경관 만들기의 결정체이며 조경의 존재이유다.

8 이유직, 2002, 문화와 나, 한국의 옛 정원, 여름호.

일본의 학자들이 조원(造園)이라는 말을 왜 선택하였는지 주목해 볼 필요가 있다.

미국의 경우 '랜드스케이프 아키텍처(Landscape Architecture)'라는 말에는 대중을 위한 원(園)만들기라는 의미가 포함되어 있으며, 그 밑바탕에는 특정 개인 혹은 왕이나 귀족을 위한 정원 만들기의 한계를 뛰어넘으려는 옴스테드(F. L. Olmsted)의 간절한 바람이 있었다. 따라서 일본의 번역자들은 당시의 미국조경이 가진 실용성에서 실마리를 얻어 「원(園)」이라는 단어를 사용했으며, 생활환경이라는 의미의 「정(庭)」에서는 찾아볼 수 없는 근대조경의 의미를 「원(園)」에서 감지했을 것이라고 생각된다.

미국의 경우 옴스테드 이후, 즉 20세기에 들어와서야 랜드스케이프 아키텍처(Landscape Architecture)라는 용어가 자리를 잡기 시작했다. 그러나 용어가 자리를 잡았다고 해서 반드시 설립자들의 의도처럼 일반사람들이 그 용어를 잘 이해하는 것은 아니다.[9] 1930년대에 들어와서 미국조경은 하버드에서 그로피우스(W. Gropius)와 마셀 브루어(Marcel Breuer)의 영향을 받은 가렛 에크보(G. Eckbo), 단 킬리(Dan Kiley) 그리고 제임스 로즈(James Rose)와 같은 당대의 젊은 조경인들에 의해서 엄청나게 발전하였다. 그들은 「조경은 무엇인가」 그리고 「그 목적은 어디에 두어야 하는가」 등과 같은 조경에 대한 근본적인 문제를 제기했다. 그들은 사회와 공간디자인의 관계에 대하여 주목하고 있었다. 당시의 이러한 문제의식은 에크보가 쓴 책 「경관론 : The Landscape We See」으로 그 결실을 맺었으며, 특히 책의 제목에서 I see(특정 개인이 보고 즐기는 경관)가 아니고 We see(대중이 보고 즐기는 경관)인 것에 에크보가 주장하고자 했던 조경의 본질이 숨어있었다.[10] 즉 조경의 목적이 왕이나 귀족계급과 같은 특정 집단(I)이나 소수를 위한 경관 만들기가 아니라 불특정 다수인 대중(We)을 위한 경관 만들기에 있음을 강조했다.

한편, 우리나라의 경우는 영어 Landscape의 우리말 「풍경(風景) 혹은 경관(景觀)」에서의 산수나 풍물이 가지는 미·시각적인 아름다움에 초점을 맞추어 「造景, 조경」이라는 명칭을 사용하기 시작했다. 1975년 무렵 당시 동국대학교 조경학과에 재직했던 손창구교수에 따르면 「조경(Landscape

9 우리나라의 경우 아직도 조경을 새와 관련된 일이나 고래와 관련된 일로 생각하시는 분들이 있다.
10 김수봉, 2000, 도시환경녹지계획론, 중문.

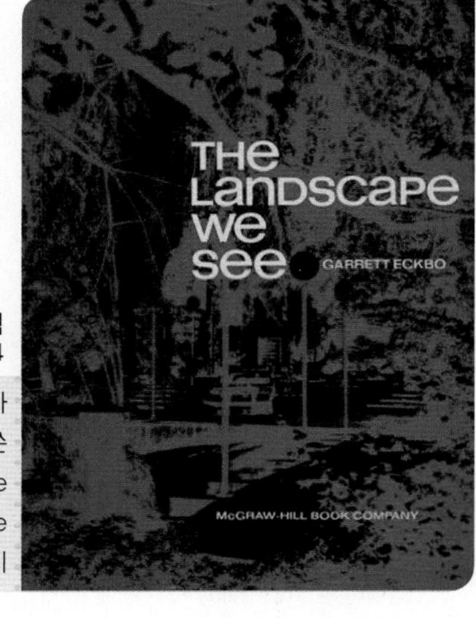

그림 2-4 가렛 에크보가 1969년에 쓴 경관론(The Landscape We See)의 표지

Architecture)이란 용어가 근자에 이르러 학계나 일반인에게 많이 쓰이고 있다. 흔히들 조경이란 용어가 요새 생겨난 새로운 어휘인 줄 알고 미지(未知)의 범주로 간주하고 있으나 우리나라에서도 대학에서 조경학을 강의하기 시작한지는 어언 18여 년의 세월이 흘러왔다. 다만 최근에 와서 조원학(造園學)을 조경학(造景學)이라고 바꾸어 부르고 있을 따름이다. 조경학을 일본에서는 조원학(造園學)이라고 부르고 있다. 간단히 말해서 동산(築山(축산)을 만든다는 개념이다.」[11](동대신문 627호 1975년 11월 4일자)라고 하였다. 손교수의 지적처럼 현재 우리가 사용하는 조경이라는 용어는 일본어 조원(造園)을 대신해서 사용하고 있을 뿐이다.

사실 한국 조경의 시작은 학문으로서 보다는 현장에서 먼저 시작되었다. 1970년대 우리국토의 개발을 지휘하던 당시 대통령 박정희는 누구보다도 개발과 보전의 균형을 이루기 위해 조경분야의 필요성을 절감하고 있었다. 배정한 교수는 그의 논문 「박정희의 조경관」에서 "대통령 박정희는 경부고속도로를 비롯한 대규모 국토개발사업, 새마을운동, 경주종합개발계획, 대단위 관광지개발, 문화유적지 보수사업 등에 지대한 관심을 보이며 조경 전문업 관련 제도를 도입하고 전문 학제를 성립시킨, 한국 현대 조경 출범기의 가장 중요한 축"[12] 의 역할을 했다고 그를 평가했다.

1970년 미국 시카고 녹지보호청의 주(州)공무원으로 일하던 오휘영 씨(현 한양대 도시대학원 명예교수)가 당시 청와대의 부름을 받고 우리나라 국토개발에 있어 보존에 관한 학문으로서 조경을 소개하였다. 오휘영 씨는 작고하신 당시 서울대 건축학과 교수였던 윤정섭 교수의 자문을 받아 랜드스케이프

11 http://www.dgupress.com/news/articleView.html?idxno=10990 2015년 7월 6일 검색.
12 한국조경학회지 제31권 제4호 통권99호, 2003. 10, p.14.

아키텍처(Landscape Architecture)를 "조경"으로 번역하여 브리핑하였다고 한다.[13] 그는 1972년 5월에 귀국하여 청와대 조경건설비서관으로 일하기 시작하는데 이것이 우리 조경의 시작을 알리는 신호탄이었다. 물론 그가 청와대에 근무하게 된 배경에는 경주를 훌륭하고 아름다운 우리의 문화재로 바꾸어 전 세계에 널리 알리겠다는 큰 의지와 비전을 가졌으며 자신을 일류 조경가로 생각했던 박대통령이 있었다. 오비서관은 대통령의 훌륭한 시의적절한 파트너였다. 마치 센트럴파크를 함께 만든 옴스테드와 복스처럼.

당시 청와대 오휘영비서관의 조언으로 1973년 서울대 환경대학원과 서울대와 영남대에 조경학과가 학부에 정식으로 설치되었고,[14] 1974년에는 한국종합조경공사를 설립하고, 조경공사업 면허제도의 확립, 한국조경학회와 한국조경기사회의 발족, 한국도로공사, 산업기지개발공사, 관광공사, 토지개발공사 등의 국영기업체와 서울특별시 등에 '조경과'를 신설하면서 우리나라의 조경은 시작되었다. 1988년 서울올림픽을 거쳐 1990년대에 이르러 조경은 단지계획, 도시설계, 지역경관계획, 공원 및 위락지계획, 토지개발계획, 생태계획 및 설계, 역사보존, 사회행태적 조경설계 등으로 그 영역이 다양하게 확대되었다. 따라서 최근에는 조경을 「자연환경과 인공환경의 연구, 계획, 설계, 관리 등으로 예술적·과학적 원리를 적용하는 분야」로 정의하고 있다.[15] 그리고 한국의 경우 「조경분야는 환경설계·계획 분야의 하나이다. 건축설계·도시설계를 포함하는 환경설계적인 측면과

---

13 http://alswjd6253.blog.me/206198191 (1)(2)(3)(4)(5) 참고, 2015년 7월 27일 검색.

14 "1970년대 초, 경부고속도로를 건설할 때 일이다. 산을 깎고, 터널을 뚫다보니 푸른 산이 흉물스럽게 무너져 내렸다. 현장을 지나던 박정희 대통령이 "보기 흉하니 조치를 취하라"고 지시했다. 공사를 한 건설사는 그곳을 온통 녹색 페인트로 칠해놓았다. 다시 그 길을 지나던 박 대통령이 나무가 아닌 것을 보고 진노하자 부랴부랴 뿌리가 잘린 잣나무를 가져다 꽂아놓았다. 하지만 뿌리가 활착하지 못한 나무들은 6개월여 만에 대부분 말라죽고 말았다. 당시 조경에 대한 인식이 어땠는지를 보여주는 일화다. 말라죽은 나무들을 본 박 대통령이 청와대 관계자를 불러 국토를 제대로 가꿀 방법을 물었다. 청와대 조경을 담당하는 비서관이 "조경을 제대로 아는 전문가가 있어야 하는데, 우리나라는 관련 학과조차 없다"고 하자 "그럼 조경학과를 만들라"고 지시했다. 그렇게 해서 1973년 서울대와 영남대에 우리나라 최초로 조경학과가 만들어졌다는 이야기가 전설처럼 내려온다. 신동아 2014년 11월호 "생태조경은 도시인에게 자연 되돌려주는 봉사" 한설그린 한승호 대표 인터뷰 기사에서. http://shindonga.donga.com/docs/magazine/shin/2014/10/23/201410230500013/201410230500013_1.html 2015년 8월 5일 검색.

15 김영대 외, 1999, 조경설계론, 기문당, pp.11–22.

그림 2-5

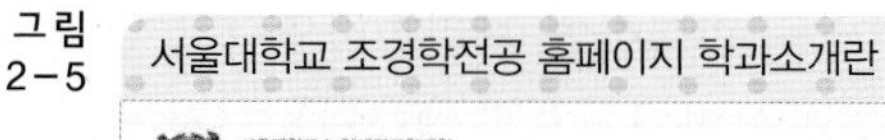

서울대학교 조경학전공 홈페이지 학과소개란

도시계획 · 지역계획 · 국토계획을 포함하는 환경계획적인 측면을 모두 포함하고 있어서, 조경분야는 다루는 범위가 매넓은 것이 특징」[16]이라고 하겠다.

한편 우리나라 조경학과의 효시인 서울대학교 조경학전공 최근 홈페이지에 따르면 「조경(造景, landscape architecture)은 삶의 예술이다. 인간이 세계를 살며 자연과 만나 대화하고 문화를 일구어나가는 일상의 예술인 것이다. 그러므로 조경은 자연과 문화의 접점에서 벌어지는 생동감 있는 디자인 행위이다. 이러한 디자인은 생각하기, 말하기, 글쓰기, 그림그리기, 만들고 짓기 등 다양한 인간 활동을 포함하는 복합적 행위이며, 실천뿐만 아니라 이론을, 실천과 이론의 대화를 요청한다. 조경학은 우리 삶의 바탕인 토지와 환경을 아름답고 쓸모있고 건강하게 만들고 가꾸는 이론과 창조를 포괄하는 종합과학예술」[17]로 정의하고 있다.

16 임승빈, 1998, 조경이 만드는 도시, 서울대학교출판부, p.1.
17 http://snula.snu.ac.kr/ 2015년 7월 18일 검색.

그리고 서울대학교와 같은 해에 조경학과가 설립된 영남대학교 조경학과의 조경에 대한 설명은 「조경학은 자연의 질서에 대한 문화적·과학적 지식을 바탕으로 토지의 개발과 보전에 관한 각종 계획, 설계, 시공과 관리하는 종합과학이며 예술이다. 이러한 조경학의 전문적 영역은 단지계획, 각종 조경설계, 환경복원계획, 도시계획, 공원 및 레크리에이션계획과 설계, 광역조경계획, 역사지 보존계획 등을 포함한다. 조경학은 다양한 조경대상과 학문적 종합성을 고려하여 각자 각자의 적성에 적합한 분야에서 전문성을 살릴 수 있는 분야」[18]라고 하였다. 양 학과에서 공통으로 제시하는 조경의 정의에 들어가는 키워드는 「디자인, 예술, 자연, 종합과학예술, 시공, 관리, 토지, 환경」 등으로 매우 포괄적이고 복잡하다. 대학에서는 조경을 이렇게 아주 중요한 일을 하는 전문분야로 정의하며 이 정의는 다른 대학도 대동소이하다고 볼 수 있다. 이러한 조경의 정의를 바탕으로 우리의 대학에서는 커리큘럼을 만들고 학생들을 조경전문가로 만들기 위해 교육시키고 있다.

한국조경학회는 1972년에 만들어졌으며 최근 그 설립취지를 「우리나라에서 기존의 다른 기술 분야보다 출발이 늦은 탓에 전문적 독자성을 확보하고자 근 20여 년간 노력하여 오고 있으며, 앞으로도 학계와 업계 모두 하나가 되어 대내적으로나 대외적으로 조경분야에 뜻을 두고 있는 후학들이 창의적 능력을 발휘할 수 있는 터전을 다지기 위함」[19]이라고 하였다.

그럼에도 불구하고 조경은 우리나라의 경우 영어인 랜드스케이프 아키텍처(Landscape Architecture)의 번역어로서 조원(造園)을 대신해 사용하였다. 그러나 학문의 도입초기에 학계나 업계에서 용어 사용의 적절성 여부에 대하여 면밀한 검토나 치열한 학문적 논의가 없이 그대로 사용하였기 때문에 학문으로서나 직업으로서 조경이 가져야 할 철학과 가치를 제대로 담지 못했다. 일본사람들이 쓰는 조원(造園)은 용어 자체에서 그것이 무엇을 하는 직업인지 어떤 재료를 사용해야 하는지 등을 분명하게 알 수 있다. 그러나 우리의 번역어 조경(造景)은 무엇을 하는 직종인지 조경업에 종사하는 사람도 이해하기 어려운 어떤 결과나 현상만을 이야기하는 것 같다. 경관을 조성하는 일이 조경에게만

---

18 http://land.yu.ac.kr/ 2015년 7월 18일 검색.
19 http://www.kila.or.kr/ 2015년 7월 6일 검색.

국한된 일은 아닐 것이다. 우리가 현재 쓰고 있는 조경이라는 용어가 과연 랜드스케이프 아키텍처의 번역어로서 적절한지에 대한 논의가 이 시점에서 한 번쯤은 필요한 것이 아닐까 생각한다.[20]

2.3 정원과 조경의 차이

이제 우리는 정원은 garden의 번역어이고 조경은 landscape architecture의 번역어임을 알았다. 그렇다면 정원과 조경의 차이는 무엇일까?

정원과 조경의 차이점을 간략하게 두 가지 정도를 살펴보면, 먼저 정원이 예술론이라고 한다면 조경은 디자인 이론으로 설명이 가능하다고 할 수 있겠다. 여기서 정원을 예술론으로 설명가능하다는 말은 곧 정원만들기가 바로 예술, 즉 회화, 문학, 음악 그리고 연극과 같은 장르에 속한다는 말이다. 그러나 「실제로 예술 각 부문의 성격이 현격하게 다르고 그 범위가 너무 넓어서 예술 전반을 망라하여 논한다는 것은 무척 어려우며, 그 실체는 회화론 · 문학론 · 음악론 · 연극론 따위인 경우가 많다. 또한 처음부터 의도적으로 집필된 예술론 외에, 저서나 담화 등에 산재하는 예술관을 통틀어 그의 '예술론'이라고 일컫는 수도 있으며, 플라톤 · 괴테 · 마르크스 · 로댕 등의 경우가 이에 해당된다.」[21] 따라서 정원의 예술론이라 함은 '정원론'을 말하며 운처(Ludaig A. Unzer)의 중국정원론(中國庭園論, 1773)과 퓌클러－무스카우(Hermann Furst von Puckler－Muskau)의 풍경식정원론(風景式庭園論, 1834) 등의 예가 있다.

그래서 유럽과 미국에서는 정원의 경우는 Garden Art(정원예술)라고 부르며 이에 대하여 조경은 Landscape Design(조경디자인)이라고 부른다.[22] 따라서

20 개인적인 생각이지만 오히려 자연환경을 파괴하여 댐을 만들고 도로를 건설하는 토목공학에 대비하여 조경은 환경토목(環境土木)이라고 부르는 것이 훨씬 조경이 하는 일을 더 잘 보여주는 적절한 번역어가 아닐까 생각해본다. 흙이나 나무 등의 자연재료를 사용하여 도시의 환경을 보존하고 창조하는 것을 목적으로 하는 학문 혹은 직업. 독자 여러분은 어떠신가요? 오히려 토목공학은 원어 Civil Engineering에 맞는 도시공학이 더 어울린다고 생각된다.

21 네이버 지식백과, 예술론 [藝術論] (두산백과)

22 이것은 정원과 조경의 탄생의 시기와 주체와 관련이 있는데 이에 대해서는 다음 장에 논하기로 한다.

정원예술이 예술적 행위자체에 예술적 본질이 있다는데 가치를 둔다면, 디자인 이론의 핵심은 의사결정의 프로세스, 즉 민주적인 의사결정과정에 있다고 하겠다.[23]

두 번째로 정원예술의 발전이 시대적으로 보아 봉건사회 및 르네상스와 관련이 있다면 조경은 근대시민사회와 중대한 관계를 가진다. 따라서 민주주의와 조경은 관계가 있다고 하겠다.

따라서 정원은 봉건 및 르네상스시대를 배경으로 일인 혹은 소수의 권력자를 위해 조성하는 예술적 행위를 중시하는 정(庭) 혹은 원(園) 만들기였다면 조경은 근대시민사회를 바탕으로 의사결정의 프로세스를 중시 여기는 조경디자인으로서 시민 모두를 위한 원(園)만들기인 것이다. 그래서 조경의 탄생 배경에는 근대시민사회[24]가 있다는 것을 반드시 이해하여야 한다.

근대를 '해방적 근대'와 '기술적 근대'로 구분했던 뉴욕 주립대학교의 사회학자 임마누엘 월러스틴(Immanuel Wallerstein) 교수는 원래 서구가 추구했던 근대의 첫 번째 지향점이면서 본질적인 지향점은 폭력적 권위로부터의 해방과 개인의 자유, 그리고 공동체적 평등의 실현이었다. 이를 '해방적 근대'라고 부른다. 그러나 다른 한편 서구의 근대는, 자연에 대한 합리적인 지배와 이를 위한 기술 중심적인 세계관을 추구했다. 즉 자연의 한계에서 벗어나는 인간의 힘을 보여주자는 것이었다. 이를 '기술적 근대'라고 한다.[25] 조경이 탄생하던 19세기에는 새로운 형태의 기술인 기계가 산업사회 속으로 파고든 소위 「산업혁명」의 영향으로 정치, 경제적인 면에서 뿐만 아니라 사회적이고 문화적인

---

23 조경학과 스튜디오수업을 개인으로 하는지 팀으로 하는지 생각해보면 된다.

24 중세 봉건사회가 해체된 뒤에 나타난 사회. 경제적으로는 자본주의를 바탕으로 공업화가 이루어지고 정치적으로는 개인적인 인권을 인정하여 민주주의 체제를 갖춘 사회를 가리킨다. 시민사회 · 부르주아사회 · 자본주의사회 등과 같은 뜻으로 쓰이는 경우가 많다. 그러나 동양과 서양 등 지역적인 차이에 따라 형태가 다르고 또 시작된 시기도 각각 다르다.

25 우리의 근대는 '해방적'이기보다는 '기술적 근대'에 치중하지 않았나 생각된다. 서양의 근대를 통하여 조경을 그리고 디자인을 이해하기는 어렵지가 않다. 그러나 우리나라에도 근대는 있었는가? 조경 혹은 디자인분야에서 근대(modern), 근대성(modernity), 근대주의(modernism) 등의 단어가 과연 어떻게 그 개념이 이해되고 정의되어 왔는가? 아울러 서구와는 다른 역사적 배경과 경험을 가지고, 기형적이고 압축적인 근대화 과정을 거친 우리에게 전통–근대–탈근대라는 시간적인 구분이 과연 유효한가? 조경과 근대가 밀접한 관련이 있다면 과연 우리나라의 조경은 과연 근대적인가? 혹은 디자인적인가?라는 질문은 여전히 유효하다고 하겠다.

그림 2-6 정원과 조경의 차이점 요약

조경
Landscape Architecture

시민을 위한 庭(정) 혹은 園(원) 만들기

에크보의 경관론 : The Landscape We See
I see(특정 개인이 보고 즐기는 경관)가 아니고 We see(대중이 보고 즐기는 경관)

정원	조경
Garden	Landscape Architecture
예술적 행위 중시, 예술론	민주적인 의사결정과정 중시, 디자인론
근대이전(봉건, 르네상스)	근대시민사회(민주주의)
일인 혹은 소수의 권력자를 위해 조성	시민 모두를 위한 정(庭) 혹은 원(園) 만들기
I See	We See

면에서도 과거 유럽 사회가 지녀온 방식과는 전혀 다른 차원의 삶의 양식을 출현시켰다. 즉 산업사회의 진전은 당연히 생활환경의 변화를 촉진시키고 정신공간과 사고감각의 양식을 변용시켰다. 그리고 왕족과 귀족을 대신하여 새롭게 사회의 주역으로 등장한 부르주아 계층은 시민사회를 형성해 가면서 과거의 전통들과 단절된 그들 고유의 새로운 미학을 확립하고자 하였으며 이를 뒷받침한 것이 바로 기계화된 대량생산방식이었다. 당시 유럽 내에서 진보적인 아방가르드 미술가들과 예술가들은 사회변화에 부응하면서 새로운 사회에 적합한 예술형식을 탐색하기 시작하였고 이러한 과정에서 모던 디자인이 탄생하게 되었다. 이러한 변화들 중 영국의 미술공예운동 등을 비롯하여 19세기에 시작된 모던 디자인은 한마디로 말해 디자인이라고 하는 언어를 통하여 사람들의 생활이나 환경을 어떻게 변혁하고, 어떠한 사회를 실현 할 것인가라는 문제의식을 가진 프로젝트였다.[26] 그래서 우리는 조경을 칭할 때 조경예술이라고 하지 않고 조경디자인이라고 부른다(그림 2-6, 2-7).

26 가와사키 히로시 지음, 강현주, 최선녀 옮김, 1999, 20세기의 디자인, 서울하우스, p.16.

조경학과 학생들의 수업모습, 2015년 그림 2-7

한편 우리의 용어인 「造景 조경」의 경우는 영어 Landscape의 우리말 "풍경(風景) 혹은 경관(景觀)"에서의 산수나 풍물이 가지는 미·시각적인 아름다움에 초점을 맞추어 그전까지 사용해오던 일본어 조원(造園)이라는 용어를 대신하여 1970년대부터 사용하고 있다. 그러나 그 의미는 전혀 「근대적인 것」과는 무관하며 앞에서 언급했듯이 단지 1970년대 우리나라의 산업화·근대화 과정에서 그렇게 번역되어 지금까지 사용되고 있다.

2.4 조경의 현대적 가치

어떤 것의 가치라는 것은 그것의 쓰임새 혹은 인간과의 관계에 의하여 지니게 되는 중요성을 말하며, 가치란 인간 행동에 영향을 주는 어떠한 바람직한 것, 또는 인간의 지적·감정적·의지적인 욕구를 만족시킬 수 있는 대상이나 그 대상의 성질을 의미한다. 더 나아가서는 인간의 욕구나 관심의 대상 또는 목표가 되는 眞·善·美를 이르는 말이다.

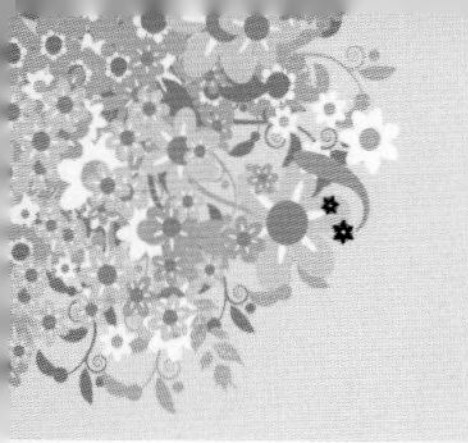

1) 진: 조경의 가치는 다름이다

조경학개론시간에 학생들에게 강의를 하면서 늘 궁금해 하는 것은 우리 학생들이 조경의 가치에 대해서 어떻게 생각하고 또 이해하고 있는지가 매우 궁금했다. 그래서 강의시간에 몇몇 학생들에게 질문해보면 대부분 머뭇거리거나 묵묵부답이다. 우리가 지금 공부하고 있는 조경이 어떻게 쓰이며 그 혜택이 무엇인지도 모르면서 조경학 공부를 하고 있다고 하니 조금 답답했다. 그래서 조경학개론이 조경학과 교육과정에 존재하는 것인지는 모르겠지만 조경의 가치에 대해 그동안 학생들에게 이야기해준 내용을 요약하면 다음과 같다. 조경의 원래 가치는 도시민들에게 공원을 만들어 도시생활에 지친 그들에게 즐거움을 주는 것이었다. 그러나 그 가치도 시간이 지나면서 변화한다. 아래의 그림은 한국개발연구원(KDI)에서 조사한 국민들이 느끼는 미래의 위협에 관한 조사결과 사회계층의 갈등, 저출산 고령화 그리고 환경문제 등의 순서로 국민들은 위협을 느끼고 있는 것으로 나타났다.

우리사회도 토건사회에서 문화와 복지의 시대로 바뀌고 있다. 조경도 변화해야 하며 기존의 가치에서 달라져야만 생존할 수 있다. 다름이란 기존의 개념에 새로운 의미를 담아 변화를 만들어 내는 시도다. 내가 몇 년 전 읽은 책

그림 2-8 사회갈등, 저출산 · 고령화 그리고 환경문제를 미래의 위협으로 들었다.[27]

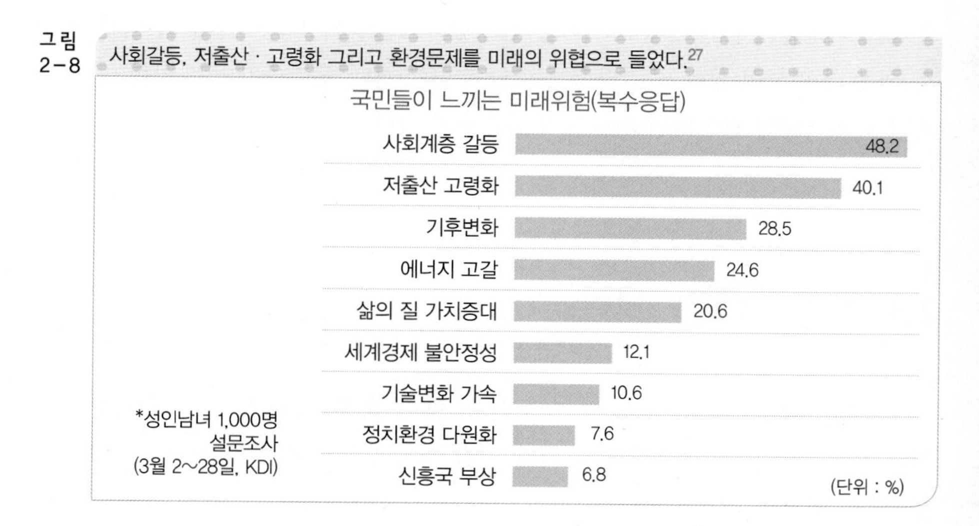

27 http://www.naeil.com/News/politics/ViewNews.asp?nnum=658591&sid=E&tid=6 내일신문 2012-04-25일자.

디퍼런트(Diffenent)[28]에서는 3가지 정도 다름의 예를 들었다. 일탈브랜드가 그 첫 번째 예인데 모든 포털이 당시 선두업체였던 야후(Yahoo)와 같은 길을 갈 때 다른 노선을 선택한 구글(google)이 그 좋은 예다. 현재 미국 시장의 90%를 구글이 독점하고 있다.

다음으로 가구점 이케아(Ikea)와 같은 기존 가구점에서 찾아 볼 수 없는 불친절브랜드와 하기스 풀업스(Pull－Ups)와 같은 기저귀도 팬티도 아닌 일탈브랜드 등이 다른 경쟁 업체를 이긴 다름의 전략으로 요약할 수 있다. 조경도 마찬가지로 지금과는 다른 새로운 영역에 도전해야 하며 다른 브랜드를 내놓아야 한다. 그 브랜드는 앞에서 이야기했던 국민들을 대상으로 하는 조사 등과 같은 빅데이터를 참고할 필요가 있다.

서울의 경우는 미국이나 다른 외국 도시들의 조경브랜드를 서울화해서 잘 정착시키는 것 같다. 예컨대 모든 새로운 건물에 대해 옥상정원을 의무화한다든지, 버려진 정수장이나 공장 부지 또는 군부대가 이전하고 남은 터를 새롭게 공원화한다거나 고가도로를 하이라인처럼 공원화하려는 랜드스케이프어바니즘과 같은 융합적인 시도는 다른 한국의 도시들도 잘 참고해야 할 다름의 좋은 본보기일 것이다. 토건시대는 막을 내리고 바야흐로 환경복지와 문화의 시대가 성큼성큼 다가오고 있다.

2) 선: 조경의 가치는 자연이다

조경의 주요 소재인 수목과 꽃, 물이나 돌 그리고 흙이 만드는 장소나 공간을 우리는 도시의 자연이라고 한다. 이러한 자연은 조경의 매우 중요한 주제이며 또 한편으로는 조경의 가치라고 생각한다. 그렇다 조경의 가장 중요한 가치는 다른 건설업, 예컨대 건축공학이나 토목공학에서는 사용하지 않는 수목과 꽃, 물이나 돌 그리고 흙 등과 같은 자연소재를 주로 사용한다는 점이다. 조경이 이러한 자연의 재료를 사용하여 도시에 자연을 조성하고 자연미를 표현하는 것이 조경의 가치이며 본질이 될 수 있다고 생각한다. 그럼에도 우리 학생들은 자기 전공에 대한 자부심이 없어서인지 아니면 관심의 부족에서인지 이 기본적인 그러나 중요한 조경의 가치를 잊고 공부하는 것 같아서 안타깝다. 한편 이

28 문영미 지음. 박세인 옮김, 2011, 디퍼런트, 살림Biz.

조경의 가치는 조경이 도시에 베푸는 혜택을 잘 이해하는 데서 더 빛을 발한다. 도시를 생태계로 가정한다면 도시는 주택, 도로, 공장과 같은 인공시스템과 하천이나 산, 호수, 공원녹지와 같은 자연시스템으로 이루어진다. 외부의 화석연료로 만들어진 에너지에 주로 의존하는 인공시스템은 주로 건축이나 토목과 같은 건설 분야의 몫으로 많은 엔트로피를 발생시켜 도시를 오염시키고 황폐화시킨다. 반면 태양에너지에 주로 의존하는 자연시스템은 엔트로피를 비교적 적게 발생시키며 조경에 의해 주로 공급되고 조성되는 공원과 녹지 그리고 숲이 주를 이룬다고 하겠다. 결국 조경의 진정한 가치는 도시에 자연을 공급하여 도시와 도시민에게 다음과 같은 4가지 혜택을 주는 데 있다고 생각한다. 조경은 도시생태계에서 자연을 공급하여 다음과 같은 4H라는 또 다른 가치를 창출한다. 즉 인공시스템에 의해 황폐해진 도시환경과 각종 환경오염에 의해 고통을 받는 도시민을 치유(healing)시키고, 시간이 지나면 이것은 도시의 생태계와 도시민들에게 조화(harmony)와 건강(healthy)을 동시에 주어 결국 도시민들과 도시의 생명들에게 행복(happiness)을 가져다주는 중요한 역할을 하는 친환경 친인간적인 건설업이라는 데 그 가치가 있다(그림 2-9). 조경은 자연을 매개로 환경을 고려하는 계획, 디자인, 시공, 관리를 할 때 존재의 가치가 있고 작지만 강해질 수 있는 건설업이며 학문이다.

그림 2-9 조경이 주는 4가지 혜택

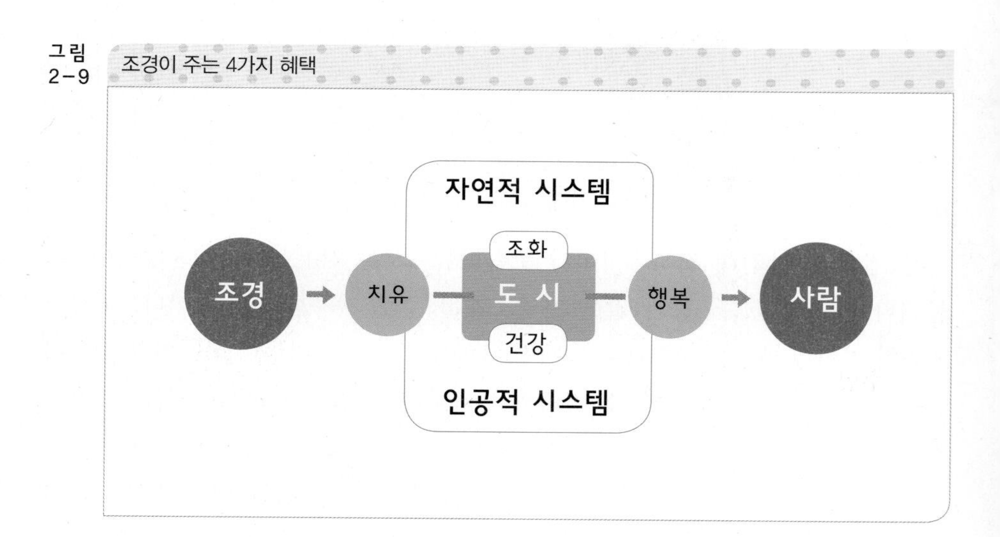

3) 미: 조경의 가치는 오달수다

2015년 11월 26일 경희대 평화의전당에서 대한민국 최고 영화상인 제36회 청룡영화제에서 〈국제시장〉에서 열연한 오달수가 남우조연상을 수상했다. 2015년 〈베테랑〉과 〈암살〉과 같은 '천만관객'을 기록한 영화들에 두루 출연하며 주연인 황정민 혹은 하정우 등과 완벽한 연기를 선보인 그는 늘 조연이다. 사전적인 의미로 조연은 한 작품에서 주역을 도와 극을 전개해 나가는 역할을 함. 또는 그 역할을 맡은 사람이다. 그렇다 그는 늘 조연으로 출연하였으나 그의 올해(2015) 영화는 천만관객을 두 번이나 기록했다. 오달수가 그러하듯 조경도 늘 건축의 조연이었다. 도시계획의 조연이었다. 토목의 조연이었다. 그럼에도 불구하고 조경이 없는 건축, 도시계획 그리고 토목은 관객이 찾지 않는 연극이요 영화다. 늘 주연이 되려하는 건축과는 달리 조경은 그 옆에서 오달수 같은 조연으로 주연을 도와 도시를 더 아름답고 건축물을 더 건축물답게 만들어 준다. 사람들은 집을 짓고 그 자투리땅에 정원을 만들었다. 도시를 만들 때 도로를 만들고 공장을 짓고 주택단지를 만들고 남은 땅에 공원을 만들었다. 버큰헤드파크도 공원 덕분에 주변 주택경기가 살아났고 센트럴파크주변의 고층빌딩도 공원덕분에 더욱 그 가치가 상승했다. 최근의 뉴욕의 하이라인은 죽어가는 철도를 살려 공원으로 변신시켰다. 그러자 뉴요커들의 산업공간을 바라보는 관점이 바뀌었다. 버려진 철도가 철거되지 않고 기존의 산업 공간을 보는 관점을 바꾼 것 같다. 버려진 철도가 철거되지 않고 공원으로 바뀌면서 뉴욕 시민들은 공공공간에 대한 희망을 되살리고 미래에 자신들의 도시를 어떻게 가꿔가야 할 것인가를 생각하게 된 것 같다. 그 변화의 중심에 조경이 있었다.

이처럼 버려진 철도가 철거되지 않고 공원으로 바뀌면서 뉴욕 시민들은 공공공간에 대한 희망을 되살리고 미래 자신들의 도시를 어떻게 가꿔가야 할 것인가를 보여준 뉴욕의 하이라인파크는 조경이라는 조연이 있었기에 가능한 한 편의 영화였다. 영화 〈암살〉 촬영을 마치고 하정우가 말했다고 한다.

"마치 오랫동안 알고 지내온 외삼촌처럼 편안하고 호흡이 잘 맞았다. 달수형님, 다음에도 함께해요!"

우리 학생들도 배우 오달수 같은 명품조연, 멋진 조경가가 되기를 바란다.

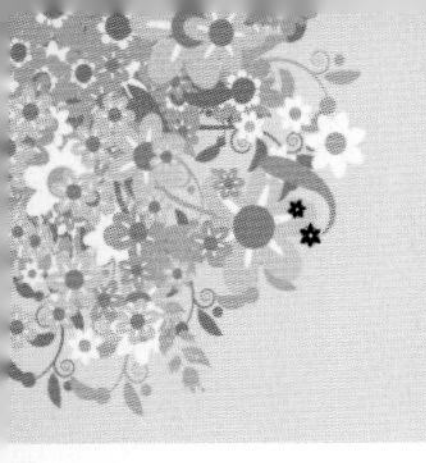

4) 조경이 명품조연의 역할을 수행한 하이라인

조경분야에서 떠오르는 화두는 단연 랜드스케이프어바니즘이다. 제임스 코너(James Corner)에 따르면 랜드스케이프어바니즘은 서로 다른 학문적 영역의 협력과 통합에 대한 청사진으로 해석하고 있다. 이때의 통합이라고 함은 서로 미묘하게 대립하고 있는 '랜드스케이프'와 '어바니즘' 두 용어 사이의 이념, 프로그램, 그리고 문화적 내용의 차이를 함께 수용하거나 포괄하는 개념이라고 그는 주장하고 있다. 아울러 랜드스케이프어바니즘은 조경이 건축, 토목, 도시계획 등의 인접분야와 영역을 넘어 토지이용계획 및 설계를 하는 것이며, 1997년 미국 일리노이대에서 찰스 왈드하임의 주도로 랜드스케이프어바니즘 심포지움 개최로 공론화되었고, 랜드스케이프어바니즘은 도시를 살아있는 유기체로 보고 조경이 건축, 도시계획 등과 융합하여 도시순환적인 계획, 설계 등을 그 주요 내용으로 하고 있다.

가장 중요한 이 이론의 핵심은 지금까지 조경의 접근방법이 도시에서 인공적인 것과 자연을 둘로 나누는 이분법적인 사고였다면(예, 뉴욕의 센트랄파크) 이 새로운 조경 이론은 자연과 인공을 따로 구분하지 말고 하나로 보자는 통합적인 접근방법인 것이다. 도시에서 인공을 악으로 보았던 이안 맥하그의 접근과는 생태적 프로세스를 중요시한다는 점에서는 같으면서도 인공을 더 이상 도시의 악으로 여기지 않는다는 측면에서는 매우 다른 접근 방법인 것이다. 즉 '지금까지 도시공간이 건축, 도시, 조경, 행정, 문화영역, 시민의 삶 등과 상관없이 개별적으로 계획되고 디자인된 것에 대한 반성과 앞으로는 이러한 분야가 함께 힘을 모아 도시공간을 만들어 가자는 실천의 장을 마련해주는 통섭의 실천적 패러다임이 바로 랜드스케이프어바니즘이다. …(중략)…찰스 왈드와임의 주장대로 랜드스케이프어바니즘은 도시를 전체적인 조직으로 바라보아야 한다. '경관'도 끊임없이 변화하고 성장하고 쇠퇴한다는 진화론적인 힘을 가지고 있다는 메시지가 바로 통섭과 혼성, 진화와 과정을 포함하는 것'이다.[29]

한편 이러한 랜드스케이프어바니즘 이론을 잘 적용시킨 사례로서 최근 2구간을 완공한 뉴욕의 하이라인파크(그림 2-10)가 있다. 이 프로젝트의 핵심은

29 http://blog.naver.com/hongdolry/60118468412

인공(버려진 철도)과 자연(공원)을 따로 구분하지 않고 하나로 보고 접근했다는 것이다.[30]

하이라인은 원래 인근에 도살장이 있어 '죽음의 애비뉴'로 불리던 맨해튼 로어 웨스트사이드10 애비뉴에 1934년 건설된 화물열차용 고가철도였다. 교통의 발달로 차츰 이용이 줄다가 1980년에 철도 운행이 중단됐다.

1999년 시민단체 '하이라인의 친구들(Friends of Highline)'이 결성돼 2003년 뉴욕시의 지원으로 철거 위기에 있던 하이라인을 공원으로 개발하는 계획이 세워졌다. 2004년 설계 공모전에 52개 팀 중 '제임스 코너 필드 오퍼레이션'이 당선됐다.

그림 2-10 조경이 명품조연 역할을 한 하이라인파크

이듬해 시공에 들어가 1구간이 2009년 6월 9일 완공됐으며, 2구간은 2년 만인 2011년 6월 8일 베일을 벗었다. 미국의 대표적인 디자이너 브랜드인 캘빈 클라인이 탄생 40주년 기념행사를 가졌던 곳이 바로 이 하이라인 파크였다고 한다.

2009년 6월 마이클 블룸버그 뉴욕 시장은 "(하이라인은) 뉴욕시가 시민에게 준 최대의 선물"이라고 '하이라인(Highline)' 개막행사에서 말했다고 한다. 이 잡초만 무성했던 맨해튼 웨스트사이드의 화물전용 고가철도는 뉴욕 시민의 보전 노력으로 '21세기 센트럴파크'로 변신하게 되었다. 총 길이 2.3㎞, 지상 2~3층 건물 높이(지상 약 10m)의 하이라인에는 300여 종의 야생화가 자라고, 일광욕 데크와 벤치들이 늘어서 있다. 이 하이라인에서는 뉴저지의 전망과 허드슨강의 노을, 패셔니스타(fashionista)들이 모여드는 미트패킹 디스트릭트의 야경이 한눈에 들어온다고 한다. 하이라인파크의 탄생으로 공원 주변은 뉴욕에서 가장

30 원문: http://life.joinsmsn.com/news/article/article.asp?Total_ID=5691302&ctg=12&sid=5899

그림 2-11 2014년 9월 20일 하이라인파크 개막식 모습[31]

집값이 비싼 동네가 됐다고 하며, 프랭크 게리, 장 누벨, 시게루 반 등 유명 건축가들의 빌딩과 렌조 피아노가 설계한 휘트니 박물관이 들어설 예정이다.

우리가 일반적으로 알고 있듯이 하이라인의 총괄 디자인은 제임스 코너가 맡았지만 하이라인이 공원으로 변모하기 전에 그곳에서 자라고 있던 식생구조를 그대로 살려 실제로 재현시킨 식재디자이너는 네덜란드 출신의 정원 디자이너 피엣 우돌프(Piet Oudolf)[32]였다. 다년생 식물 위주로 정원을 조성하자는 운동과 새로운 식재 운동(New Wave Planting)을 전개하고 있는 피엣 우돌프는 실제 그의 정원에서 다양한 실험을 하고 있다. 그는 기존의 정원 식재 양식에서 탈피하여 대평원의 야생화 초원을 연상시키는 디자인 구성으로 일년생보다는 야생화 위주의 식물군을 사용하여 마치 화가의 캔버스 그림을 연상시키는 선명하고 화려한 원색의 배식 기법을 연출하는 가든 디자이너다. 우돌프는 시카고의 루리가든(Lurie Garden), 뉴욕 배터리파크, 그리고 하이라인 등의 프로젝트로 세계적인 명성을 얻고

31 http://www.zimbio.com/pictures/805mgne25Cx/High+Line+Rail+Yards+Dedication+Opening+Ceremony/CfCW8lroOCv/Joshua+David

32 http://www.lafent.com/inews/news_view.html?news_id=110753 주목할 만한 조경가 12인_피엣 우돌프. 2015년 12월 1일 검색.

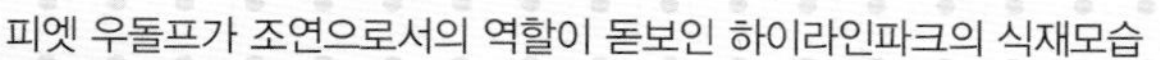
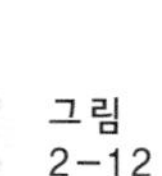
피엣 우돌프가 조연으로서의 역할이 돋보인 하이라인파크의 식재모습 그림 2-12

있는 피엣 우돌프야 말로 조경계의 명품조연이다(그림 2-12).

한편 박원순 서울시장은 한 언론과의 인터뷰에서 요즘 논란이 되고 있는 서울역 고가를 “도시 인프라 이상의 역사적 가치와 의미를 갖는 산업화 시대의 유산”으로 규정하고 “철거하기보다 원형 보존하는 가운데 안전, 편의 및 경관을 고려한 사람 중심의 공간으로 시민에게 돌려드리기”로 마음을 정한 것 같다. 그는 아마 뉴욕의 하이라인을 둘러보고 많은 감동을 받은 것 같다. 박시장은 “버려진 폐철로를 활기찬 도시 랜드마크로 탈바꿈시킨 뉴욕의 하이라인파크를 뛰어 넘는 선형 녹지공간으로 재생시키겠다”고 말했다. 그의 뜻대로 서울의 하이라인파크가 조만간 탄생하기를 바라며 명품조연 조경의 역할을 또한 기대한다. 그러나 서울역 고가도로와 하이라인의 차이점은 서울역 고가도로는 서울시에서 공원으로 만들어 시민에게 돌려주지만, 하이라인은 민간이 관과 협조하여 공원을 스스로 만들었다는 것이다. 결론은 같은 공원의 탄생이지만 그 과정의 차이는 크다. 연간 백만 이상이 찾는 명품공원을 만들기 위해서 우리는 그들이 만들 결과보다는 사회적 합의 과정을 배워야 할 것이다.

관의 주도로 태어나고 자라나 성인이 된 한국의 조경은 이제부터 어른스러운 역할을 해야 할 때다. 조경이 원래 정신인 시민을 위한 조경이 되기 위해서는 이제

시민 곁으로 찾아가는 조경이 되어야 할 것이다. 그래서 조경이 시민들의 생활의 일부가 되고 그들의 문화의 일부가 되기 위해 시민사회를 위해 조경이 기여할 수 있는 것이 무엇인지를 우리는 뉴욕의 하이라인의 공원화 과정을 통해서 배워야 한다. 그리고 조경이 그런 시민들을 키워내는 임무를 수행하여야 한다. 그것이 이제부터 조경의 존재 가치일 것이다. 부디 조경이라는 낱말의 틀 안에 우리의 가능성과 능력을 가두지 말기를 바란다. 그래서 명품 조연에서 진짜 주연으로 거듭나는 조경을 기대한다.

CHAPTER

03

조경의 오늘을 만든 사람들[1]

이 장에서는 오늘날 조경의 토대를 마련한 미국의 근대 및 현대의 대표적인 조경가의 삶과 조경에 대한 철학을 소개함으로써 근대 및 현대 조경이론의 성과와 문제점 그리고 앞으로 조경이 나아갈 방향에 대해 생각해 보기로 한다. 미국이 근대 조경이 시작된 곳이기 때문이다.

3.1 앤드류 잭슨 다우닝(Andrew Jackson Downing): 미국조경의 설립자

다우닝은 1815년 10월 뉴욕의 뉴버그(Newburgh)에서 태어났다. 그는 미국 조경의 설립자(Founder)이며 미국고딕건축의 옹호자였으며 잡지 Horticulturist의 편집자였다. 미국은 1620년 청교도의 이주 이래, 독립전쟁까지 약 150년간을 식민지시대라고 불리는 개척시대였다. 미국으로 이주한 청교도들은 개척지를 개간하고 삼림을 벌채하여 농장을 만들고 도시를 건설하였다. 당시 유럽에서는 르네상스식과 풍경식 정원양식이 유행하던 시기였으나 미국에서는 소박한

1 이 글은 김수봉 편저, 2000, 도시환경녹지계획론, pp.17-26의 내용을 가필하여 재구성하였다.

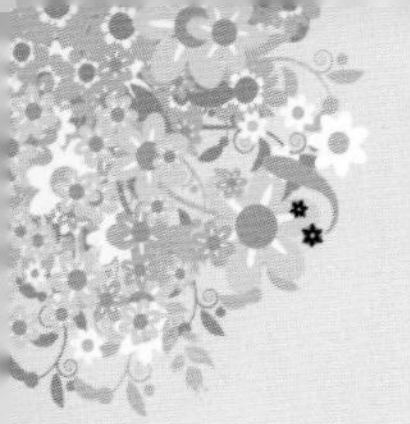

그림 3-1 마운트 버논에 있는 아주 소박한 조지 워싱턴의 저택과 정원 모습

개인정원이 만들어지기 시작했다. 현재 중요하게 보전되어 있는 정원인 버지니아주 마운트 버논(Mount Vernon)에 있는 워싱턴 대통령의 저택과 정원(1743)도 아주 소박한 지방주택의 정원양식이었다(그림 3-1).

TREATISE
ON
THE THEORY AND PRACTICE
OF
LANDSCAPE GARDENING,
ADAPTED TO
NORTH AMERICA;
WITH A VIEW TO
THE IMPROVEMENT OF COUNTRY RESIDENCES.
COMPRISING
HISTORICAL NOTICES AND GENERAL PRINCIPLES OF THE ART,
DIRECTIONS FOR LAYING OUT GROUNDS AND ARRANGING PLANTATIONS,
THE DESCRIPTION AND CULTIVATION OF HARDY TREES,
DECORATIVE ACCOMPANIMENTS TO THE HOUSE AND GROUNDS,
THE FORMATION OF PIECES OF ARTIFICIAL WATER, FLOWER GARDENS, ETC.
WITH REMARKS ON
RURAL ARCHITECTURE.
Fourth Edition,
ENLARGED, REVISED, AND NEWLY ILLUSTRATED.
BY A. J. DOWNING,
AUTHOR OF DESIGNS FOR COTTAGE RESIDENCES, ETC.

"Insult not Nature with absurd expense,
Nor spoil her simple charms by vain pretence;
Weigh well the subject, be with caution bold,
Profuse of genius, not profuse of gold."

NEW YORK:
GEORGE P. PUTNAM, 155 BROADWAY.
LONDON:
LONGMAN, BROWN, GREEN & LONGMANS.
1849.

그림 3-2 다우닝의 역작 풍경식 정원의 이론과 실제[2]

이러한 초기의 모습은 독립전쟁이 끝나고서도 계속 되었으나 19세기에 들어와서 공업화와 도시화가 먼저 진행되었던 동부지방에서 조경운동이 시작되었다. 정확하게 말하자면 조경운동은 불후의 명저인 「미국 풍경식 정원의 이론과 실제: A Treatise on the Theory and Practice of Landscape Gardening adapted to North America; With a View to The Improvement of Country Residences, 1849」를 저술했던 다우닝(A. J. Downing)에 의해 시작되었다(그림 3-2).

다우닝의 조경이론은 당시 미국도시의

2 https://books.google.co.kr/books 2015년 11월 19일 검색.

풍경식 정원은 이상적인 질서가 자연 속에 존재한다고 생각했다. 그림 3-3

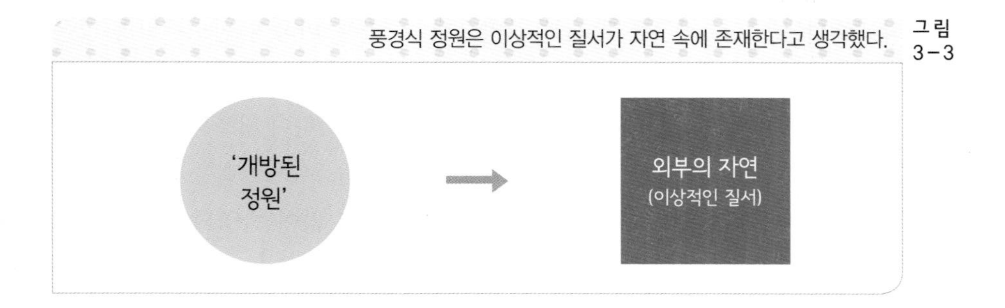

공업화에 따른 도시환경의 파괴 때문에 철두철미하게 자연회귀 혹은 낭만주의로 일관되고 있다. 그가 쓴 책의 부제였던 "지방주택의 수경(修景), The Improvement of Country Residences"에서 보듯 그의 책은 교외주택의 정원조성 기술에 대해 자세하게 서술하고 있는데 이는 도시에 대한 도전이었다고 생각된다. 아마도 그는 영국의 풍경식 정원을 미국에 정착시키려 했던 것 같다. 그는 "풍경식 정원은 통상적인 정원과는 다르다. 이는 주택과 정원이 주변의 풍경과 조화를 이루는 것을 목적으로 하며, 예술적 감상을 이유로 부드럽고 섬세하며 연속적인 형태로 마무리되고 있다"[3]라고 주장하면서, 그림처럼 아름다움(優美, The Beautiful)이야말로 풍경식 정원의 최종 목표임을 주장하였다. 그의 이론은 아름다움(美), 즉 이상적인 질서가 자연 속에 존재한다고 생각하는 영국식 정원의 전통을 그대로 따랐다고 볼 수 있다(그림 3-3).

다우닝은 프랑스와 이탈리아 정원은 의도적으로 배제하였다. 왜냐하면 그들 정원이 가진 기하학식 정원의 미는 고전적·건축적인 조형물이나 항아리 등을 배열하는 것처럼 아주 단순하다고 생각했기 때문이다. 현재도 미국에서 여전히 르네상스식 정원스타일을 선호하지 않는 전통은 아마도 다우닝에서 시작되었다고 생각된다.

다우닝이 르네상스식 정원을 싫어했던 또 다른 이유는 16, 17세기 유럽의 정원양식이 순전히 왕이나 귀족들의 취미에 맞추어 만들어졌다는 데 대한 강한 개인적인 반발심을 보였다는 것에서 찾을 수 있다. 그는 "…인간의 권리는 평등하다. 예를 들어 미국에는 세습적인 계급과 부가 존재하지 않는 이유는 이

3 Downing. A. J. 1859. A Treatise on Theory and Practice of Landscape Gardening. p.18. https://books.google.co.kr/books 2015년 11월 19일 검색.

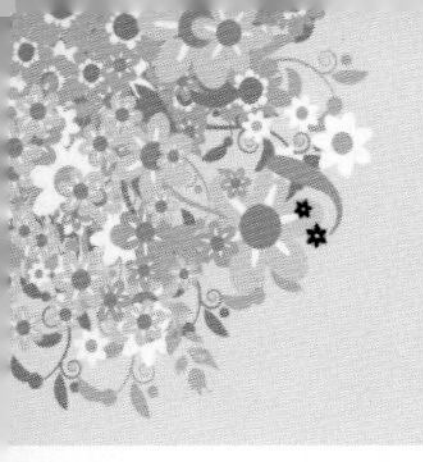

땅에 박애주의는 있고, 빈곤은 존재하지 않으며…"[4]라는 미국의 인도주의와 많은 상관관계가 있다. 즉 영국 풍경식 정원의 도입은 그의 민주주의 관련 주장과 연결되어 있다고 하겠으며, 따라서 대중을 위한 조경은 옴스테드에 의하여 창조되었지만, 실제 그 싹은 다우닝이 틔웠다. 사실 센트럴파크의 초안인 그린스워드플랜을 만든 복스와 옴스테드도 다우닝에게 많은 조언을 받았고 그의 생각이 많이 반영되었다, 그러나 그의 이른 죽음으로 센트럴파크의 완성은 보지 못했다.

한편 다우닝의 조경 이론의 핵심은 앞에서 이야기했던 "매우 아름다운 것(優美, The Beautiful)"과 또 하나는 "그림같이 아름다운 것(繪畵美, The Picturesque)"이라는 개념이다. 그는 "매우 아름다운 것은 그리스 건축이나 조각에서 볼 수 있는 균제미와 조화 그리고 통일감을 의미한다. (그리고) 그림처럼 아름다운 것은 영국 농촌 마을 초가집의 둥그스레한 지붕과 이끼에서 볼 수 있는 불규칙적이면서도 자연스러운 아름다움을 의미한다"[5]라고 주장하였고, 매우 아름다운 것과 그림같이 아름다운 것은 바로 풍경식 정원의 목적이라고 하였다.

영국 풍경식 정원의 발전단계에서 〈매우 아름다운 것〉과 〈그림같이 아름다운 것〉은 정원을 거닐며 되도록 많은 풍경을 감상하는 것을 중요시하는 브라운파[6]와 정원에서 경탄과 감흥을 나타내고자 시간적, 공간적인 거리를 두어야 함을 강조하는 회화파[7]가 서로 논쟁했던 미적 가치관이었다. 〈매우 아름다운 것〉이 자연의 풍경미요, 정원미였다면, 회화적이라 함은 〈그림같이 아름다운 것〉을 말한다. 렙톤(H. Repton)은 "자연미는 회화미보다 시야가 넓다"[8]라고 주장하면서 자연미를 회화미와 구별하고, 더 나아가서 그의 저서인〈레드북(Red Book)〉에서처럼 실천적으로 두 개의 미를 통합시키는 절충주의[9]를 선택했다. 다우닝은 렙톤의 영향를 받아서 자연의 풍경미와 회화미에 질서를 부여하여 미국조경의 전통을 수립하려고 하였다.

미국의 조경은 다우닝의 풍경식 정원 이론으로 출발하여 옴스테드(F. L.

---

4 Downing. A. J. 1859, A Treatise on Theory and Practice of Landscape Gardening, p.23.
5 owning. A. J. 1859, A Treatise on Theory and Practice of Landscape Gardening, p.54.
6 브라운파는 스테판 스위처, 찰스 브릿지맨, 윌리엄 켄트, 란셀로트 브라운, 험프리 렙톤으로 이어진다.
7 회화파는 윌리엄 챔버, 나이트, 우베데일 프라이스 등이 속한다.
8 針ヶ谷鐘吉, 1956,「西洋造園史」, 彰國社, p.249.
9 여기서 절충주의라 함은 독자적인 양식의 창조가 아닌 기존의 여러 양식 중에 장점을 취함을 말한다.

Olmsted), 클레브랜드(H. W. S. Cleveland) 그리고 엘리엇(C. Eliot) 등의 활약에 힘입어 19세기 후반부터 20세기에 걸쳐서 크게 발전하였다. 이러한 비약적인 미국조경의 발전 배경에는 미국의 근대화, 즉 미국 민주주의, 자본주의 기술혁신, 그리고 도시화 등이 있었다. 그래서 이 시기를 미국조경의 확립기라 볼 수 있다.

3.2 프레데릭 로우 옴스테드(Frederick Law Olmsted): 미국 조경의 아버지

프레데릭 옴스테드는 1822년 4월 22일 미국 코네티컷州 하트포드市에서 태어났다.

옴스테드 조경관의 뿌리가 되는 자연관 형성에는 자연경관을 매우 좋아하여 틈만 나면 여기저기 가족과 함께 다녔던 어린 시절 아버지의 영향이 컸다. 옴스테드는 16세가 되던 해에 필립스 아카데미를 졸업한 후 예일대학 진학을 준비했으나 개옻나무 중독으로 시력이 약화되어 진학을 포기함으로 인해 체계적인 고등교육을 못 받았지만 열정적인 독서와 청강으로 이론을 익히고 글쓰기를 통해 내실을 다졌다. 소년기에는 "경관이 상상력을 자극하여 강력한 효과를 낸다"는 폰 찌머만의 저서에 큰 감명을 받았고 그 후 우베데일 프라이스(1794)의 경관론(an essay on the picture)과 윌리엄 길핀의 '숲 경관에 관한 소고(remarks on forest scenery)'를 읽은 후 경관은 무의식적 과정을 통해 작용하여, 도시생활의 심한 소음과 인공적인 환경에 의해 긴장된 인간의 마음을 편안케 하고 "풀어주는" 효과를 발휘한다는 그만의 독자적인 경관에 대한 관점을 가지게 된다.[10] 많은 답사여행과 농업활동, 토론으로는 실제적인 산지식을 몸으로 익힐 수 있었던 것은 부유한 상인이었던 아버지 덕택이었다. 옴스테드는 정규 대학교육을 마치지 않고도 산지식을 토대로 지식인으로서의 면모를 하나씩 다져 당시의 타 지식인처럼 시민계몽과 사회변화에 높은 관심을 가진 참여 지식인으로 변모하게 된다.[11]

10 Olmsted's Philosophy, http://fredericklawolmsted.com/
11 오정학, 옴스테드와 조경의 정체성, 한양대학교 도시대학원 연구페이퍼.

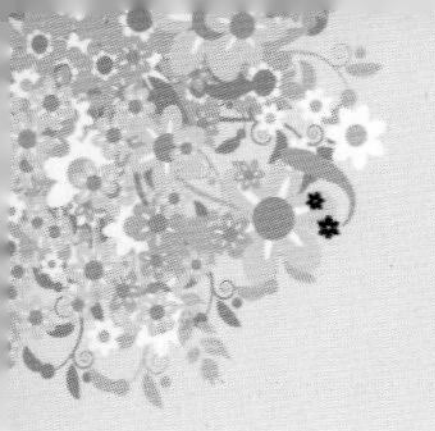

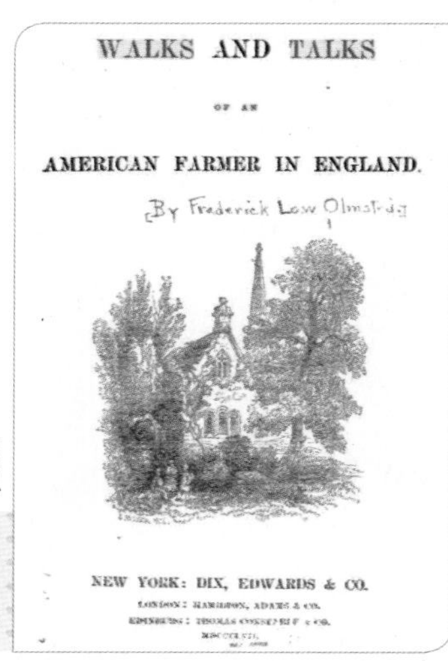

그림 3-4 미국농부의 영국견문기의 표지[13]

어려서부터 농업에 흥미를 가졌던 그는 20대부터는 근대적 농업경영자로서 성공하였다. 여행가이기도 했던 그는 27살 때 형과 친구와 함께 영국으로 건너가서 처음으로 외국의 풍물을 접했는데, 그 여행에 관한 감흥을 적은 책이 "미국농부의 영국견문기, Walks and Talks of an American Farmer in England"[12]다(그림 3-4). 이 여행은 그에게 두 가지의 큰 의미를 부여하였다. 하나는 그가 풍경식 정원과 공원에 흥미를 가지게 된 것이고, 또 하나는 노예문제가 가진 비인도적인 면에 대하여 심각하게 고민하기 시작하였다는 점이다. 이 두 가지는 후에 그가 조경가로서 큰 활약을 하는 데 있어서 커다란 계기가 되었다.

영국에서 귀국 후, 그는 신문사의 기자가 되어 미국 남부지방의 흑인 노예문제를 취재하였다. 그의 노예문제에 관한 기사는 많은 사람들 사이에 화제가 되었으며 문필가로서 그의 위치를 확고히 하였다. 나중에 그는 노예제도의 반대자로서 남북전쟁에 참가한다.

이와 같이 옴스테드의 삶은 농부, 문필가 그리고 사회평론가 등과 같이 조경과는 별로 관계가 없는 일에서부터 시작되었다. 청년기부터 원예가로서 유명했으며 26세 때 이미 정원이론의 명저를 남긴 다우닝과는 달리 옴스테드는 그와는 매우 다른 삶을 살았다. 그러나 옴스테드가 겪었던 청년시절의 다양한 경험은 조경가로서 그의 사상을 형성하는 데 중대한 영향을 미쳤다. 조경진(2003)에 따르면 옴스테드는 19세기 당시 도시는 악이며 자연은 지고의 존재로 선을 상징하는 것이라는 사상을 가진 초월주의자(transcendentalism)[14]그룹의 선두 주자였던 소로우(Thoreau)와

12 Olmsted, F. L. 1850, Walks and Talks of An American Farmer in England, New York, Dix, Edwards & Co.

13 https://books.google.co.kr/books 2015년 11월 19일 검색.

14 19세기에 미국의 사상가들이 주장한 이상주의적 관념론에 의한 사상개혁운동으로 문명비평이나 문학운동에 가까웠다고 한다.

그림 3-5 도시의 자연인 공원의 도입은 도시에 인간성을 회복하기 위한 한 방편이다.

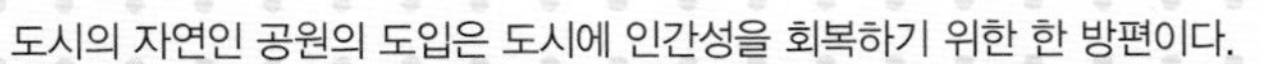

에머슨(Emerson) 등의 자연관으로부터 공원에 관한 사상에 영향을 받았다. 따라서 옴스테드는 도시의 자연인 공원의 도입은 곧 선으로서 불안과 공포로 가득한 대도시에서 인간성을 회복하기 위한 한 방편으로 생각했다(그림 3-5).

옴스테드의 또 다른 공원에 관한 생각은 도시공원을 사회문제를 해결하는 건강한 레크리에이션의 장소로 제공하는 것이었다. 즉 공원에서 시민들이 편안한 휴식을 취하게 하여 도시생활의 스트레스를 없애고 새로운 에너지를 충전하게 하는 장소로 공원을 조성하려는 의도가 있었다. 아울러 여러 계층이 융합하는 공원에서 일반 노동자들에게 상류계층의 매너와 생활방식을 배우게 하려는 의도도 있었다는 것이다. 이것은 옴스테드가 공원이 당시의 산업화로 인한 도시문제를 통제하는 메커니즘으로서의 역할을 한다고 믿었음을 말해주는데, 결국 옴스테드의 공원은 도시를 살리고 사회체제를 유지하는 소극적인 방어기제였던 셈이다. 즉 19세기 미국의 공원은 도시 노동자들을 교화하고 그들 가족을 지켜야 한다는 미국 지식인들의 사회적 소명의 발현이었다고 하겠다.[15]

15 조경진, 2003, 프레데릭 로우 옴스테드의 도시공원에 대한 재해석, 한국조경학회지 30(6), p.28-32.

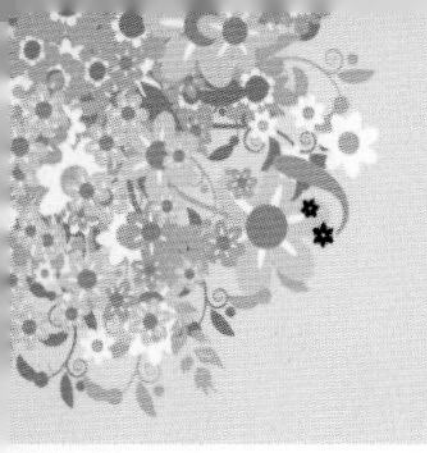

한편 옴스테드의 센트럴파크는 대지를 구성하는 방식이 영국의 낭만적인 풍경양식을 따랐을 뿐이지 원래는 뉴욕의 도시문제를 해결하기 위한 잘 준비된 도시계획의 산물이었다는 주장도 있다. 즉 뉴욕의 수돗물을 공급하는 유수지인 센트럴파크지역을 도시의 난개발로부터 보호하기 위해 공원으로 만들었다는 설득력이 있는 의견이 그것이다. 센트럴파크는 뉴욕의 격자망을 통해 성장해가면서 생기는 문제점을 해결하기 위한 제 2의 도시계획이었다.[16]

그래서 옴스테드는 도시공원을 도시의 사회적 문제 해결뿐만 아니라 물리적인 도시문제를 해결하는 매개로도 적극 사용했던 것 같다. 그는 도시계획분야의 전문가였다.

한편 옴스테드가 조경가로서의 활약은 1857년 뉴욕시의 센트럴파크(Central Park) 건설현장 감독으로 임명되면서 시작되었다. 이때가 그의 나이 35살이었다. 이때부터 46년 동안 그는 미국 '조경의 아버지'로 칭해질 정도로 훌륭한 업적을 남겼다. 그가 남긴 최대의 업적 중의 하나는 종래의 풍경식 정원(Landscape Garden)을 조경(Landscape Architecture)으로 그 명칭을 바꾸면서 근대 조경의 이론과 방법을 확립한 것이다. 그는 조경의 대상 영역(target area)을 확실하게 확립하였는데 이는 근대조경을 왕과 귀족 소유의 정원과 같은 사적(私的)차원에서 시민을 위한 공원과 같은 공적(公的)차원으로 바꾸려는 시도를 하였다.[17] 시민을 위한 조경의 개념은 이미 다우닝에 의하여 시작되었지만 영국 풍경식 정원의 영향은 막강하였다. 그래서인지 19세기 전반에 보여주었던 그의 노력은 주로 지방주택의 정원에 한정되었다. 그러나 19세기 후반에 접어들면서 남북전쟁이 발생하고 민주주의의 참된 의미가 논의될 무렵에 종래의 전통적인 정원이 상류계급의 상징이었던 특징은 옴스테드에 의하여 비판의 대상이 되었으며 결코 용납될 수 없는 것으로 간주되었다. 따라서 미국의 「Landscape Architecture」는 미국 민주주의의 발전과 더불어 생겨났다. 그는 통합된 조경이론서를 발간하기도 했으나 옴스테드는 이론가로서보다는 실천가로서의 이미지가 강했다. 그러나 이것이 결코 그가 조경이론에 대한 지식의 기반이 약했다는 것을 의미하는 것은 아니었다. 그가 청년시절 사상가로서 활약했던 전력으로 미루어 볼 때

16 최이규 외, 2015, 시티 오프 뉴욕: 뉴욕거리에서 도시계획을 묻다, 서해문집, p.24.
17 Newton, N. T. 1971, Design on the Land, pp.267–271.

그림 3-6 옴스테드가 미국 조경계에 남긴 유산 중 일부[18]

구분	내용
공원(Park)	Central park 계획(1858), Sanfrancisco park 계획(1865), Prospect park 계획(1866), Washington park 계획(1867), Newyork park 계획(1868), Delaware park 계획(1868), The Front park 계획(1868), Albany city park 계획(1868), South park 계획(1871), Tomokins park 계획(1871), Morningside park 계획(1873), Riverside Park&Parkway 계획(1875), Mount Royal Park 계획(1877), Belle Isle Park 계획 및 설계(1883), Beardsley park 계획(1884), West Roxbury Park&Wood Island Park 계획(1884), Fraklin Park 계획(1886), Pawtucket Park 계획 제안(1889), Marine Park 계획 수정(1889), Wood Park 계획 수정(1891), Jamaica Park 계획(1892), Seneca Park 계획(1893), 밀워키 호수공원(1894), Jackson Park 계획 수정(1895)
캠퍼스	Berkeley Univ. 계획(1867), 국립농업대학 계획(1867), Amherst Agrisulture College 계획(1867), Orono Agriculture College 계획(1867), Maine Agriculture College 계획(1867), Lawenceville School 계획(1883), Stanford Univ. 설계(1888), Columbia Univ. 계획(1893)
도시&단지 계획	Riverside 교외단지계획(1868), 뉴욕 Bronx가 23-24지역 배치 및 교통동선(1877), Lynn Wood 유보지 보존과 개발(1889), 미국 수도 발전계획(1878), Niagara Square 계획(1877), 콜롬비아 세계 박람회장(1892)
공공 건물	주립 정신병원 설계(1871), 뉴욕 주정부 청사 계획(1876), Ames Memorial Hall 설계(1880), 국회의사당 설계(1881), Thomas Crane 공공도서관 계획(1881), Boston&Albary 기차역 설계(1882), 몽고매리 주의회 의사당 배치계획(1889)
공원 체계	보스톤 공원체계계획(1887), 내쉬빌 공원 계통계획 제안(1891)
리조트&휴양	해변 리조트 NY Rockway Point 개발계획 제안(1879), Newport의 해수욕장(1883), Cushing's Island 여름 휴양지계획(1883)

이론가로서 그의 능력은 충분히 인정되어야 한다. 그는 실천을 통해서 사상을 현실화시켜나가는 조경가의 직능성(職能性) 혹은 전문성(專門性)을 확실히 하려했다. 이는 그가 남긴 40개가 넘는 공원계획과 국립공원의 제정, 그리고 자연보호계획 등과 같은 수많은 업적을 통해서 옴스테드가 얼마나 조경과 대중의 관계를 소중하게 생각했는지를 알 수 있다(그림 3-6). 그의 이론은 실제로 옴스테드의 사무실에 근무했던 많은 조경가들에게 계승되어 커다란 성공을 거두었다.

18 오정학, 옴스테드와 조경의 정체성, 한양대학교 도시대학원 연구페이퍼.

3.3 찰스 엘리엇(Charles Eliot)

엘리엇(Charles Eliot)은 1859년 11월 1일 메사추세츠州 케임브리지市의 명문집안에서 태어났다. 그의 아버지는 1896년 하버드대학교의 총장으로 선출된 엘리엇(Charles W. Eliot)이다. 그는 옴스테드의 조경이론과 조경의 전문성을 확대시켜 민간 및 공공기관에 보급하였는데 이것은 1897년 3월 25일 38세라는 약관의 나이로 숨을 거둘 때까지 계속되었다(그림 3-7). 그가 죽은지 3년 후인 1900년에 그를 기념하기 위하여 하버드대학교(Havard University)에 조경학과가 설립되었다.

조경가로서의 그의 길은 1882년 하버드를 졸업하고 같은 대학의 농업생명 전문기관인 부시 인스티튜트(Bussey Institute)에서 농원예학을 전공하면서 시작되었다. 재학 중이던 1883년 그는 옴스테드 사무실의 견습생으로 채용되었고, 이 기간 중에 엘리엇은 메인(Maine)주의 쿠싱 아일랜드(Cushing Island,1883), 프랭클린파크(Franklin Park, 1884), 아놀드 수목원(the Arnold Arboretum, 1885), 그리고 보스톤의 펜스(the Fens, 1883) 디트로이트의 벨레 아일 파크(Belle Isle Park, 1884) 등의 작업에 참여하였다. 부시 인스티튜트(Bussey Institute)를 졸업 후 2년간

그림 3-7 찰스 엘리엇의 죽음을 기리는 다리

옴스테드로 부터 완벽한 조경이론을 전수받았는데 옴스테드에게서 조경에 대한 가르침과 믿음을 배웠던 엘리엇은 행운아였다.

이 시기를 통하여 엘리엇이 받았던 옴스테드의 인상에 대하여 "옴스테드는 도시공원에는 항상 자연적인 요소를, 자연풍경지에는 인공적인 요소를 가미함으로써 자연과 인공의 대비를 항상 설계의 기준으로 하였다. 특히, 도시공원은 안락한 분위기를 제공하기 위하여 자연스러운 수목과 녹음으로 둘러싸인 잔디밭, 넓은 전원풍경, 풍부한 하초(下草), 흐르는 물, 그리고 자연석 등이 놓여있는 수림지(樹林地)가 필요하며, 역으로 교외지역에는 잘 다듬어진 식재, 화분에 심은 초목, 그리고 색깔있는 식물 등이 이상적이라고 생각했다"[19]고 회고했다. 1855년 옴스테드의 충고를 따라 엘리엇은 유럽을 여행하면서 아름다운 자연경관을 감상하고 아울러 브라운(Capability Brown), 렙턴(Humphry Repton), 팩스턴(Joseph Paxton), 그리고 헤르만 퓌클러 무스카우 왕자(Prince Hermann von Pückler-Muskau)의 조경작품들도 둘러보았다. 그가 남긴 여행 일기는 19세기 유럽의 조경을 시각적으로 가장 잘 평가한 것으로 평가된다(그림 3-8).

그림 3-8 엘리엇의 여행 스케치 중 일부

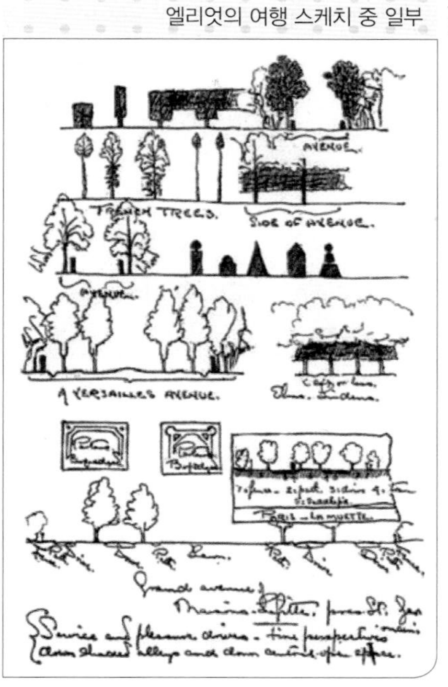

옴스테드가 조경가로서의 명칭을 확립하였던 1800년대 말까지 조경사는 그저 '경관 정원사(Landscape Gardener)'로 불렸으며 '조경사(Landscape Architect)'라는 명칭은 아직 일반화되어 있지 않았다. 조경을 부르는 호칭이야 어찌되었든 엘리엇의 최대 관심사는 조경의 영역을 확고히 하는 것이었다. 그는 1896년에 「애틀랜틱」이라는 잡지에 기고한 글에서 "조경(Landscape Architecture)은 경관공학(Landscape Engineering), 경관정원식재(Landscape

19 Eliot, C. 1902, Landscape Architect, Libraries Press, p.39.

그림 3-9 1901년 당시 보스턴 광역공원시스템 의 다이어그램[20]

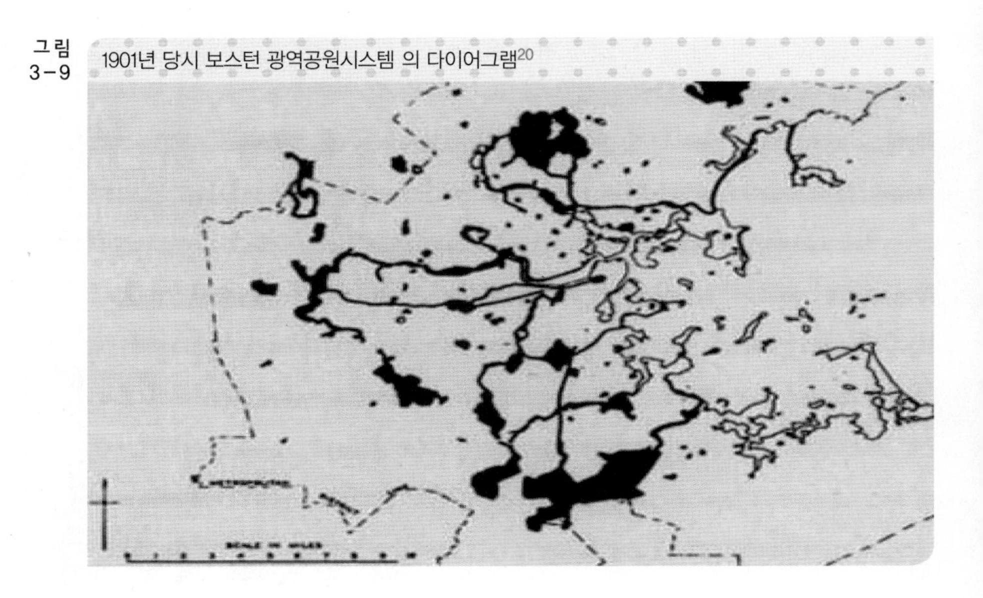

Gardening) 그리고 삼림계획(Forest Planning)까지를 포함한다. 공원도로를 아름답게 조성하는 일도 조경이 맡아야 하며, 회화적인 아름다움을 가질 수 있도록 디자인이 되어야 한다. 그리고 토목 및 식재 전문가는 공동으로 경관 전체의 디자인을 향상시켜야 한다"[21] 라고 주장하면서 종래의 풍경식 정원을 조경의 한 분야로 취급하였으며, 그 기능을 경관정원식재(Landscape Gardening)라고 불렀다.

전통적인 정원수법(Gardening)이 정원식재계획(Landscape Gardening)으로 분류될 수 있었던 이유의 하나로 19세기 후반의 풍경식 정원가들이 원예 및 식물 관련학문의 부흥에 많은 기여하였기 때문이다. 또한 경관공학(Landscape Engineering)을 조경의 한 분야로 중요시하였던 것은 그가 제안한 공원시스템(Park System)사상과 관련이 있다고 하겠다. 엘리엇에 의해 제안된 공원시스템이란 도시의 공원녹지 하나하나의 중요성을 인지하고, 각 공원의 체계를 서로 연결시켰을 때 시민들에게 보다 나은 쾌적한 생활공간을 제공할 수 있다는 제안으로 보통 공원도로(Parkway)에 의해 이루어진다. 그는 미국 보스턴을

20 http://www.nps.gov/parkhistory/online_books/ncr/designing-capital/sec4.html
21 Eliot, C. 1902, Landscape Architect, Libraries Press, p.273.

중심으로 보스턴 광역공원계통(Boston Metropolitan Park System)을 만드는 데 크게 기여하였다(그림 3-9).

한편, 엘리엇은 단지계획(Site Planning)을 조경의 중요한 한 분야로 보았으며, 건축과 조경의 영역설정에 대하여 그는 "건축물(建築物)을 편리하고도 아름답게 마감하는 것은 건축가의 영역이다. 그러나 이러한 건축물과 도로, 근린지역, 그리고 해안지역 등과 그것이 위치하고 있는 부지 및 경관과의 여러 관계를 기능적 혹은 미적으로 취급하는 것은 건축가가 해야 할 일부의 일이지 전부는 아니다. 사실 그것은 조경가의 영역이다."[23]라고 주장하였다.

그림 3-10 영국 건축가 브롬필드가 쓴 〈영국의 정형원(整形園)〉 2013년판 표지[22]

엘리엇이 건축을 의식하게 된 배경에는 다음과 같은 사정이 있었다. 19세기 초반부터 약 70년간 건축은 회고취미(懷古趣味, 오래된 것에 대한 취미)를 기반으로 하는 역사적 양식을 취했기 때문에 조경과 건축 사이에는 많은 문제가 있었다. 그러나 1890년대의 근대건축사상은 조경의 영역에 많은 영향을 끼쳤다. 때를 같이하여 1892년 영국에서는 건축가 브롬필드(Reginald Blomfield)가 〈영국의 정형원(整形園), The Formal Garden in England〉를 출판하여 종래의 풍경식 정원을 통렬하게 비판하였다.[24]

그러나 원예가 로빈슨(William Robinson)[25]은 전통적인 정원과 건축적 정원의 차이를 설명하면서 브롬필드의 주장에 대해 예리한 반론을 제기했다.[26] 정원은

22 The Formal Garden in Englandhttp://ebooks.cambridge.org/ebook.jsf?bid=CBO9781139814584
23 Eliot, C. 1902, Landscape Architect, Libraries Press, p.272.
24 Great British Garden Makers: Sir Reginald Blomfield (1856–1942)http://www.countrylife.co.uk/life-in-the-country/great-british-garden-makers-sir-reginald-blomfield-1856-1942-21432
25 http://www.greatbritishgardens.co.uk/garden-designers/38-william-robinson.html 로빈슨에 대한 소개.
26 http://www.cambridge.org/kr/academic/subjects/arts-theatre-culture/architecture/formal-garden-england 참고.

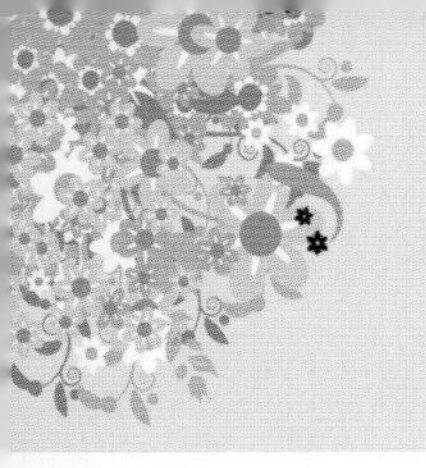

건축물에 부속된 정형적인 것으로 건물과 조화를 목적으로 만드는 것이라는 건축가들의 주장과 정원은 바위와 나무 그리고 물 등의 소재로 자연스럽게 조성한 와일드가든(Wild garden)이 진짜 전통정원이라는 이 논쟁은 약 10년간에 걸쳐 계속되었다. 이 사건은 건축가들의 영국의 전통 정원에 대한 도전이었다. 이후로 원예가들은 점점 더 그들의 원예 지식을 대중들에게 보급하는 데 힘을 쏟았고, 영국식 정원은 화훼원(花卉園) 또는 수목원(樹木園)과 같은 모습을 보이기 시작했다.

한편 엘리엇에 의하여 계승된 옴스테드의 조경 철학은 19세기를 지나 20세기를 맞이하게 된다. 일단 19세기까지를 조경의 확립기로 간주한다면 20세기 초 약 25년간은 조경이 전문 직능(職能)으로서 받아들여지고 그 위상이 높아진 발전기로 볼 수 있다. 특히 옴스테드 주니어(Olmsted, Jr.)와 허바드(H. V. Hubbard) 등이 이 발전기에 활약한 조경가들이다.

3.4 헨리 빈센트 허바드(Henry Vincent Hubbard)

하버드대학에서 옴스테드로부터 수학한 최초 조경학사인 허바드는 메사추세츠 브룩클린(Brookline, Massachusetts)에 있는 옴스테드 형제 조경회사(Olmsted Brothers Firm)에 입사하였다. 5년간에 걸쳐서 옴스테드 주니어의 이론과 기술을 익힌 후에 H. 화이트와 J. 플레이 등과 함께 사무실을 열었다. 그는 조경가로서의 재능을 높이 평가받아 공공 및 민간레벨과 관련된 많은 조경사업을 수행했다. 그는 45세에 이르러, 옴스테드 사무실의 공동경영자로서 영입되어 말년까지 그곳에서 활약했다. 그 사이에 볼티모어, 보스톤, 그리고 프로방스市 등의 도시계획에 도시계획가로서 참여하였다.

또한 루즈벨트 대통령 기념공원, FHA(Federal Housing Administration, 연방주택관리국), TVA(Tennessee Valley Authority, 테네시계곡 위원회), 국립공원 등 다수의 정부관련 사업에 조경가로 참여했다. 특히 그는 교육자로서도 널리 알려져 있는데, 1906년에는 하버드(Harvard)대학으로 자리를 옮겨 1941년 퇴직할

1930년대 글래스고우의 거리 모습 그림 3-16

풍경미에 있으며 그 후부터 점차 브라운에게 심취해 갔다. 맥하그의 생태학적 원인결과설에 의해 무리한 계획결정을 행하는 접근방법과 조경가 브라운(Lancelot Brown)이 주장하는 '회화적 원경을 현실의 풍경 내에 무리하게 이중화'[45]하는 방법 둘 다 낭만주의의 전형으로 파악되며 특히, 맥하그의 낭만주의는 그의 성장배경과 관계가 있다고 생각된다.

맥하그는 제2차 세계대전 참전 중 조경에 대한 경험을 한 후 미국으로 여행을 떠났다가 입학한 하버드 디자인대학(GSD, Harvard University)에서 조경 및 도시계획 석사학위를 취득하고 전쟁 복구 작업을 돕기 위해 스코틀랜드로 돌아가 고향에 머무는 동안 뉴타운계획에 참여하게 된다. 그는 자연존중의 자세를 확고히 하여 컴버놀드(Cumbernauld)의 뉴타운계획에 참가하게 되는데 그의 안은 너무나 자연주의적이고 뉴타운의 계획의도와는 동떨어진 내용이어서 받아들여지지 않았다. 이를 계기로 미국행을 결심한 맥하그는 다행히 퍼킨스학장(Dean G. Holmes Perkins)의 제안으로 펜실베니아대학 대학원 조경 및 지역계획학과에 초빙되었고, 맥하그는 그가 믿는 자연주의방식에 근거한 대학원 조경학과의 학과목을 마련하였는데 1957년에 개설된 과목인 '인간과 환경(Man and

---

45 中村一 1978, 「造園學會發表要旨」

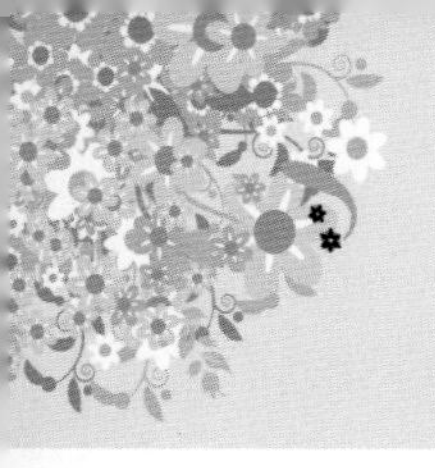

Environment)'이라는 과목도 그 중 하나이다.

1950년대 지구의 위기에 대한 암울한 시대적 분위기 속에서 맥하그는 펜실베니아 대학교(University of Pennsylvania) 내 조경학과의 신설과 더불어 건축가나 조경가, 생태학자들과의 교류를 통해 진정한 조경의 역할은 인간적인 도시를 건설하는 데 있다고 생각하였다. 이후 1960년대에 이르러 그의 관심은 도시의 생존문제로부터 지구의 생존 문제로까지 확대되었다. 그는 환경에 대한 사회의 새로운 가치관 정립의 필요성을 역설하였으며 계획에 있어서도 새로운 접근 방법을 찾고자 하였는데 이것이 생태계획이론(Ecological Planning)으로서 이는 당시 미국 조경계에 획기적인 전환점을 마련하였다.

1960년대 맥하그(Ian McHarg)의 영향에 의해 탄생한 현대 조경이론의 또 다른 주류인 조경계획(Landscape Planning)은 생태학을 비롯한 컴퓨터 프로그래밍, 심리학, 행동과학 등 제반 과학지식의 응용의 발전을 바탕으로 매우 발전했다. 그 결과, 조경계획 분야에서는 광역자원분석(Regional Resources Analysis), 자원관리시스템(Resources Management System), 그리고 시각적 자원관리(Visual Resources Management) 등의 새로운 기법 등이 개발되었다.

생태계획 이론이란 환경 결정론의 입장에서 비인간적 정주환경의 확산에 대한 반감에서 나온 토지이용계획에 대한 과학적 견해이다. 이는 계획의 출발점을 인간의 필요나 욕구가 아니라, 인간의 영향을 받지 않는 자연 환경, 즉 생물, 물리적 생태요소들에 중점을 두고 자연자원의 지속 가능성에 바탕을 두는 계획 이론이다. 그는 이러한 생태 계획 이론에서 인자 중첩 방법론(factor overlay method)을 제시하였으며, 이는 우리가 흔히 말하는 오버레이(overlay)기법으로서 어떤 지역에서 토양이나 수문, 경사, 방향 등의 자연요소들을 각각의 주제별로 체계적으로 조사한 후 이들을 투명한 지도 위에 중첩시켜 대상지의 지역적 범위에서 자연환경에 대한 생태적 정보가 어떻게 사용될 수 있는지를 분석하는 방법이다. 이러한 방법론은 오늘날 GIS(Geographic Information Systems)와 같은 환경 분석 기술에 도입되는 등 현재까지도 주요한 분석 개념으로 사용되고 있다.[46](그림 3-17)

그러나 맥하그의 방식에서 전형적으로 도출된 시스템 어프로치는, 주로 다음과

46 이규목 · 조경진 엮음, 1998, 현대조경작가연구, p.65.

같은 두 가지 문제점이 지적된다. 하나는 "오디세이에 나오는 여종과 같이 토지는 아직까지 인간 마음대로 해도 되는 종으로 남아있다. 토지와 인간의 여러 관계는 아직까지 가혹할 정도로 경제적 논리에 의해 지배되고 있다"[47]는 주장에서처럼 인간의 경제적 논리의 고발에 의한 생태학적 결정주의의 예찬은 중세의 신학적 발상으로 돌아가는 위험성을 내포하고 있으므로 생태학적 가치에 따라 계획적 판단이 규정된다는 사고에는 논리적 모순이 있다는 것이다. 또 하나는, 환경변화에 관한 인식의 방법론에 관한 것인데 맥하그 등은 환경변화를 생태학적으로 컨트롤할 수 있다는 환상을 가지고 있다는 것이다.

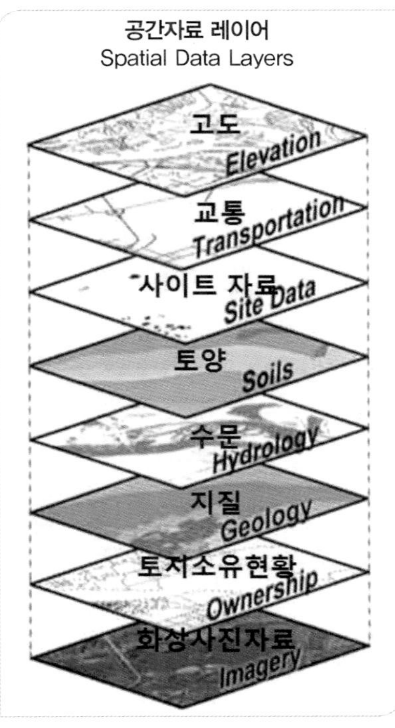

그림 3-17
맥하그의 이론인 인자중첩방법론은 오늘날 GIS기법의 토대가 되었다.

맥하그의 전문영역은 지역계획 및 도시계획이며 그의 이론은 워싱턴(Washington) · 볼티모어(Baltimore) · 뉴욕(New York) · 맨해튼(Manhattan) 등 광역스케일의 프로젝트에 기여하였다. 그는 볼티모어 북부에 위치한 그린 스프링스(Green Springs), 워딩턴(Worthington) 그리고 웨스턴 런(Western Run)협곡 계획에서 그의 이론을 제일 먼저 적용시켰다. 생태학적 · 지리학적 결정주의에 따른 이 계획안은 당시 약 700만 달러 상당의 개발비용을 절감했다고 한다. 이로 인해 그의 이론이 단순한 자연환경보호론이 아님을 사람들에게 인식시켜 미국 내에 큰 반향을 불러일으켰다. 그는 1960~70년대의 토지체계(Land System)이론의 중심적인 역할을 하였으나, 종교적 교리에 필적할 만큼 생태학을 신봉하여 화이트(W. White)에 의해 '캘빈주의 목사'[48]로 불려졌다.

한편 맥하그는 "미국은 부유한 나라이다. 앞으로 20~30년 사이에 1억 명

47 Leopold, A. 1966, A Sand Country, Almanac, Bollertic Book, p.203.
48 White, W. 1965, The Last Landscape, p.208

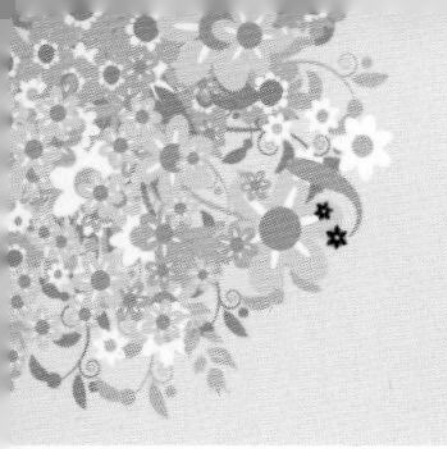

이상이 증가될 것으로 예상되는 인구는 미국 내 100개의 신도시에 거주하도록 해야 한다. 우리는 대지, 두뇌, 부, 기술 등과 같은 우리가 필요로 하는 것은 모두 가지고 있다. 그런데 우리가 진정 필요로 하는 것은 이를 시험하려는 정신이며 리더십이다"[49]라는 주장에서처럼 맥하그의 낭만주의는 형태보다는 내용의 우위성에서 그리고 생태학적 조화의 환상이라는 측면에서 브라운의 사상과 그 맥락을 같이 한다고 하겠다.

맥하그의 환경변화에 대한 인식에 대한 또 다른 약점은 그의 저서인 「Design with Nature(1969)에서 찾아볼 수 있다(그림 3-18). 그의 인식 속에 있는 '디자인'이 실제로는 '계획'이라는 것에 문제가 있다. 맥하그의 방식이 광역자원분석 혹은 토지이용계획이라는 것은 주지한 바이며, 억지로 객관적·양적인 계획(Planning)을 주관적·질적인 디자인(Design)으로 바꾸려는 그의 의도는 도대체 어디에 있을까? 총명한 그가 무의식적으로 '계획'을 '디자인'으로 바꾸지는 않았을 것이다. 그의 의도는 계획적 과정이 환경디자인의 영역까지 컨트롤 할 수 있음을 보여주는 것이라고 생각된다. 따라서 그는 환경디자인으로 환경변화를 완전히 제어할 수 있다고 믿었다.

그럼에도 불구하고 "…(중략)…자연이란 우리 인간과 함께 존재하고 함께 진화하며 미래에도 함께 존재해야 할 것들이며 인간은 이러한 생물군의 수호자로서 자연과 더불어 디자인되어야 한다는 이안 맥하그의 생태계획이론은 오늘날 환경 문제가 점점 심각해져가고 있는 시대적 상황에서 시사하는 바가 크다. …(중략)…한 번 파괴된 자연은 다시 되돌릴 수 없다는 점을 고려하면 일찍이 환경의 중요성을 역설하고 나선 이안 맥하그는 인간과 자연의 공존 공생을 추구하는 오늘날의

그림 3-18 맥하그의 1969년 저서 자연과 함께하는 디자인(Design With Nature) 표지

49 Time magazine, Oct, 1969, p.17.

조경계에서 환경을 먼저 생각하는 참된, 진정한 조경가로 기억"[50]해야 함이 옳을 것이다.

3.7 알아두면 좋은 현대 조경가 요약[51]

조경가	출생연도	국적	대표작품	홈페이지	출신학교
박경탁	1979	한국	The 향수_Korea Garden Show	www.o3scope.com	Harvard University
정영선	1942	한국	선유도공원	www.satla.co.kr	서울대학교
정정수	1953	한국	벽초지 문화수목원	www.chungjs.com	홍익대학교
최신현	1958	한국	서서울호수공원	www.ctopos.com	영남대학교
최혜영	1983	한국	용산공원	www.west8.nl	University of Pennsylvania
Mikyoung Kim	.	미국	Crown Sky Garden	myk-d.com	Harvard University
Peter Walker	1932	미국	National 9/11 Memorial	www.pwpla.com	University of Massachusetts
James Corner	1961	미국	Highline Park	www.fieldoperations.net	University of Pennsylvania
Jeff Speck	1975	미국	The Walkable city	www.jeffspeck.com	University of Massachusetts
Laurie Olin	1938	미국	Columbus Circle	www.theolinstudio.com	University of Washington
Tomas Balsley	1943	미국	Main Street Garden Park	www.landezine.com	Syracuse University
Signe Nielsen	1951	프랑스	Hudson River Park	www.mnlandscape.com	Pratt Institute
George Hargreaves	1952	미국	Byxbee Park	www.hargreaves.com	Harvard University

50 이규목 · 조경진 엮음, 1998, 현대조경작가연구, p.69.

51 2015학년도 1학기 계명대학교 생태조경학개론수업에서 2학년 학생들이 선정한 조경가들.

Kathryn Gustafson	1951	미국	Palace and park of Versailles	www.gustafson-porter.com	University of Washington
Nette Compton	.	미국	Green Infrastructure	www.tpl.org	Cornell University
Benjamin Donsky	.	미국	Bryant Park	www.brvcorp.com	Rutgers University
Chris Reed	1969	미국	Riverside Park	www.stoss.net	University of Pennsylvania
Adriaan Geuze	1960	네덜란드	쥬빌레정원	www.west8.nl	Wageningen University
Anemone Beck-Koh	.	네덜란드	신도림 디큐브시티	www.oikosdesign.nl	University of Pennsylvania
Lodewijk Baljon	1956	네덜란드	수원 아이파크시티	www.baljon.nl	Wageningen University
Piet Oudolf	1944	네덜란드	Battery Park	oudolf.com	
Gilles Clement	1943	프랑스	Andr -Citroën Park	www.gillesclement.com	cole Nationale Sup rieure du Paysage de Versailles
Patrick Blanc	1953	프랑스	Vertical Garden	www.verticalgardenpatrickblanc.com	
Peter Latz	1939	독일	Duisburg nord Park	www.latzundpartner.de	Technische Schule 대학
사사키 요우지	.	일본	롯폰기힐즈	ohtori-c.com	오사카부립대 대학원
Diana Balmori	1931	스페인	Floating Island	www.balmori.com	University of California
Christophe Girot	1957	스위스	Invaliden Park	girot.arch.ethz.ch	University of California, Berkeley

CHAPTER

04

동양의 정원은 왜 만들었을까

지금까지의 〈조경사〉는 면밀히 따져보면 대부분 〈정원사〉가 아니었을까 한다. 예로부터 개인의 낙원을 추구했던 '정원'과 대중의 즐거움을 위한 정원 만들기인 '조경'은 분명한 차이가 있다. 그러나 근대시민사회가 배경이 되어 탄생된 공원양식, 즉 〈조경사〉의 출발에는 중세봉건·르네상스시대에 꽃피웠던 정원문화(혹은 양식)가 커다란 배경이 되었기 때문에 '정원'을 '조경'의 원류로 보아 〈정원사〉를 〈조경사〉에 편입시켜도 무방하다고 본다. 따라서 동양의 정원사와 서양의 정원사를 공부하는 것은 곧 조경학의 근본을 공부하는 것이라고 생각한다.

영어의 오리엔트(Orient)의 번역어인 동양(東洋)은 유라시아 대륙의 동부 지역을 말한다. 아시아의 동부 및 남부를 이르는데 한국, 중국, 일본, 인도, 미얀마, 타이, 인도네시아 등의 나라가 동양에 속한다. 그러나 이 책에서는 우리나라와 인근 국가인 중국과 일본 등 동아시아 3국의 정원에 대해서만 이야기한다.

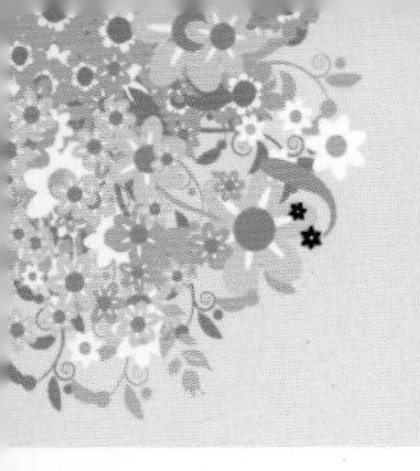

4.1 중국의 정원: 원림(園林)

중국에서는 정원을 원림(園林)이라고 불렀다. 유교적 위계질서에 구속된 건축과는 달리 원림은 도가의 원리인 자연으로 들어가는 중요한 방편이었다. 중국의 원림은 당시 사람들이 꿈꾸던 이상향의 축소판이었다.

중국은 넓은 영토와 그 역사만큼이나 다양한 정원이 조성되어 왔으며, 그 수도 헤아릴 수 없을 정도로 많다. 그래서 중국정원은 크게 북경 주변의 황실정원과 강남지역의 사가정원으로 나눌 수 있다. 왕실정원은 황제의 피서(避暑), 피한(避寒), 요양을 위한 알함브라의 헤네랄리페와 같은 이궁(離宮)역할을 하였기 때문에 승덕(承德)의 피서산장(避暑山莊)처럼 상당히 화려하고 웅장하였다. 그러나 왕실정원과는 달리 국가의 녹을 먹던 많은 관리들은 사임 후, 말년에 고향으로 돌아가거나 수려한 경관이 어우러져 있는 산수에 묻혀 여생을 즐기는 것이 하나의 관습처럼 되어 왔기 때문에, 사대부의 성격이 정원에 반영된 사가정원은 화려하고 웅장하기보다는 고상한 정취가 넘치는 것을 중히 여겼다.[1] 또한, 유명한 사가정원은 이를 노래한 시문(詩文)들이 수없이 지어져 자연적으로 그 영향을 입은 정원양식이 점차 정립되어 왔으며, 그 꾸밈새는 명·청시대에 이르러 가장 잘 정립된 형태를 보이게 된다.

특히 중국 강남 지역은 산수경관이 수려하고 기후가 온화하며 물산이 풍부하고 전통적으로 상업이 발달하여 거상들과 문인 그리고 은퇴한 관료들이 많이 거주하였다. 강남의 경우 버드나무가 무성하고 아름다운 수경을 자랑하는 양주(揚州)에도 많은 원림이 있으나 특히 소주(蘇州)에는 당, 송, 명, 청조를 거치면서 많은 정원이 만들어졌다. 그 중에서도 졸정원과 사자림, 유원, 창랑정의 4곳이 중국 4대 명원(名園)으로 알려져 있다. 소주의 정원은 단체로 세계문화유산에 등록 되어있다.

4대 명원 중에서 가장 유명한 졸정원(拙政園)은 1506년 명나라 관료 왕헌신이 축조한 명나라의 대표적인 정원으로서 1997년 세계 문화유산으로 등록된 소중한

1 김수봉 외 3명 공저, 2003, 환경과 조경, 학문사, p.97.

졸정원 그림 4-1

정원이다. 졸정원이란 어리석은 정치를 하는 사람의 정원이란 뜻[2]으로 수면이 전체 면적 51.570m²의 약 35%를 차지하여 물과 나무의 정원이라 불린다. 최부득 교수[3]에 따르면 졸정원은 전체적인 배치가 적절하게 조화되어 있고 물 공간의 이용이 극대화되어 있으며 작은 정원의 배치, 즉 공간을 숨기고 노출시키는 허와 실의 대비효과 등을 통해서 풍부한 경관을 취하는 소주원림의 특징을 잘 보여주고 있다고 한다(그림 4-1).

졸정원이 명나라의 대표적인 정원이라면 사자림(獅子林)은 원나라의 대표적인 정원이다. 1342년 무여선사(無如禪師) 유칙이 스승 중봉화상을 위해 축조한 사찰원림으로 괴석을 과도하게 이용하여 돌과 나무의 정원이라 불린다. 은사가 거처하던 절강성 천목산 사자암에서 이름을 빌려와 사자림이라고도 하고, 사자모양을 하고 있는 괴석이 많아 사자림이라 명명되었다고도 전한다. 정원은

2 졸정원(拙政園)이란 이름은 서진(西晉)의 학자 반악(潘岳) 〈한거부(閑居賦)〉에 나오는 말로 '此亦拙者之爲政也(차역졸자지위정야)' 즉 졸자(拙者)가 정치를 하는구나'라는 구절에서 따왔다고 한다. '拙'이란 말은 '졸저(拙著)', '졸고(拙稿)' 등의 경우와 같이 자신을 스스로 낮추는 경우에 쓰는데, 이 거대하고 아름다운 정원을 낮추어 부르는 의미이다. 〈위키피디아 참고〉

3 최부득, 건축가가 찾아간 중국정원, 미술문화, p.47.

당시 원나라의 유명한 화가이자, 시인이며 조경전문가인 예찬(倪瓚)이 설계를 하였다고 한다(그림 4-2).

세 번째 정원은 4대명원 중 가장 오래된 정원인 창랑정(滄浪亭)으로, 이는 오월국(吳越國) 광릉왕의 개인정원이던 것을 북송의 시인 소순흠(蘇舜欽)이 정원을 매입하여 물가에 창랑정이라는 정자를 짓고 별장으로 사용하였다. 정원 면적은 그리 넓지 않은 1만㎡ 규모지만 전체 분위기와 정원의 구조는 조화롭고 간결한 양식에다 고풍스런 분위기를 느낄 수 있다. 한편 창랑정에는 108종류의 정원 장식용 창문양식이 있는데 그 디자인이 아주 다양하여 소주정원 창문양식의 전형이라고도 불릴 정도다.

창랑정은 전국시대 굴원(屈原)의 시에 등장하는 어부의 창랑지수(滄浪之水), 즉

滄浪之水淸兮(창랑지수청혜) 창랑의 물이 맑으면
可以濯吾纓(가이탁오영) 갓끈을 씻고,
滄浪之水濁兮(창랑지수탁혜) 창랑의 물이 흐리면
可以濯吾足(가이탁오족) 내 발을 씻으리라.

그림 4-2 사자림

에서 그 이름이 유래하였으며, 2000년 유네스코 세계문화유산에 등록되었다(그림 4-3).

마지막으로 명나라 시대에 건립되기 시작한 유원(留園)은 후에 개축되어 청나라의 대표적인 정원으로 받아들여지고 있다. 유원의 원림은 중앙, 동, 서, 북 등 네 공간으로 분리되고 갖가지 모양의 화창(花窓)을 만들어 넣은 것이 특징이다. 유원은 기석과 정자, 고목의 배치가 적절한 조화를 이루며 그 면적은 3만㎡다. 중앙 부분은 원래 한벽장(寒碧莊)이 자리했던 곳이고, 사람들은 이를 유원이라고 불렀다고 하며 원림의 바깥 세부분은 확장하여 지은 것이다. 동쪽 원림의 관운봉(冠云峰)은 큰 덩어리의 태호석(太湖石)으로 이루어져 있는데, 그 높이가 6.5m, 무게가 약 5톤으로 소주원림 중에서 가장 큰 태호석이라고 한다. 유원은 1997년에 세계문화유산으로 등록되었다(그림 4-4).

한편, 중국의 정원은 세계조경사의 관점에서 볼 때, 비정형적인 범주에 속한다. 궁원의 중정에서는 중앙 축선을 중심으로 하여 좌우대칭인 정원을 만든 경우도 있지만, 중국정원사를 통해 인식되는 하나의 원리는 비정형이다. 자연에는 대축척의 정형이 나타나지 않기 때문에 그 점에서 중국정원도 자연을 토대로 한

창랑정 그림 4-3

것이라 말할 수 있다. 중국정원에서 본래 그대로의 자연 외에, 그것을 기초로 하여 발달한 산수화 및 시구와도 깊은 관련을 맺고 있다.[4]

중국정원이 다른 나라의 정원과 다른 하나의 특색은 자연적인 경관을 주구성요소로 삼고 있기는 하지만, 경관의 조화에 주안을 두기보다는 대비(contrast)에 중점을 두었다는 점이다. 즉, 인공미의 극치를 이룬 건물이 자연적인 경관과 대치하고 있다는 점 이외에도 기하학적인 무늬로 꾸며진 포지(鋪地) 바로 옆에 기암이 우뚝 서고 동굴이 자리한다든가 석가산 위에 세워진 황색기와(黃瓦)와 홍색기둥(紅柱)으로 장식된 건물 등 정원의 국부적인 면에서도 강한 대비가 나타난다. 또한 축척의 관점에서 보면, 영국의 풍경식 정원은 항상 자연과 '1 : 1'의 비율로 축조되고, 일본의 경우는 '10 : 1' 또는 '100 : 1'이라는 비율로 축소되어 축조되는데, 중국정원의 경우는 하나의 정원 속에 부분적으로 여러 비율로 꾸며 놓았다는 것이 특징이다. 이러한 점은 중국식 정원에서 조화보다는 대비를 한층 더 중요시하고 있는 것임을 알 수 있다.[5] 따라서 강남원림에 나타난

그림 4-4 유원

4 岡崎文彬, 1981, 造園の歴史(II), 同朋舍出版, p.391.
5 岡崎文彬, 1966, 圖說造園大要, 養賢堂, p.63.

중국 정원의 공통적인 특색은 정원이 자연적인 풍경을 주요 구성요소로 삼고 있으나 경관의 조화를 중요시하기보다는 경관의 대비에 중점을 두고 있다는 사실이다. 즉, 인공미의 극치를 이룬 건물 또는 교량이 자연적인 경관과 대치하고 있으며, 정원에 부분적으로 사용한 괴석과 기하학적 무늬로 포장된 바닥은 대조적인 구성을 이루고 있다.

4.2 일본의 정원[6]

일본의 조경기법은 우리나라의 경우와 마찬가지로 중국 임천의 영향을 크게 받았다. 즉 불교 사상의 전파와 같은 경로로 백제를 중개지로 하여 신선설에 입각한 조경기법이 이론으로 전해졌다고 하는데, 특히 《일본서기(日本書紀)》 〈스이코천황[推古天皇] 20년조〉에 따르면 일본의 궁실 남정(南庭)에 수미산(須彌山)을 쌓아올리게 하고, 사닥다리 모양의 계단인 구레하시(吳橋)를 만들게 했다는 기록이 남아 있는데, 이 사실을 일본학자들도 일본 정원의 시초라고 이야기한다.

그 뒤 초기 비조(飛鳥, 아스카)시대 정원에 연못과 섬을 중심 요소로 만들어진 임천식정원(林泉式庭園)이 더 발달되어 생겨난 양식인 회유임천식정원(回遊林泉式庭園)이 발달하였는데 14세기에는 축산고산수법(築山枯山水法)이 등장하여 물을 쓰지 않으면서도 하천의 고상하고 우아한 멋을 정원 안에 감돌게 하였다. 15세기 후반에는 평정고산수법(平庭枯山水法)이 발달하여 식물을 전혀 사용하지 않기도 하였으며 16세기로 접어들면서 다정(茶庭)이라는 건물을 중심으로 하여 소박한 멋을 풍기는 다정양식이 나타났다. 그 후에는 임천양식과 다정양식이 서로 결합된 회유식정원(回遊式庭園)이 등장하여 오늘에 이르게 되었다.[7] 이렇듯 일본 정원은 서양의 정원처럼 담으로 둘러싸인 실용적인 공간에 산이나 하천 그리고 바다와 숲 등의

6 김수봉 외, 2008, 조경변천사, 문운당, pp.254-269 참조.
7 윤국병, 1993(1978 초판발행), 조경사, 일조각, pp.348-349.

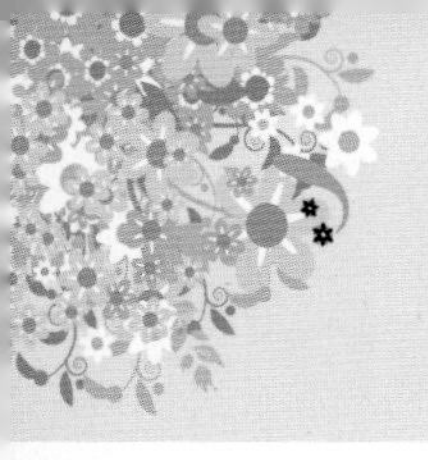

자연경관을 인공적으로 만들고 인간 중심적으로 관리되었다.[8] 일본 정원의시대별 특징을 살펴보면 다음과 같다.

1) 아스카(飛鳥)시대와 나라(奈良)시대

일본정원의 기원은 아스카(飛鳥)시대로 거슬러 올라가지만, 그 시대에 조영되었던 정원 유적은 없으며 그에 관련된 문헌도 발견되지 않았다. 다만, 일본의 조경관련 학자들도 「일본서기:日本書紀」에 의하면, 스이코천황(推古天皇) 20년(612년)에 백제에서 귀화한 노자공(路子工)이 궁궐 남정(南庭)에 수미산과 사닥다리 모양의 계단인 구레하시(吳橋)를 만들었다는 기록이 일본 최초의 조경에 관한 기록이라고 한다(그림 4-5).

나라(奈良)시대는 덴무천황(天武天皇) 10년(682년)에 귤도궁(橘島宮)의 원지(園池)에 주방국(周防國)으로부터 헌상한 붉은 거북(赤龜)을 놓아 주었다는 기록이 남아 있으며, 못가에는 바위와 돌이 산재한 바닷가의 모습과 같이 꾸며졌고 폭포가 있었다는 것을 「만엽집(万葉集)」을 통해 알 수 있다. 한편, 최근 나라(奈良)시대 이전의 정원 땅가름(地割)과 석조(石組)가 발굴됨에 따라 점차 고대의 정원모습이 다소 명료해지긴 하였으나, 정원 전체의 모습을 파악하기란 어렵다[9]고 한다.

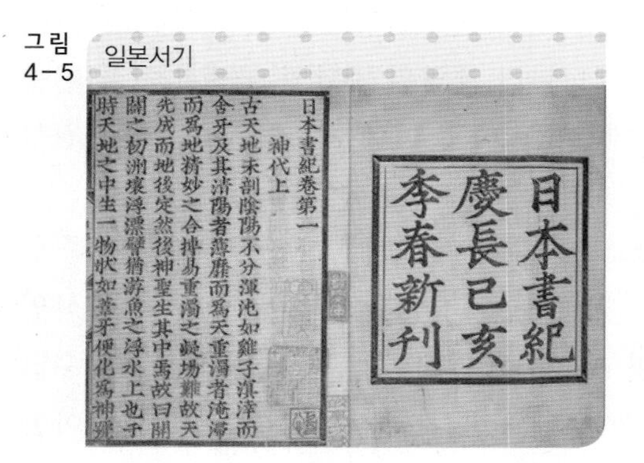
日本書紀
慶長己亥
季春新刊

日本書紀卷第一
神代上
古天地未剖陰陽不分渾沌如鷄子溟涬而
含牙及其清陽者薄靡而爲天重濁者淹滯
而爲地精妙之合摶易重濁之凝竭難故天
先成而地後定然後神聖生其中焉故曰開
闢之初洲壤浮漂譬猶游魚之浮水上也于
時天地之中生一物狀如葦牙便化爲神號

그림 4-5 일본서기

2) 헤이안(平安)시대

지금의 교토(京都)인 평안경(平安京)은 모든 입지 조건이 정원을 조성하기에 적합하였기에 정원 문화가 이곳을 기반으로 발전해 나갔으며 지금까지도 명원으로 손꼽히는 정원이 많이 남아 있다.[10] 특히 침전구조 정원은

8 허균, 한국의 정원, 다른세상, p.23.
9 岡崎文彬, 1981, 造園の歷史(Ⅱ), 同朋舍出版, p.426.
10 윤국병, 1993(1978 초판발행), 조경사, 일조각, p.351.

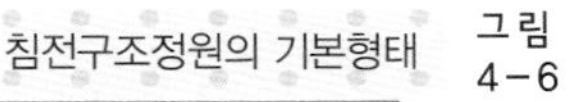
그림 4-6 침전구조정원의 기본형태

자료: 정동오, 1992, 동양조경문화사, 전남대학교 출판부, p.129

생활공간인침전(寢殿)을 중심으로 한 정원 양식으로서, 헤이안(平安)시대 후기에 상당히 발전하게 되었으며 후에 가마쿠라(鎌倉)시대까지 이어졌다.

이 양식은 침전을 중앙에 두고, 좌우 동서쪽에 건물을 두고, 북쪽과 북서, 북동에 건물을 덧붙였다. 이것은 복도로 연결되었고, 침전의 남쪽에는 비교적 커다란 정원을 조영하였으며, 정원 안에는 연못을 두고 섬(中島)을 만들었으며 남북으로 다리를 가설하였고 못의 남쪽에는 축산을 동서방향으로 축조하고, 동쪽에 폭포가 떨어지게 만들었다.[11] 이러한 침전 구조 양식의 대표적인 예는 동삼조전(東三條展, 도우산죠우덴)이다. 동삼조전의 부지는 동서 약 100m, 남북 200m로서 그 중심에 자리 잡은 침전 앞에는 아름다운 정원이 펼쳐진다(그림 4-6).

그림 4-7 서방사의 정원((좌)지천주유식 정원, (우)고산수식 정원)

11 岡崎文彬, 1966, 圖說造園大要, 養賢堂, pp.63-64.

그림 4-8 천룡사의 정원

자료: Dušan Ogrin, 1993, The World Heritage of Gardens, London: Thames and Hudson Ltd, p.226

3) 가마쿠라(鎌倉)시대

가마쿠라(鎌倉)시대 정원의 특징은 주로 헤이안시대와 같은 정토식 지천(池泉) 정원이 계속 나타나며, 초기 단계에서는 지천주유식(池泉舟遊式)이었던 것이 점차 지천회유식(池泉回遊式)으로 나타났다.

서방사(西芳寺, 사이호지)나 천룡사(天龍寺, 텐류지)는 모두 평면 구성에서는 헤이안시대 풍의 느긋한 곡선미가 남겨져 있으나, 정원 요소요소에 긴장감을 주는 것은 석조기법이라 할 수 있다(그림 4-8).[12 13] 서방사는 크게 상하의 두 부분으로 나뉘는데, 아래쪽은 옛날의 서방교원(西方教院) 터로서 해안풍의 지선(池線)을 꾸며진 심(心)자형 황금지(黃金池)가 있으며, 이것은 배를 띄울 수 있는 지천주유식(池泉舟遊式) 정원이다.

4) 무로마치(室町) 시대

무로마치(室町)시대에 접어들면서 지형위주의 정원조성 양식에서 벗어나 바위와 돌(石)을 사용하는 경향이 두드러지면서 선원식(禪院式)의 고산수정원(枯山水庭園, 가래산수이)이 확립된 시대로 여겨진다. 고산수의 수법은 물이나 초목을 쓰지 않고, 자연석이나 모래 등으로 자연경관(山水)을 상징적으로 표현하는 정원 기법을 말하며, 여기에는 축산(築山)고산수식과 평정(平庭)고산수식이

그림 4-9 대덕사 선원의 고산수정원((좌)산유곡을 표현한 모습, (우)바다를 표현한 모습)

12 정동오, 1992, 동양조경문화사, 전남대학교 출판부, pp.143-153.
13 Du an Ogrin, 1993, The World Heritage of Gardens, London: Thames and Hudson Ltd, p.226.

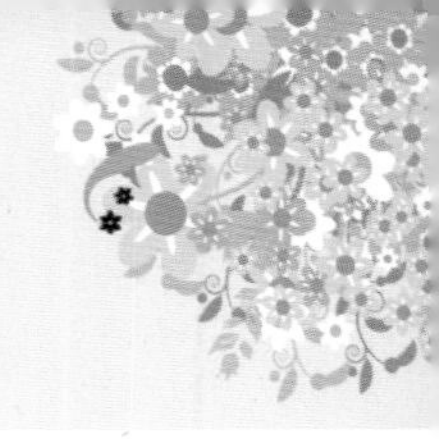

있다. 전자의 것은 자연석을 쌓아 폭포나 산을 형상화하였다면, 후자의 것은 평지에 모래와 자연석으로서 초감각적인 무(無)의 경지를 표현하였다.

무로마치시대의 대표적인 고산수정원으로는 대덕사(大德寺) 대선원(大仙院) 정원(그림 4-9)과 용원원(龍源院) 정원, 용안사(龍安寺, 료안지)의 방장(方丈)정원 등이 있다.

5) 모모야마(桃山)시대

모모야마(桃山)시대에는 무로마치후기부터 이어져 온 전란이 평정되고 국운이 안정됨으로써 집권 무인들을 중심으로 한 성곽이나 저택의 건립이 두드러졌고, 이에 따른 호화로운 정원이 나타나게 되었다. 이전 시대부터 사용되어 오던 땅가름(지할, 地割)수법이나 석조(石組) 기법이 이어지면서 호방하고 화려한 양상을 나타내었다.

특히, 토요토미 히데요시(豊臣秀吉, 1536-1592)가 직접 관여하고 사후(死後)에 완성된 것으로 알려져 있는 제호사(醍醐寺, 사이호지)의 삼보원(三寶院, 산보인)은 700여 개의 정원석(石)과 수천 그루의 나무가 각처에서 옮겨와 조영되었는데, 약 25년 뒤인 1623년에 완성되었다(그림 4-10).

한편, 모모야마시대에는 이러한 화려한 정원과는 달리 「와비(侘び)」와 「사비(寂)」의 이념[14]을 본위로 하는 다정(茶庭)이 탄생한다.

제호사 삼보원의 전경 그림 4-10

14 와비(わび, 侘び)란 인간생활의 가난함이나 부족함 속에서도, 이러한 것을 초월하여 정원 속에서 미를 찾아내어 검소하고 한적하게 산다는 개념이고, 사비(さび, 寂)란 이끼가 끼어 있는 정원석(石)에서 고담(枯淡)과 한아(閑雅)를 느끼는 개념이다. 정동오, 1992, 동양조경문화사, 전남대학교 출판부, p.243.

6) 에도(江戸)시대

에도의 정원은 그 성격이나 내용에 따라, 정원 자체가 독립하여 독자적 경관을 연출하는 것과 주건축(主建築)에 종속되어 보조적인 역할을 하는 것으로 대별할 수 있다. 전자의 것은 원유회(園遊會)를 가질 수 있도록 꾸며져 있으며, 이용상 지천회유식(池泉回遊式)으로 되어 있다.[15] 회유식(回遊式) 정원은 에도시대의 초기에 활약을 한 다도(茶道)의 대가인 소굴원주(小堀遠州)에 의해 확립되었는데, 그는 주 건축물과 독립된 연못과 섬, 산을 만들고 다리와 원로(園路)를 통해 동선을 연결시켰으며, 곳곳에 다정(茶庭)을 배치하여 몇 개의 노지(露地)가 연속적으로 연결되도록 하였다. 이러한 대표적인 것으로는 가츠라이궁(桂離宮, 그림 4-11)을 들 수 있으며, 이외에도 선동어소(仙洞御所), 슈가쿠인이궁(修學院離宮), 동본원사섭성원(東本願寺涉成園), 소석천후락원(小石川後樂園), 천초봉래원(淺草蓬萊園), 빈이궁(浜離宮), 다카마츠(高松, たかまつ)의 율림공원(栗林公園), 오카야마(岡山, おかやま)의 후락원(後樂園), 구마모토(熊本, くまもと)의 성취원(成趣園), 히코네(彦根, ひこね)의 현궁원(玄宮園) 등 많은 정원이 있다.[16]

그림 4-11  가츠라이궁 평면도

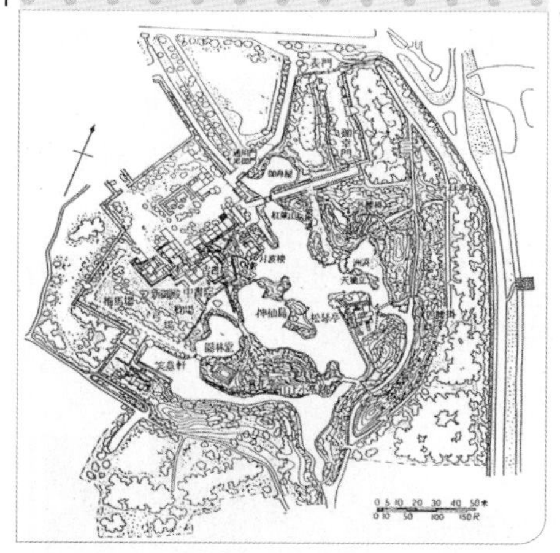

7) 메이지(明治)시대 이후

메이지(明治)시대로 접어들면서, 일본은 서양문화에 개방되었다. 이에 따라 일본에는 서양의 건축물과 더불어 정원수법이 도입되었으며, 외국인에 의해 정원이 설계되는 경우도 나타났다. 메이지 초기에는 프랑스 정형식 정원과 영국 자연풍경식 정원의 영향을 많이 받았으며, 서양식 화단이나 암석원(rock

15 정동오, 1992, 동양조경문화사, 전남대학교 출판부, p.409.

16 岡崎文彬, 1966, 圖說造園大要, 養賢堂, p.65.

그림 4-12 서무린암(無隣菴)의 전경

그림 4-13 의수원(依水園)의 후원(後園)

garden) 등도 도시공원 속에 도입되었다. 그리고 기존 일본의 정원 기법을 토대로 하여 사실적인 자연 풍경의 묘사수법을 가미한 작품도 나타났는데, 그 대표적인 것이 교토의 무린암(無隣菴) 정원(그림 4-12)과 도쿄의 춘산장(椿山莊) 등이다. 또한, 나라(奈良)지방의 의수원(依水園)(그림 4-13)은 약초산(若草山)과 동대사(東大寺)의 남대문을 정원경관의 일부로 받아들인 우수한 차경정원이다.

한편, 메이지 말기를 거쳐 다이쇼(大正) 초기에 이르러서는, 점차 인습적인 대정원이나 귀족적인 서구적 모방 시대는 지나가고, 보다 실용적인 현대정원이 나타나기 시작하게 되었다.[17]

8) 일본정원의 특성

일본정원은 중국정원에서 깊은 영향을 받았으며, 정원의 기본원리도 중국에서 받아들였다. 그리고 일본인 고유의 독창적 성격을 표현한 솔직함과 간소함을 바탕으로 한 고유미를 정원양식에서 나타냄으로써 독자적 경지에 이르렀다.

일본은 수평으로 퇴적된 지층이 횡압력을 받으면 물결처럼 굴곡된 단면이 나타나는 구조인 습곡(褶曲)이 많은 작은 섬들로 연결되어 있고, 화산이 많고 태풍과 지진의 잦은 섬나라의 지형적 특성을 가지고 있다. 따라서 이러한 지리적, 지형적 특성들이 일본정원에 깊이 반영되었을 것이다.

결국, 일본인에게 「미」는 단순한 눈의 즐거움이나 정신의 기쁨만은

17 윤국병, 1993(1978 초판발행), 조경사, 일조각, pp.376-377.

아니었다. 심리적 기능과 사회적 기능을 각기 수행하면서 또한 그것들이 하나로 합해져 있던 무엇이었다고 할 수 있다. 열정을 억제하면서 정신은 안정시키고 평온함은 본능을 조절하여 스스로를 제어할 수 있게 함으로써 그들이 바라는 이상의 경지에 이르게 하였을 것으로 여겨진다. 일본인들은 정원을 통해 사회적 구속을 잊고 지혜에 도달하였을 뿐만 아니라 국민성의 본원까지 깊이 파고 들어가 자기를 희생하기까지 하는 열정을 억제함으로써 정신 내면에 깊숙한 곳에 있는 광풍을 잠재우려 하였다.[18] 유홍준 교수는 그의 책에서 우리가 일본에게 배워야 할 것으로 외래사상을 빨리 받아들여 자기화하는 그들의 오랜 문화 창조방식과 자신들의 만들어낸 문화를 개념화, 논리화 그리고 형식화과정을 통해 논리화하는, 그래서 양식을 만들어 스스로 소비하고 그것을 서양인들이 알기 쉽게 접근할 수 있게 하는 것을 그 예로 들었다.[19]

일본인들은 그들의 정원을 개념화, 논리화 그리고 형식화시켜 세계에 널리 알렸다. 그래서 세계 정원사에 일본정원이라는 형식을 남겼다.

4.3 한국의 정원

한국의 전통정원은 중국의 영향을 받았지만, 우리 민족의 고유한 민족적 특성에 따라 이를 융화시켜 나름대로의 새로운 형태로 변화·발전시켰으며 고대 일본에까지 영향을 주었다.

1) 한국정원에 영향을 준 사상체계

정원의 입지선정에서부터 공간구성, 공간의 배치형태, 구성요소에 이르기까지 한국정원양식의 형성에 영향을 끼친 주요 인자로는 자연숭배사상, 산신신앙, 풍수사상, 음양오행사상, 신선사상, 은일사상, 불교와 유교 등이 있다.

---

18 자크 브누아 메샹 지음, 이봉재 옮김, 2005, 정원의 역사, 도시출판 르네상스, pp.79-141.

19 유홍준, 나의 문화유산 답사기, 일본편 4, 교토의 명소, 창비, p.173.

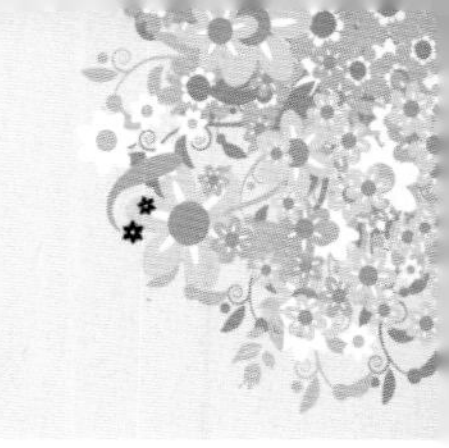

① 자연숭배사상 : 자연숭배 사상은 자연환경의 일원으로서 자연의 섭리에 순응하며 살아가고자 하는 것으로 한국의 풍토와 밀접한 관계를 갖고 형성된 사상이다. 이는 땅의 기운을 중요시하는 풍수사상과도 일맥상통하는 바가 크다고 할 수 있다.

② 산신신앙[20] : 산이 70%인 한반도에 사는 우리에게 있어 산은 곧 땅이었기 때문에 대지모신적인 관념보다, 산신에 대한 관념이 더 지배적이다. 그래서 생겨난 산신신앙은 산신령, 즉 지역수호신에게 바치는 믿음이라고 한다. 이때 산신은 노인으로 관념되거나 호랑이로 관념되기도 한다. 우리의 자연관인 산신사상은 이런 산악 지형에서 살고 있기 때문에 이루어진 관념이다.

③ 풍수지리사상 : 인간은 지속적인 삶의 영위와 생활의 편리를 고려하여 삶의 터전을 선택하게 되는데, 이것이 바로 풍수의 기본이다. 특히, 조경문화와 밀접한 관련을 가진 양택풍수(陽宅風水)의 경우, 배산임수(背山臨水)라는 조건을 충족시켜 마을과 주택의 자리를 정하였다.

④ 음양오행사상 : 고대 중국에서 발생된 역(易)사상에서 기원한 음양오행사상은 음(陰)과 양(陽)의 소멸과 성장·변화, 그리고 음양에서 파생된 오행(五行) 즉, 목(木)·화(火)·토(土)·금(金)·수(水)의 움직임으로 인간생활의 모든 현상과 우주만물의 생성소멸을 해석하는 사상이다.

⑤ 신선사상 : 한국뿐 아니라 중국과 일본 등 동양 3국의 전통문화에 크게 영향을 끼친 신선사상은 불로장생을 주요한 목적으로 삼고 현세의 이익을 추구하는 것이 특징이다. 전통정원에서 신선사상과 관련된 것 가운데 대표적인 것은 삼신산 또는 삼신선도(三神仙島)로서, 정원의 일부분이나 연못 속에 세 개의 산 혹은 세 개의 섬을 인공적으로 꾸며 놓은 것이다.

⑥ 은일사상 : 도가의 노장사상에 영향을 입어 형식이나 가치에 얽매이지 않고 자연과 더불어 생활함으로써 자신의 존재적 가치를 찾고 사물의 근원을 탐구하고자 한 은일사상(隱逸思想)도 선조들이 자연을 대하고 정원을 축조하는 태도에 상당한 영향을 주었다. 이러한 사상이 반영된 조경문화는 주로

---

20 한국일보: 사색의 향기/2013년 1월 15일, 스스로 그러한 정원 참고.
http://news.naver.com/main/read.nhn?mode=LSD&mid=sec&sid1=110&oid=038&aid=0002341764 2015년 10월 19일 검색.

별서정원(別墅庭園)의 형태로 나타난다.

⑦ 불교 : 불교가 우리나라 조경에 미친 영향은 사찰의 가람배치, 연못과 공간구성요소, 화단 등 불교의 이상향적 세계를 상징적으로 표현하여 한국 전통조경의 기본원리로 작용하고 있다는 점이다. 사찰의 가람배치는 장엄한 분위기를 자아내어 정신문화를 선도하였다.[21]

⑧ 유교 : 유교가 조경문화에 끼친 영향은 궁궐이나 일반 민가, 향교 및 서원을 중심으로 한 유교건축 등 곳곳에서 발견할 수 있다. 특히, 유교의 대가족 제도, 신분제도, 남녀유별사상, 장유유서사상, 조상숭배사상 등의 관념이 낳은 건물 배치와 공간구성은 독특한 정원 문화를 낳았다.

이러한 사상체계를 기반으로 하는 한국정원의 특징을 신라시대의 월지와 조선시대의 궁원과 별서정원을 통하여 알아본다.

2) 삼국시대: 신라의 월지

삼국시대는 중국으로부터 한학과 불교가 들어온 4세기 이후에야 문명의 빛을 보기 시작하였으며, 조경문화도 이때부터 싹트기 시작한 듯하다. 삼국사기에 의하면, 백제에서는 4세기 말 진사왕 7년인 391년에 궁실을 중수하는 한편 못을 파고 가산을 쌓아올려 진귀한 짐승과 화훼를 가꾸었다(重修宮室 穿池造山 以養奇禽異卉)는 기록이 있어, 이미 조경이 시작되었음을 알 수 있다. 여기서는 1975년 3월부터 1976년 12월까지 발굴조사가 실시되어 신라시대에 축조한 연못이 거의 완전하게 확인되어 1980년 원지(苑池)로 복원된 신라의 월지(月池)를 소개한다.

신라의 월지(月池), 즉 임해전지(臨海殿池)는 흔히 안압지(雁鴨池)로 불리며(그림 4-14) 삼국통일 직후에 축조되었던 것으로 보인다. 「삼국사기」에 의하면 문무왕 14년(674년) 2월, 궁성 안에 연못을 파고 산을 만들어 화초를 기르고 진금기수(珍禽奇獸)를 양육하였다고 전해진다. 안압지라는 명칭은 조선 초기에 간행된 《동국여지승람》과 《동경잡기》 등에 나타나고 있다. 월지는 1980년 주변 정화공사를 거쳐 신라 궁궐의 원지(苑池)로 복원되었고, 당시 안압지에서

21 민경현, 1998, 숲과 돌과 물의 문화, 도서출판 예경, p.51.

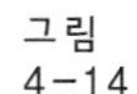
안압지와 임해전의 복원 모습 그림 4-14

발굴된 토기 파편 등으로 신라시대에 이곳이 월지(月池)라고 불렸다는 사실이 확인되었다. 조선시대에는 폐허가 된 이곳에 기러기와 오리들이 날아들자 조선의 선비들이 안압지(雁鴨池)라는 이름을 붙였다고 전해진다. 《삼국사기》에 동궁을 임해전(臨海殿), 즉 바다에 면한 건물이라고 불렀다는 기록이 있으며, 여기에서 안압지는 바다를 상징한다.

안압지는 남북으로 길고, ㄱ자형에 가까운 모양을 이루고 있으며, 입각부(入角部)에는 임해전의 앞뜰이 놓이고 물 건너 동안(東岸)에는 무산십이봉(巫山十李峰)을 본 뜬 석가산이 있으며, 그 전체면적은 약 5,100여 평이다. 연못에는 삼신도를 뜻하는 듯한 3개의 섬이 있고 동서 200m, 남북 180m 정도이나, 어디에서 보나 연못의 호안이 다 드러나지 않도록 설계되어 있다. 앞서 언급한 것처럼 안압지는 서쪽에 위치한 임해전(臨海殿)이란 명칭을 통해 알 수 있듯이, 바다를 표현하려고 했던 것으로 보이며, 서쪽 물가에 자리 잡은 건물에서 동쪽을 바라보면 심한 굴곡을 이룬 호안을 따라 자연스럽게 놓인 경석(景石)과 그 뒤에 자리 잡은 석가산은 마치 바닷가의 경관을 바라보는 듯한

그림 4-15

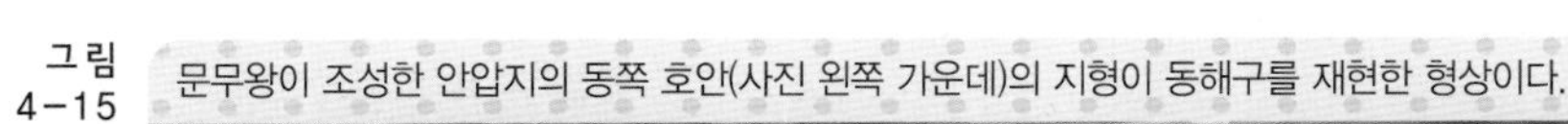

문무왕이 조성한 안압지의 동쪽 호안(사진 왼쪽 가운데)의 지형이 동해구를 재현한 형상이다.

그림 4-16

압지 동쪽 호안(위)과 동해구 해안의 컴퓨터 시뮬레이션 결과

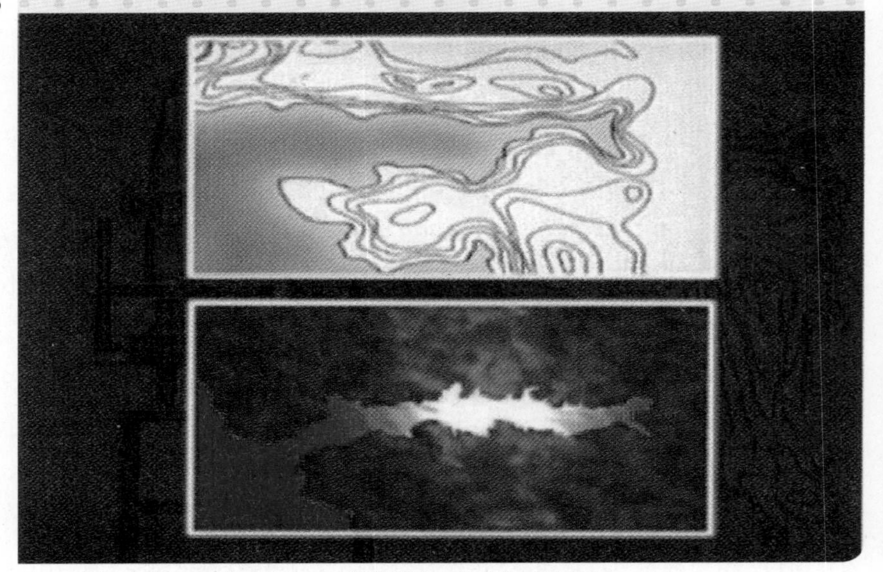

자료: 대구MBC, 2004, 안압지: 우리 정원의 원류를 찾아서, 이른아침, p.56

느낌을 준다(그림 4-15).[22]

실제로 이 안압지 호안의 모습은 최근 컴퓨터 시뮬레이션 결과 동해바다와 감은사로 이어지는 동해구 지역(그림 4-16)을 바닷물로 채웠을 때와 비슷한 모습을

22 윤국병, 1993(1978년 초판발행), 조경사, 일조각, pp.228-239.

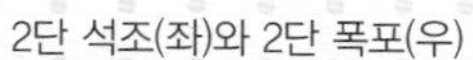
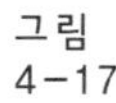

그림 4-17 2단 석조(좌)와 2단 폭포(우)

자료: 대구MBC, 2004, 안압지: 우리 정원의 원류를 찾아서, 이른아침, p.37, 39

그림 4-18 입수로(좌)와 입수구 전경(상우) 및 배수구(하우)

자료: 대구MBC, 2004, 안압지: 우리 정원의 원류를 찾아서, 이른아침, p.36, 41

나타내어 안압지가 동해바다를 축소하였음을 다시 한 번 보여주었다.[23]

안압지의 물은 동쪽 북천의 지류(支流)에서 끌어온 것으로 여겨지며, 넓이와 높이가 약 40㎝정도의 화강암으로 된 수로를 통하여 들어온 물은 2개의 큰 석조를 거쳐서 못에는 폭포와 같이 낙하하도록 만들어졌다(그림 4-17). 출수구(出水口)는 북암 중간 지점에서 발견되었는데 마개가 있어서 수위(水位)를 조절하도록 되어

23 대구MBC, 2004, 안압지: 우리 정원의 원류를 찾아서, 이른아침, pp.54-57.

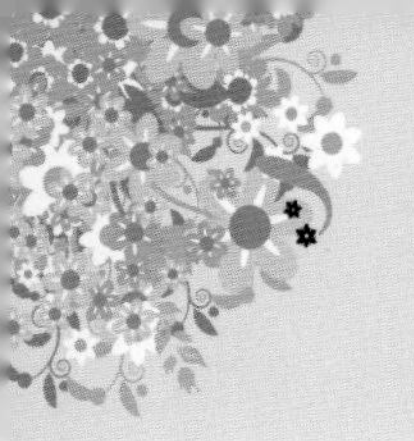

있었으며, 목관(木管)을 통해서 빠져나간 물은 당시의 하수도와 연결되어 있었던 것으로 추정된다(그림 4-18).

3) 조선시대: 창덕궁 후원과 소쇄원

조선시대는 사회계층간의 분화가 두드러지고, 그에 따라 다양한 공간형태가 잘 나타나는 시기로 판단된다. 이 시기에는 궁원, 지방관가, 일반 민가정원, 사찰정원, 별서정원 등 다양한 정원 문화가 나타난다.

그 중에서 궁원은 가장 커다란 규모와 조성된 사상이 잘 반영된 공간으로서, 조경적인 요소는 후원(後苑)이나 원지(園池)에 잘 나타나고 있다. 조선시대에 조성된 궁궐로서는 경복궁, 창덕궁, 창경궁, 덕수궁, 경희궁이 있는데 이를 일반적으로 5궁(宮)이라고 부른다. 5궁 가운데, 대표적인 궁원은 평지에 조성된 경복궁원과 자연구릉에 조성된 창덕궁원이 있으며, 평지의 경복궁원은 아무래도 인공적인 느낌이 보다 강하다. 이들 궁원은 입지 조건에 따른 한국 궁원의 대표적인 모델이라고 할 수 있다.

그리고 별서(別墅)란 별저(別邸) 또는 별업(別業)의 개념인 임천(林泉) 속의 별장을 뜻하는 것으로 살림집에서 멀리 떨어진 산수경관이 뛰어난 곳에 마련되어 사계절 또는 한시적으로 사용되는 주거공간을 말한다. 우리나라에서는 왕가의 이궁(離宮)을 위시하여 삼국시대에 귀족들에 의해 사절유택(四節遊宅)과 같은 별서정원이 나타났는데,[24] 이는 앞서 밝혔듯이 유교가 성행하고 은일사상이 농후해지는 한편, 사회적 혼란이 심한 시기에 많이 나타난다. 특히, 왕조의 말이나 당쟁과 같이 사회적으로 혼란한 시기에 유배지나 은둔지를 중심으로 조성되거나 혼탁한 세상을 떠나 자연과 벗하면서 수려한 경관을 즐기기 위해 조성되었다. 대표적인 별서정원으로는 전남 담양의 소쇄원(瀟灑園)과 전남 해남의 보길도 부용동 정원(芙蓉洞 庭園), 전남 강진의 다산초당원(茶山草堂苑), 서울의 옥호정원(玉壺亭苑) 등이 있다.

이 장에서 조선시대 궁원 중에서 창덕궁 후원과 별서정원을 대표하는 소쇄원을 중점적으로 소개하고자 한다.

---

24 민경현, 1998, 숲과 돌과 물의 문화, 도서출판 예경, p.51.

① 창덕궁

창덕궁은 조선왕조 제3대 태종 5년(1405년) 경복궁의 이궁(離宮)으로 지어진 궁궐이다. 창덕궁 창건시 정전인 인정전(仁政殿), 편전인 선정전(宣政殿), 침전인 희정당(熙政堂), 대조전(大造殿) 등 주요 전각이 완성되었으며, 그 뒤 태종 12년에 돈화문(敦化門)이 건립되었고, 세조 9년(1463)에는 약 62,000평이던 후원을 넓혀 150,000여 평의 규모로 경역(境域)을 크게 확장하였다. 창덕궁 안에는 가장 오래된 궁궐 정문인 돈화문, 신하들의 하례식이나 외국사신의 접견장소로 쓰이던 인정전, 국가의 정사를 논하던 선정전 등의 치조공간이 있으며, 왕과 왕후 및 왕가 일족이 거처하는 희정당, 대조전 등의 침전공간 외에 연회, 산책, 학문을 할 수 있는 매우 넓은 공간을 후원으로 조성하였다. 정전 공간의 건축은 왕의 권위를 상징하여 높게 되어있고, 침전건축은 정전보다 낮고 간결하며, 위락공간인 후원에는 자연지형을 위압하지 않도록 작은 정자각을 많이 세웠다.

그림 4-19 창덕궁 평면도

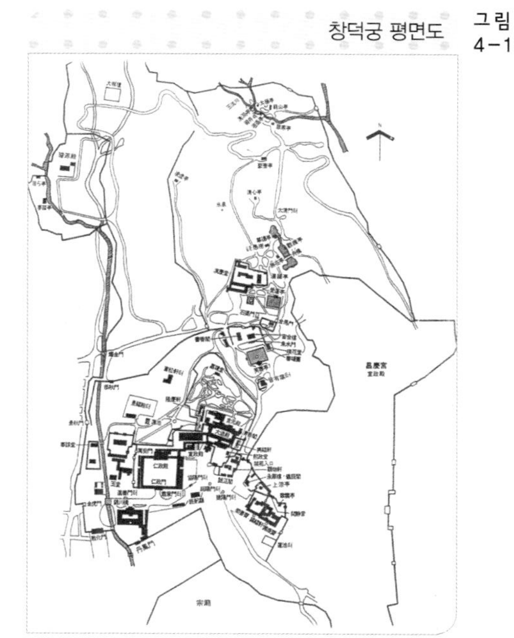

자료: 민경현, 1998, 숲과 돌과 물의 문화, 도서출판 예경, p.207

건물배치에 있어, 정궁인 경복궁, 행궁인 창경궁과 경희궁에서는 정문으로부터 정전, 편전, 침전 등이 일직선상에 대칭으로 배치되어 궁궐의 위엄성이 강조된 데 반하여, 창덕궁에서는 정문인 돈화문은 정남향이고, 궁 안에 들어 금천교가 동향으로 진입되어 있으며 다시 북쪽으로 인정전, 선정전 등 정전이 자리하고 있다. 그리고 편전과 침전은 모두 정전의 동쪽에 전개되는 등 건물배치가 여러 개의 축으로 이루어져 있다(그림 4-19).

자연스런 산세에 따라 자연지형을 크게 변형시키지 않고 산세에 의지하여 인위적인 건물이 자연의 수림 속에 포근히 자리를 잡도록 한 배치는 자연과

인간이 만들어낸 완전한 건축의 표상이 되고 있다.

또한, 왕들의 휴식처로 사용되던 후원은 300년이 넘은 거목과 연못, 정자 등 조경시설이 자연과 조화를 이루도록 함으로써 조경사적 측면에서 빼놓을 수 없는 귀중한 가치를 지니고 있다.

후원은 창건할 때 조성되었으며, 창경궁과도 통하도록 되어 있다. 임진왜란 때 대부분의 정자가 소실되었고 지금 남아 있는 정자와 전각들은 인조 원년(1623) 이후 역대 제왕들에 의해 개수 증축된 것들이다. 이곳에는 각종 희귀한 수목이 우거져 있으며, 많은 건물과 연못 등이 있다. 역대 제왕과 왕비들은 이곳에서 여가를 즐기고 심신을 수양하거나 학문도 닦았으며 연회를 베풀기도 하였다. 창덕궁은 조선시대의 전통건축으로 자연경관을 배경으로 한 건축과 조경이 고도의 조화를 표출하고 있으며, 후원은 동양조경의 정수를 감상할 수 있는 세계적인 조형의 한 단면을 보여주고 있는 특징이 있다. 주요 조경시설은 부용정(芙蓉亭) 일대(그림 4－20), 애련정(愛蓮亭) 일대(그림 4－21), 반월지(半月池) 일대, 옥류천(玉流川) 일대, 낙선재(樂善齋) 후원 등 여러 가지 경계구역으로 나누어 각기 특색 있게 조성되어 있다.

특히, 옥류천 일대(그림 4－22)는 후원의 가장 안쪽에 위치하고 있으며, 옥류천을 중심으로 소요정(逍遙亭), 청의정(淸漪亭), 농산정(籠山亭), 취한정(翠寒亭),

그림 4-20 부용정 일대

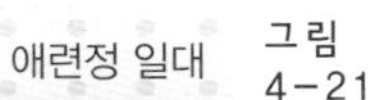

그림 4-21 애련정 일대

어정(御井) 등 으로 구성되어 있는 유락공간이며, E자형 곡수거와 인공폭포, 방지 등 인공적인 요소가 많은 곳이긴 하지만, 그 형태의 다양성, 비기하학적성 때문에 주위의 자연환경에 대해서나 시각상 어떤 거부반응을 주지 않는 깊숙하고 조용한 유락공간[25]이라 할 수 있다.

낙선재는 창덕궁 인정전 동쪽에 위치하며, 그 뒤(後苑)에는 5단으로 꾸며진 화계가 있다. 첫 단의 길이는 동서 26.4m로 가장 길며 높이는 80cm이고, 폭은

그림 4-22 옥류천과 유상곡수연을 베풀었던 곡수거의 모습

25 정동오, 1986, 한국의 정원, 민음사, pp.168–170.

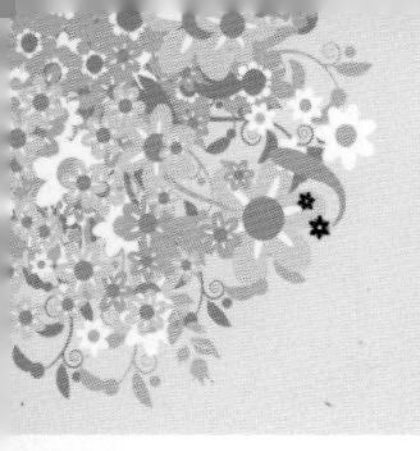

그림 4-23 낙선재의 화계: 첫 단의 길이는 동서 26.4m에 이른다.

1.4m이다. 단의 폭과 높이는 각기 차이가 나며, 폭이 가장 넓은 곳은 3단(1.71m), 가장 좁은 단은 1.1m로 4단이고, 높이는 3단(60cm)이 가장 낮고 2단이 1m로 가장 높다. 화계에 심겨진 식물소재는 철쭉, 영산홍, 옥향 등으로 옥향은 근래에 잘못 식재된 것으로 파악된다.[26]

② 소쇄원

소쇄원(그림 4-24)은 자연과 인공을 조화시킨 조선 중기의 정원 가운데 대표적인 것으로서, 자연 계류를 중심으로 한 별서정원이다. 이 정원을 조성한 사람은 양산보(梁山甫, 1503-1557)로서, 그는 스승인 조광조가 유배되자 세상의 뜻을 버리고 고향인 전남 담양으로 내려와 깨끗하고 시원하다는 뜻의 정원인 소쇄원을 지었다.

소쇄원은 정남(正南)에 무등산을 대하고, 북동쪽에서 남동쪽으로 흘러내리는 보다란 계류를 중심으로 사다리꼴 형태로 되어 있으며, 조선 명종(明宗) 3년(1648)에 읊은 김인후(金麟厚, 1510-1560)의 소쇄원48영(瀟灑園四十八詠)에는 오늘날 보는 소쇄원의 모든 요소가 망라[27]되어 있다. 그리고 소쇄원 안에는 영조

26 민경현, 1998, 숲과 돌과 물의 문화, 도서출판 예경, p.220.
27 정동오, 1992, 동양조경문화사, 전남대 출판부, p.209.

소쇄원 평면도 그림 4-24

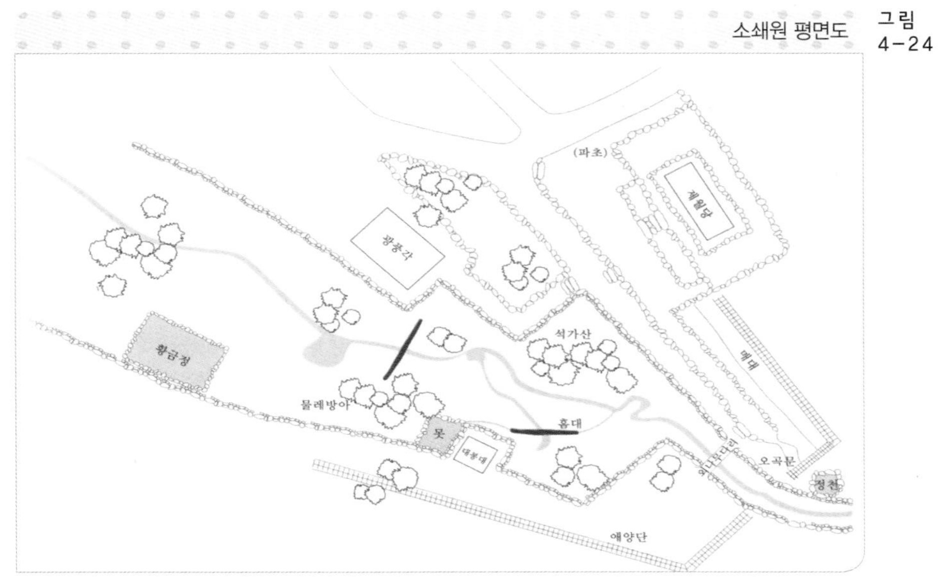

자료: 허균, 2002, 한국의 정원 – 선비가 거닐던 세계, 다른세상, p.137

소쇄원도(瀟灑園圖, 1775년 목판본) 그림 4-25

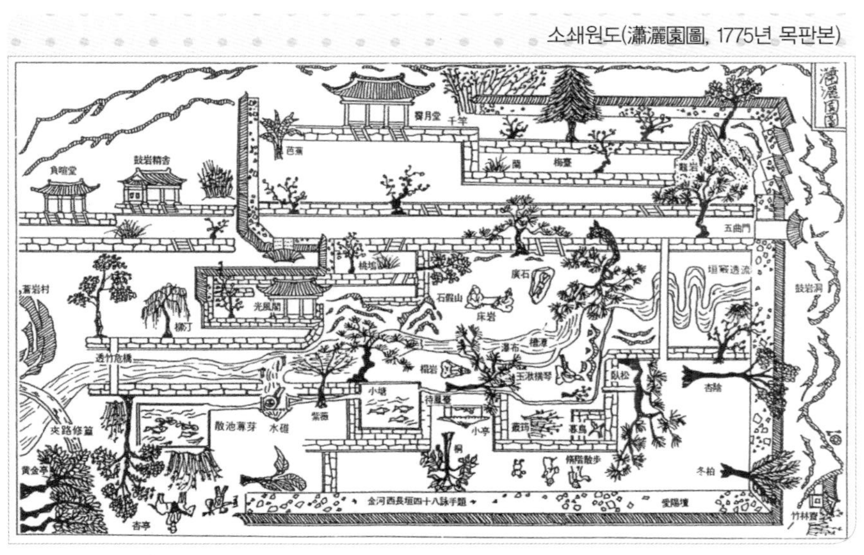

자료: 민경현, 1998, 숲과 돌과 물의 문화, 도서출판 예경, p.305

그림 4-26 소쇄원 입구 죽림

31년(1755) 당시 소쇄원의 모습을 목판에 새긴 그림이 남아 있어, 원래의 모습을 알 수 있다(그림 4-25).

소쇄원은 4,060㎡의 면적에 기능과 공간의 특성에 따라 전원(前園, 待鳳臺 일원), 계원(溪園, 光風閣 일원), 내원(內園, 梅臺 일원)으로 크게 구분할 수 있다.[28] 전원은 소쇄원의 입구인 죽림(竹林, 그림 4-26)부터 계류가 흘러들어오는 오곡문(五曲門)까지의 공간으로서, 제월당(霽月堂)과 광풍각(光風閣)에 이르는 하나의 접근 기능을 지니고 있지만, 왼편에 있는 각종 시설(上·下池와 수대, 대봉대, 소정, 주변의 수목)을 감상하면서 거닐 수 있도록 계획된 것이라 볼 수 있다.

계원은 북동각(北東角)의 오곡문(그림 4-27) 옆 담 아래에 뚫려있는 수구(水口)로부터 시작되는 계류를 중심으로 하는 계류변(溪流邊) 공간으로 계안(溪岸)상에는 광풍각이 위치하고 있다. 이 공간은 거대한 암반과 계류, 그리고 광풍각 뒤편의 도오(桃塢-복숭아 둑)로 이루어져 있다. (그림 4-25)의

28 정동오, 1986, 한국의 정원, 민음사, pp.215-218; 정동오, 1992, 동양조경문화사, 전남대 출판부, pp.209-214.

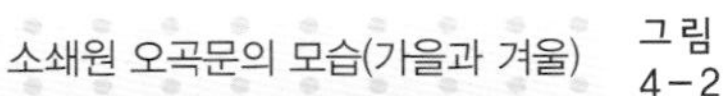
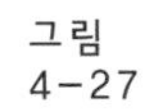

소쇄원 오곡문의 모습(가을과 겨울) 그림 4-27

소쇄원도(瀟灑園圖)를 보면 암반 위에서 장기를 두는 사람, 가야금을 타는 사람이 그려져 있는데, 이를 통해 암반대는 하나의 유락(遊樂)공간의 역할을 하였을 것으로 판단된다.

내원은 오곡문에서 내당인 제월당에 이르는 중심 공간으로서, 전원(前園)과는 균교(均橋)에 의해 연결되고 하부는 계원(溪園)공간에 인접하고 있다. 오곡문에서

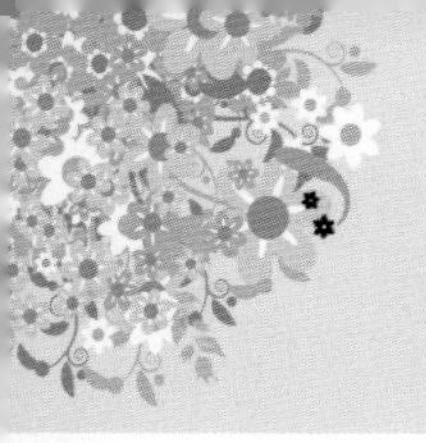

제월당에 이르는 직선 통로 위쪽에는 높이 1m 내외, 넓이 1.5m의 2단계의 축단이 있다. 여기에는 말라 죽은 채로 서있는 측백나무 한 그루만 있지만, 소쇄원도에는 세 그루의 매화나무가 심겨져 있다.

4) 한국정원의 특징[29]

우리나라의 정원도 우리나라의 기후와 지형적인 특징 그리고 당시의 믿음 등이 정원의 양식에 크게 영향을 주었는데 우리의 생활터전은 아름답고 풍요롭기 때문에 중국이나 일본처럼 정원을 꾸밀 때 수목이나 경물이 필요가 없었고 자연에 순응하는 조원방식을 취하였다. 그러한 조영방식은 조선시대의 경우 낙향한 선비들이 만든 별서정원, 산수정원에서 뿐만 아니라 궁원이나 향원 등에 일관되게 적용되었다. 그리고 우리의 정원은 산천의 형국 즉 산세, 계류의 흐름 그리고 바위와 수목의 상태를 잘 살펴서 그 중 풍경이 좋은 곳에 양간의 쉼터와 나무와 돌을 정돈하는 정도로 다듬었을 뿐 자연의 질서를 허물고 조작하는 행위는 더더욱 하지 않았다.

우리의 궁궐정원은 상록수보다는 활엽수를 심어 계절의 변화를 통하여 자연의 섭리를 받아들이려고 노력하였고 소나무와 측백나무는 드문드문 심어 약간의 운치를 더하였다. 이로서 우리의 정원은 자연의 풍경이 주연이 되고 사람은 조연이 되는, 즉 인간이 자연에 군림하는 존재가 아니라 자연과 함께 조화를 이루어 가며 살아가는 존재라는 것과 인위적인 기교를 싫어하는 전통적인 삶의 방식이 정원의 조영방식에 함께 작용하였다고 하겠다.

29 허균, 2002, 한국의 정원–선비가 거닐던 세계, 다른세상, pp.17–25 참고.

CHAPTER

05

서양의 정원은 무엇을 남겼나

태초에 전능한 하나님께서 정원을 만드셨다.
그리고 진실로 정원은 인간에게 가장 순수한 즐거움이었다.
정원은 인간정신에 가장 큰 청량제여서,
정원이 없다면, 궁전과 건물은 조잡한 작품에 불과할 뿐,
예의바르고 우아한 시대라면
사람들은 위엄있게 집을 짓고
섬세하게 뜰을 가꿀 것이다.
원예가 마치 최상의 예술인 것처럼
– 〈정원에 대하여〉, 1625년, 프랜시스 베이컨 –

5.1 성서의 정원: 에덴동산

오늘날 모든 조경사의 출발점은 대부분 메소포타미아나 이집트로 간주하기 때문에 성서의 구약시대에 대한 언급은 없다. 왜냐하면 구약시대 대부분 성서에 기록된 사건들은 전설의 이미지가 강했기 때문이다. 그러나 구약성서는

이스라엘민족의 역사기록으로 고고학 및 민족학의 매우 중요한 자료다.

구약성서에 창세기에 등장하는 에덴에 대해서 살펴보면 “주 하나님의 동쪽에 있는 에덴에 동산을 일구시고, 지으신 사람을 거기에 두셨다. 주 하나님은 보기에 아름답고 먹기에 좋은, 열매를 맺는 온갖 나무를 땅에서 자라게 하시고, 동산 한가운데는 생명의 나무와 선과 악을 알게 하는 나무를 자라게 하셨다.” (창세기 제2장 8~9절)는 에덴정원에 관한 최초의 기록이다. 이 기록에 의하면 에덴에는 생활환경을 의미하는 한자 정(庭)과 실용적인 목적이 강한 원(園)이 동시에 묘사되고 있다.

이어 에덴의 묘사는 다음과 같이 이어지는데 “강 하나가 에덴에서 흘러나와서 동산을 적시고, 에덴을 지나서는 네 줄기로 갈라져서 네 강을 이루었다. 첫째 강의 이름은 비손인데, 금이 나는 하윌라 온 땅을 돌아서 흘렀다. 그 땅에서 나는 금은 질이 좋았다. 브돌라라는 향료와 홍옥수와 같은 보석도 거기에서 나왔다. 둘째 강의 이름은 기혼인데, 구스 온 땅을 돌아서 흘렀다. 셋째 강의 이름은 티그리스인데 앗시리아의 동쪽으로 흘렀다. 넷째 강은 유프라테스이다.” (창세기 제2장 10~14절) 여기서 우리가 에덴의 지리적 위치를 예측할 수 있는 근거로 네 강이 흘러나온다는 바로 이 구절이다. 티그리스와 유프라테스강은 터키에서 발원하여 시리아를 거쳐 이라크로 흘러들어가는 강이다. 그러나 비손강과 기혼강은 어디인지 알 수 없다고 한다. 그러나 이 네 개의 강 중에서 적어도 세 개의 강은 성서 시대의 대표적인 두 문명이었던 메소포타미아와 이집트를 가능케 했던 강으로 볼

그림 5-1 중세판화에서 표현된 에덴 정원에서 4개의 하천을 나타내는 4개의 분수를 볼 수 있다.

자료: 針ケ±谷鐘吉著, 1977, 西洋造園変遷史, 彰國社, p.13

수 있다. 에덴이라는 단어는 페르시아어 '헤덴(Heden)'에서 유래한 히브리어로 '환희의 동산', '태고의 정원'이라는 뜻을 가지고 있다.

또한 수메르어의 에디누(edinu, 평지, 황무지)에서 유래했다고 한다. 성서학자 김성 교수는 에덴을 가공의 지리적 상징이라고 주장하고 있다. 그에 따르면 "우리가 기혼 강이 어디인지 알 수 없으나 기혼샘은 바로 예루살렘의 기드론 골짜기에서 지금도 흘러나오는 샘이고 바로 예루살렘 도시가 존재할 수 있었던 결정적인 이유가 되는 물의 근원이기도 하다. 그렇다면 에덴동산은 당시 최고로 발달했던 두 문명권, 즉 메소포타미아와 이집트, 그리고 야웨의 성전이 있었던 예루살렘을 모두 포함하는 지리적 상징으로 해석할 수 있을 것이다."[1] 이처럼 기독교인들 사이에서는 에덴의 위치는 지금도 논쟁 대상이 되고 있는데, 대략 메소포타미아와 페르시아 만의 티그리스 강과 유프라테스 강 상류에 있었던 것으로 추측되고 있다(그림 5-1).

이런 추측에 대하여 영국의 고대사학자 데이비드 롤박사는 "에덴은 신화적인

그림 5-2 영국의 고대사학자 데이비드 롤박사가 주장하는 에덴의 위치[2]

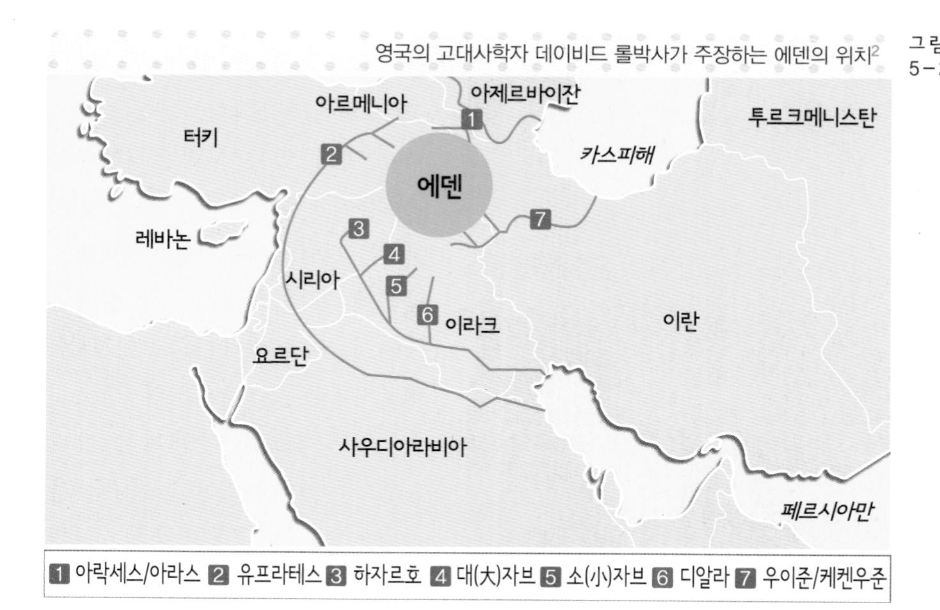

1 아락세스/아라스 2 유프라테스 3 하자르호 4 대(大)자브 5 소(小)자브 6 디알라 7 우이준/케켄우준

1 http://www.fgnews.co.kr/html/2005/0715/05071517354913111700.htm 순복음가족신문, 2005년 7월 15일자, 김성 교수의 문화와 역사 – 에덴동산과 파라다이스, 에덴동산 과연 어디에 있었을까?

2 http://blog.daum.net/rodin/15963658, 에덴동산 위치는 이란 · 이라크 접경 지역, 2015년 8월 11일 검색.

이야기가 아니며 타브리즈 근처의 아드지 차이 골짜기 서쪽 끝에 자리 잡고 있었다"고 하면서 "에덴동산은 '에덴의 동쪽'에 있고 고대 아르메니아에 위치했으며 현재 이란 서부지역"[3]이라고 주장했다(그림 5-2). 에덴동산은 이스라엘사람들이 주로 활동했던 메소포타미아와 페르시아 만의 티그리스 강과 유프라테스 강 상류로 추측해 볼 때 물과 식물의 사용에서 페르시아 정원스타일에 영향을 주었을 것이다. 특히 더운 지방이었던 페르시아지역은 물이 필수요소였기에 구약에 기록된 네 개의 강은 대부분 정원의 중앙에 분수나 못이 놓이고 거기에서 흘러나오는 물이 수로에 의해 네 부분으로 나누어지는 이슬람식 「사중(四重)정원, Chahar Bagh」양식(그림 5-3) 탄생에 영향을 주었을 것으로 추측된다.

한편 에덴 정원(동산)이라는 말은 「신약성서」에는 전혀 나오지 않지만, 그 대신 그에 해당하는 낙원(파라다이스)라는 말이 나온다. 즉,

"예수께서 그에게 말씀하셨다. 내가 진정으로 네게 말한다. 너는 오늘 나와 함께 낙원에 있을 것이다." (누가복음 제23장 43절)

"이 사람은 낙원에 이끌려 올라가서, 말로 표현할 수도 없고 사람이 말해서도 안 되는 말씀을 들었습니다." (고린도후서 제12장 4절)

"귀가 있는 사람은, 성령이 교회들에게 하시는 말씀을 들어라. 이기는 사람에게는, 내가 하나님의 낙원에 있는 생명나무의 열매를 주어서 먹게 하겠다."(요한계시록 제2장 7절)라는 구절이 있다.

그림 5-3 이슬람식 「사중(四重) 정원, Chahar Bagh」 양식

일반적으로 서양에서 파라다이스 (낙원)라는 말은 화원(花園)을 연상시키지만, 「구약성서」의 기록에 따르면 이 파라다이스는 수목을 위주로 하는 수목원의

3 http://www.christiantoday.co.kr/view.htm?id=208257 한민족 국제 학술대회 개최… '에덴동산을 찾아서', 2015년 8월 11일 검색.

경관을 나타내고 있는 것으로 상상된다. 예로부터 페르시아로 상징되는 고대 오리엔트지방의 정원에는 그늘과 향기와 물이 요구되었다. 물은 파라다이스라 불리는 오리엔트 정원의 정신이고, 그늘은 정원에 없어서는 안 될 즐거움이었다. 진정 에덴동산은 농사를 위해 물을 끌어들이기 쉬운 땅으로 관상과 실용을 갖춘 터였다. 앞에서 기술한 것과 같이 성서를 살펴보면, 화훼 보다는 수목에 관한 기록이 상당히 많음을 알 수 있다. 예를 들면, "요담의 수목 우화(사사기 제9장 8절), 네브카드네자르의 수목의 꿈(다니엘서 제4장 10절), 수목에 관한 법률(레위기 제19장 23, 27절, 신명기 제20장 19절) 등이 그 예이다. 이와 같이 수목이 정원에 그늘을 제공하는 것만으로 수목이 얼마나 중요시되었는지를 잘 짐작할 수 있다."[4] 이 낙원에는 주로 "대추야자나무나 무화과나무를 심었다고 한다. 특히 대추야자나무는 북아프리카가 원산지이고, 예루살렘에서도 발견되며, 열매는 식용, 줄기는 목재, 잎은 지붕을 엮는 데 쓰인다고 한다. 이 나무는 실용성을 가지고 있을 뿐만 아니라, 위로 직립한 나무형태가 앞에 나온 여러 편에서 노래되는 것 같이 관상수로도 제일로 꼽힌다."[5]

5.2 메소포타미아[6]의 정원

역사적으로 고대의 정원은 이집트와 메소포타미아지역에서 우선 그 흔적을 찾아볼 수 있다. 이집트와 메소포타미아지역은 각각 세계 4대 문명 중 앞선 두 문명인 이집트와 메소포타미아 문명의 발생지로서 각종 사회문화 전반의 발전과 함께 정원문화도 앞서 발달하였다. 우선 티그리스와 유프라테스의 두 강으로 둘러싸인 곳에는 바빌로니아 왕국이 일어나 또 하나의 문명인 메소포타미아

4 김수봉 외, 2008, 조경변천사, 문운당, p.33.

5 김수봉 외, 2008, 조경변천사, 문운당, p.35.

6 meso는 '사이', potam은 '강'을 뜻하여, 메소포타미아는 티그리스와 유프라테스 강 사이에 있는 비옥한 삼각형 모양의 평야를 말한다. 일찍이 수메르 인들은 이 지역에서 관개 농업을 통하여 보리를 경작하고 도시를 형성하며 살았다. 우르, 라가시 등은 이들이 건설한 대표적인 도시였다. 〈네이버 지식백과〉

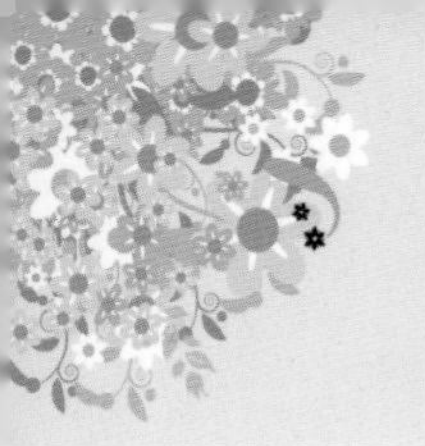

문명을 탄생시켰다. 메소포타미아 문명은 이집트 문명과 비슷한 시기에 일어났지만 기후와 풍토의 차이로 자연스럽게 서로 다른 정원문화가 발달하였다.

1) 수렵원(狩獵苑)

사막지대에 위치한 이집트의 정원이 정형적인 것과는 대조적으로 숲이 풍부하게 형성되어 있었던 메소포타미아 지역에서는 숲을 주제로 한 자연적인 감각의 조경기법이 발달하였다. 이 지역에서는 자연 그대로의 숲(quitsu)과 실용적인 목적을 바탕으로 인간의 손이 가해진 수렵원(kiru)을 명확히 구분해서 불렀다고 한다.[7] 수렵원(kiru)은 짐승이 도망가지 못하게 울타리를 치고, 사냥하다가 쉴 수 있도록 인공적으로 언덕을 만들고 그 정상에 신전을 세우고 소나무나 사이프레스를 심었다. 언덕을 만들기 위해 파낸 저지대는 인공호수를 만드는 등 좀 더 적극적인 조경의 기법을 도입하여 이 곳은 사냥뿐 아니라 옥외 행사를 위한 공간으로 사용하였다. 이 곳을 페르시아인들은 파이리다에자(pairida

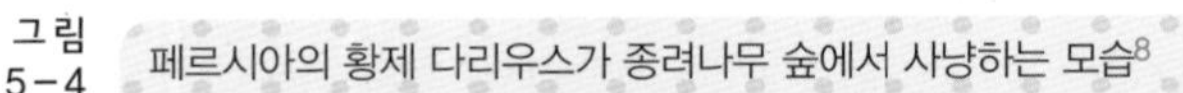

그림 5-4 페르시아의 황제 다리우스가 종려나무 숲에서 사냥하는 모습[8]

7 윤국병, 1995, 조경사, 일조각, p.30.

8 http://www.gardenvisit.com/history_theory/library_online_ebooks/ml_gothein_history_garden_art_design/persian_gardens_iran_plateau

za)라고 불렀고 이러한 공간에 매력을 느꼈던 그리스인들은 이 말을 영어의 낙원(Paradise)에 해당하는 파라데이소스(Paradeisos)라고 번역해서 불렀다.

오늘날 도시민의 낙원인 도시공원은 바로 이 실용적인 수렵원에서 기원하였으며 오늘날 도시공원 조성 시에 수림과 연못 그리고 잔디밭을 반드시 계획하는 이유가 바로 이 실용적인 숲을 닮고자 하는 데서 기원하는 것이라 생각된다.

2) 공중정원

메소포타미아 지역에서 탄생한 다른 한 가지 정원은 공중정원(Hanging Garden)이다. 공중정원은 바빌론의 성벽에 부속된 정원으로 그 구조가 특이하여 오늘날의 옥상정원의 형태를 띠고 있어, 세계 7대 불가사의 중 하나로 손꼽히고 있다. 공중정원은 신바빌로니아의 네부카드네자르 2세(Nebuchadnezzar Ⅱ)가 메디아 출신의 왕비를 위해 축조한 것으로 알려져 있으며, 성벽의 높은 단 위에 흙을 쌓아올려 수목을 식재하였기 때문에 바빌론의 평야 중앙부에서 마치 하늘에 걸쳐 있는 것처럼 여겨져 이와 같은 이름이 붙여졌다.[9] 즉 줄로 매달아 하늘에

메소포타미아의 공중정원과 물 공급 시스템 그림 5-5

9 岡崎文彬, 1991, 造園の歴史 Ⅰ, 同朋舍, pp.24-26.

걸려있는 hanging의 의미보다는 돌출하다란 의미의 overhanging의 의미로 보아야 한다. 그런데 비가 거의 오지 않는 이곳에 만든 공중정원에 물을 대는 문제를 해결하기 위해 왕은 정원의 맨 위에 커다란 물탱크를 만들어 유프라테스강의 물을 펌프로 길어 올리고 그 물을 펌프를 가동해서 각 층으로 운반하여 공급함으로써 화단에 적당한 습기를 유지토록 하였고 때때로 물뿌리개를 이용하여 물을 공급하도록 하였다고 한다(그림 5－5).[10]

이 공중정원은 오늘날 옥상정원의 시초로 여겨지고 있다. (그림 5－6)의 아크로스 후쿠오카도 공중정원과 같은 옥상정원의 형태를 보여준다. 공중정원과 아크로스 후쿠오카를 서로 비교해 보면 고대와 현대라는 엄청난 시대의 차이에도 불구하고 정원을 표현하는 기법의 유사함과 생활 속에서 정원을 늘 가까이하기를 원하는 사람들의 바람도 찾아볼 수 있다.[11]

그림 5－6 현대판 공중정원인 아크로스 후쿠오카

10 http://terms.naver.com/entry.nhn?docId=970835&cid=47318&categoryId=47318 공중정원. (이라크에서 보물찾기, 2003, 아이세움)

11 김수봉 외 2008, 조경변천사, 문운당, p.57.

5.3 이집트의 정원

메소포타미아지역과 함께 인류 문명의 발생지 중 하나인 이집트는 특이한 기후와 풍토에 의해 독특한 정원양식이 발달하였다. 열대성 기후를 가진 이집트는 강한 햇볕으로부터 시원한 녹음을 제공해주는 수목이 대단히 중요시되었으며 이로 인해 원예가 발달하였다. 아울러 나무에 둘러싸인 네모난 연못을 만들고 그 물가에 키오스크(정자)를 만들었다. 이집트 정원은 크게 주택과 분묘정원 그리고 신전정원으로 요약된다.

1) 주택과 분묘정원

고대 이집트의 주택정원은 현재 남아있는 것이 없고, 부유한 이집트관리였던 네바문의 무덤 벽화에 의해 당시의 정원의 모습을 추측할 수 있다. 벽화의 정원들은 사막의 모래와 매년 되풀이 되는 나일강의 범람으로부터 삶의 터전을 지켜주고 침입자를 막아 주는 높은 벽과 직사각형의 연못, 관개의 편리함을 위해 규칙적으로 줄을 맞춰 심은 나무들로 단순하게 구성되어 있으며, 그 후 균제미를 살린 좌우대칭형식은 수세기 동안 하나의 양식이었다.[12] 연못은 규모가 작은 것도 있었지만 규모가 큰 것은 계단을 따라 내려갈 수 있는 침상지의 형식을 갖추고 연못 속에는 로터스수련을 심고 물고기와 물새를 키워 시원스러운 느낌을 주도록 했다. 주변에 세워진 키오스크는 사방으로 바람이 통할 수 있는 구조를 가진 정자였다.

네바문의 무덤 벽에 그려진 이집트정원 그림 5-7

12 가브리엘 반 질랑 지음, 변지현 옮김, 2003, 세계의 정원 – 작은 에덴 동산, 시공사, p.14.

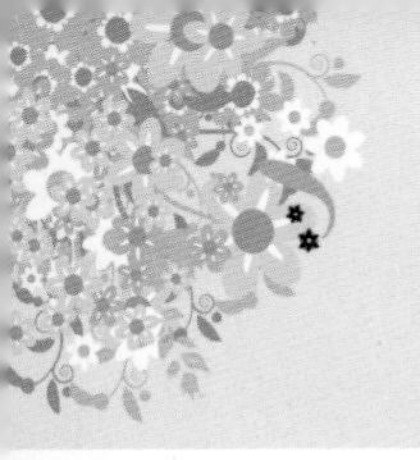

정원수로는 실용적인 가치를 지닌 시커모어(Ficus sycomorus, 돌무화과),[13] 대추야자 그리고 이집트종려나무를 주로 심었고 그 외에 무화과나무와 포도나무 그리고 석류나무를 심었다.

이처럼 고대 이집트인들은 인간이 죽어서도 그 영혼이 계속 현세와 같은 삶을 영위한다는 영혼불멸사상을 믿고 있었다. 이에 따라 생전에 즐겨 가꾸던 정원에서 장례를 치르기도 하고, 무덤 앞에 사자(死者)의 정원 또는 영원(靈園)으로 불리는 정원을 꾸며 죽은 사람을 위로하기도 하였다. 그러나 묘지정원은 정원이라 하기에는 아주 면적이 좁아서 몇 그루의 나무와 작은 화단 그리고 연못으로 구성되었다고 한다.

2) 신원(神苑)

고대 이집트에는 개인을 위한 주택정원 이외에 신전(神殿)에 설치한 신원(神苑)이라는 것이 있었다. 고대 이집트인들은 그들의 종교관에 따라 신에게 예배드리기 위해 많은 신전을 지었으며 그 주위에는 신원을 만들어 아름답게 장식하였다.

그림 5-8 핫셉수트(Hatschepsut) 여왕의 무덤으로 태양신 아몬(Ammon)을 모신 신전

13 http://blog.naver.com/chfather/80198088832 팔레스틴과 동부 아프리카에 자생하는 상록교목인 돌무화과(Ficus Sycomorus). 잎과 수피는 뽕나무를 닮았으나, 열매는 오히려 무화과를 닮았으므로 돌무화과라 부르는 것이 맞다. 검색 2015년 8월 21일.

이러한 신전들 중에 나일강 서쪽 제방의 절벽 아래 데르엘바하리(Deir-el-Bahari)에 위치한 핫셉수트(Hatschepsut) 여왕의 무덤으로 태양신 아몬(Ammon)을 모신 신전이 가장 유명하다(그림 5-8).

이 신전은 나일강의 범람을 피하기 위해 산기슭에 만들어진 3개의 계단식 단으로 구성되어 있으며, 수목을 식재하기 위해 파놓은 구멍(植穴)이 오늘날까지 남아 있어 세계 최고의 정원유적으로 손꼽힌다.[14] 무덤벽화에 따르면 아몬신의 계시에 따라 지금의 소말리아인 푼트(Punt)지역으로부터 유향(프랑킨센스, frankincense)과 몰약(미르라, myrrha)을 만들기 위한 수목을 옮겨 심었다고 한다(그림 5-9). 이는 신전의 테라스에 외래수목이 식재되었음을 암시한다.

그림 5-9 수목을 식재하기 위해 파놓은 구멍(식혈, 植穴)

5.4 그리스의 아도니스 가든

그리스는 기원전 11세기경부터 문명이 발달하기 시작하였으며, 연중 온화한 지중해성 기후로 인하여 사람들이 옥외생활을 즐겨 상업활동과 집회를 위한 공간인 아고라와 같은 옥외공간을 만들었다.

당시 그리스에는 로마시대의 페리스틸리움(Peristylium)과 아트리움(Atrium)의 전신이라고 여겨지는 주택의 중정식 정원 이외에도 아도니스 가든(Adonis Garden)이라고 부르던 일종의 옥상정원이 창시되었다(그림 5-10).

고대 그리스에서는 미모의 청년 아도니스의 죽음을 위로하기 위해 그리스

14 岡崎文彬, 1991, 世界の宮苑, 養賢堂, pp.1-3.

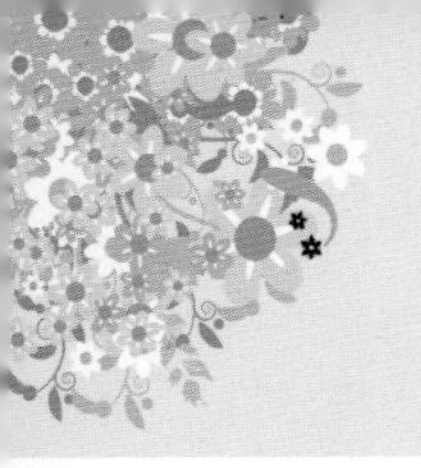

그림 5-10 꽃병에 그려진 아도니스 가든 모습

여인들에 의해 축제가 매년 은밀하게 개최되었는데 그것을 아도니아 혹은 아도니스축제라고 한다. 아도니스 정원은 축제가 열리는 날에 양상추, 밀, 보리와 같이 쉽게 싹트는 식물을 웃자라게 한 화분을 창가나 지붕 위에 올려놓아 갑자기 시들게 함으로써 아도니스의 죽음을 애도하고 봄이 되어 회생하기를 기원하는 풍습에서 비롯되었다.

아도니아는 죽음과 관련 있는 농경의례였다. 당시 그리스의 여자들은 집안에서만 활동할 수 있었는데, 주택 내에서 집 바깥에서 길이나 안마당에서 출입하기 힘든 2층에 그들의 방이 배치되는 경우가 대부분이었다. 따라서 아도니스축제 기간 동안 여성들은 집에서 평소에 사용되지 않는 공간인 옥상에서 그들의 생각을 자유롭게 표현하고자 하였다. 여성들은 그리스의 우아한 남성상이자 여성들에게 기쁨을 주었다고 전해지는 꽃미남 아도니스의 죽음을 애도하기 위해 매년 7월 옥상의 화분에 양상추를 심었다. 그리고 그녀들은 양상추가 심어진 화분을 '아도니스 정원(gardens of adonis)'이라고 불렀다. 축제가 시작된 지 8일째 마지막 날에는 그 시든 식물이 든 화분을 바다나 강에 버렸다고 한다. 아테네 여성들이 양상추씨앗을 파종하고 싹이 시들기를 바란 것은 아도니스의 재탄생을 기원하기 위함이었다고 한다. 양상추는 아도니스가 죽었을 때 아프로디테가 그의 시신을 뉘어놓았던 자리에 난 식물이었으며 예로부터 생명의 결함을 가진 식물로 알려져 왔다고 한다.[15] 실제 양상추는 자라는 기간이 길어 보통의 우리나라의 텃밭에서는 재배하고 수확하기가 어려운 작물이다. 양상추의 재배에 적합한

---

15 The Gardens of Adonis: Spices in Greek Mythology(Second edition), Marcel Detienne, Translated by Janet Lloyd, Princeton University Press, http://press.princeton.edu/titles/5445.html 2015년 8월 27일 검색.

아도니스 가든의 흔적 그림 5-11

기온은 지중해성기후인 15~25°C이다. 따라서 우리나라의 기후는 양상추하고는 잘 어울리지 않는다.[16]

오늘날 지중해의 여러 나라에서 볼 수 있는 옥상이나 테라스 창가 등에 화분을 놓아 가꾸는 습관은 바로 이 아도니스 정원에서 유래하였다(그림 5-11).

5.5 로마의 주택정원

1) 주택정원

고대 로마시대의 주택정원 유적은 화산 폭발로 인해 묻혀져 있던 폼페이의 발굴과 함께 그 모습이 드러났다. 고대 로마의 주택정원은 두 개의 중정과 한

16 네이버 지식백과.

그림 5-12 복원된 폼페이 베티(Vettii)가(家) 주택의 중정(페리스틸리움)

개의 후정이 일렬로 배치된 형태로 조성되었다. 현관을 들어서서 맞이하는 첫 번째 중정(Atrium)은 손님을 맞기 위한 공간이었고, 이와 연결된 두 번째 중정(Peristylium)은 가족을 위한 사적인 공간이었으며, 집 뒤에는 후정(Xystus)이 위치해 있었다. 주랑중정이라 불리는 페리스틸리움은 주위가 가족의 방들과 연결되는 주랑에 의해 둘러싸여있고 아트리움과 달리 비포장이다. 중정은 화훼류나 조각품 그리고 분수 등으로 정형적으로 장식되어 있다(그림 5-12). 아트리움이 손님을 위한 접객을 위한 공간이었다면 이곳은 가족용인 동시에 친한 친구들과 즐거운 시간을 보내는 장소로 이용되었을 것이다. 그리고 집의 규모가 큰 곳에는 이집트스타일의 연못, 수로, 정자, 식사용 테이블 등과 같은 시설을 갖춘 지스터스(후정)가 설치되었다고 한다.

2) 별장정원

로마는 아우구스투스황제 시대에 도시계획에 의하여 도시의 근교에 대규모의 별장지대를 건설하였다. 고대 로마의 별장은 전원별장인 빌라 루스티카(Villa rustica)와 도시별장인 빌라 우르바나(Villa urbana) 두 가지로 나눌 수 있다. 농가구조인 전원별장에는 마굿간, 창고, 노예숙소 등이 만들어졌고 여기에다 실용적인 목적으로 과수원, 올리브농장 그리고 포도농장 등을 질서정연하게 배치하였다. 한편 도시별장은 일반적으로 경사지에 조성하고 가운데 건물을 정원이 건물을 둘러싸게 배치하였다. 노단(露壇)이라 불리는 경사지를 이용하여 물을 잘 이용하였다. 도시별장의 예로 플리니우스 주니어(62-113)가 소유했던 빌라 로렌티아나와 토스카나별장, 하드리아누스황제(재위기간 111-138)에 의하여 건축된 현재 유네스코 문화유산으로 지정된 티볼리의 빌라 아드리아나(Villa Adriana) 등이 있다(그림 5-13). 하드리아누스는 로마제국을 최대 영토로 만든 트라야누스황제의 뒤를 이은 황제로 예술을 사랑하고 그리스의 시와 문학을 즐겼다고 한다. 빌라 아드리아나는 원래 1㎢가 넘는 면적에 30개 이상의 건물들이 서 있었던 대규모 단지였다. 여기에는 그리스식 해양극장, 로마식 풀, 이집트의 신을 조각한 수많은 조각상 등 다양한 건축 양식을 채택하였다. 건물 단지 안에는 궁전, 목욕탕, 신전, 그리스어와 라틴어 도서관, 의전실을 비롯하여 궁중 신하들, 호위병, 노예들이 거주하는 숙소가 있었다고 한다.[17] 이 별장을 통해 하드리아누스는 이집트, 그리스, 로마의 건축 전통에서 가장 훌륭한 요소를 결합시켜 '이상도시'를 실현하고자 하였다. 르네상스사람들은 이 곳의 정원을 이탈리아정원의 표본이라고 평가하면서 인근에 있는 이 황제의 별장을 빌라 에스테를 조성할 때 참고로 하였다고 한다(그림 5-13).

3) 포럼과 시장, 그리고 정원식물[18]

오늘날 유럽도시에 산재하는 광장의 전신이라고 볼 수 있는 로마의 포럼은 당시 도시계획의 산물로서 시장과 함께 공공을 위한 시설이었다. 포럼의 안쪽이나 주변에는 로마를 건설한 로물루스의 무덤, 감옥, 원로원, 베스타(vesta) 신전을 위시한 여러 신전 등이 위치해 있었다. 포럼은 주로 공공의 집회장소 혹은 미술품 전시장으로 쓰였으나 노예와 노동자는 출입이 제한되었고 시장은 물건을 사고파는 장소였기 때문에 일반인들의 출입이 자유로웠다. 로마에는 시민을 위한 사교의 장 혹은 오락의 장으로 포럼을 많이 조성하였다. 이처럼 시장과 포럼은

17 죽기 전에 꼭 봐야 할 세계 역사 유적 1001, 2009, 마로니에북스.
18 윤국병, 1982, 조경사, 일조각, pp.41-43.

그림 5-13 유네스코 문화유산으로 지정된 티볼리의 아드리아나 별장

공공을 위한 시설이었으나 그 성격은 무척 달랐다.

한편 로마시대 정원에는 장미, 백합 그리고 향제비꽃처럼 예전부터 인기가 있었던 식물 외에 수선화, 아네모네, 글라디올러스, 붓꽃, 비름 같은 식물을 즐겨 심었다. 그리고 향기를 즐기기 위해 허브식물인 바질(Basil, Basilico)[19]이나 꽃의 빛깔이 보랏빛을 띤 분홍색이며 잎에서는 좋은 향이 나는 백리향을 심었으며, 담쟁이덩굴은 벽면을 덮고 수목과 주랑 사이의 장식을 위해 사용하였다. 로마인들은 정원식물과 함께 사이프레스와 주목 같은 나무도 즐겨 식재하였다.

---

19 원산지는 동아시아이고 민트과에 속하는 1년생 식물로 이탈리아와 프랑스 요리에 많이 사용된다. 약효로는 두통, 신경과민, 구내염, 강장효과, 건위, 진정, 살균, 불면증과 젖을 잘 나오게 하는 효능이 있고 졸음을 방지하여 늦게까지 공부하는 수험생에게 좋다. 정통 이태리 요리(2011), 백산출판사, 참고.

5.6 중세의 정원

1) 유럽의 정원

르네상스시대의 계관시인이었던 페트라르카는 르네상스 이전의 천년을 '암흑시대'[20]라 불렀으나 로마 제국의 몰락과 르네상스 사이의 그 천년의 기간에도 정원양식은 수도원을 통해 보존되었다. 당시 서유럽은 서로마의 멸망 후 봉건제도를 바탕으로 고유한 기독교문화를 수립하였고, 동유럽에는 화려한 비잔틴문화가 그리고 남유럽에는 스페인 안달루시아지방을 중심으로 이슬람문화가 형성되었다. 유럽의 본토에 해당하는 서유럽의 교회는 자신의 상징으로 수도원 내에 '밀폐된 정원' 혹은 '비밀의 정원'을 조성했고, 왕족과 시인은 성안에 지상의 즐거움의 근원인 성곽정원인 '파라다이스 정원'을 선호했다.[21]

① 수도원정원

성직자들이 생활을 영위하면서 수련하는 곳인 수도원은 자급자족의 생활을 하기 위해 약초원, 채소원, 과수원 등의 실용적인 측면이 강한 수도원정원을 조성하였으며, 장식적인 정원으로는 로마의 중정보다 한층 더 폐쇄적인 회랑식 중정(Cloister Garden)을 조성하였다. 회랑식중정은 페리스틸리움과 같은 모습을 가진 사각형모양의 공간으로 성당이나 기타 공공건물에 의해 둘러싸여 있었으나 햇볕이 잘드는 예배당건물의 남쪽에 위치하여 수도승들의 휴식과 사교를 위해 쓰였다고 한다. 회랑식 중정은 개방형인 주랑식 중정과는 달리 폐쇄형이라 정해진 곳에서만 출입이 가능했다. 원로에 의해 구획된 공간은 대부분 잔디로 피복하였으며 때로 화훼류나 관목을 식재하였다. 원로의 교차점은 파라디소(paradiso)라고 하여 나무를 심어두거나 수반이나 분수 또는 우물을 설치하였다(그림 5－14).

20 성제환, 2013, 피렌체의 빛나는 순간, 문학동네, p.7.
21 가브리엘 반 질랑 지음, 변지현 옮김, 2003, 세계의 정원 – 작은 에덴 동산, p.31.

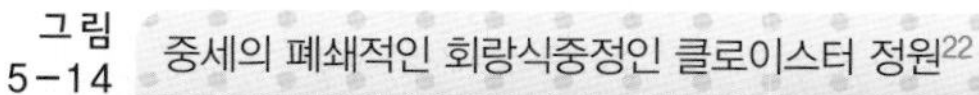

그림 5-14 중세의 폐쇄적인 회랑식중정인 클로이스터 정원[22]

그림 5-15 '장미이야기(Roman de la Rose)'삽화에 묘사된 성곽정원의 모습[23]

② 성곽정원(Castle garden)

기독교가 사회와 문화 전반에 막대한 영향력을 행사했던 중세는 이탈리아를 중심으로 한 '수도원정원시대'라고 할 수 있다. 그러나 중세후기에 접어들면서부터는 봉건제도가 발달하면서 프랑스와 영국을 중심으로 성곽정원이 조성되기 시작하였다.

초기에 성곽은 적을 피하기 위한 방어 위주로 건축되었으나 13세기 이후 잔디밭과 미원(迷園),[24] 토피어리(Topiary)[25]와 화단 등에 의해

---

22 자료: http://www.metmuseum.org/toah/works-of-art/25.120.398

23 https://commons.wikimedia.org/wiki/File:Illustration_for_%22Roman_de_la_Rose%22.jpg

24 미원(迷園)은 생울타리를 이용하여 마치 미로와 같이 꾸며놓은 정원을 말한다.

25 토피어리(Topiary)는 인위적으로 수목을 전정하여 기하학적인 모양이나 동물의 형상과 같이 만들어 놓은 것이다.

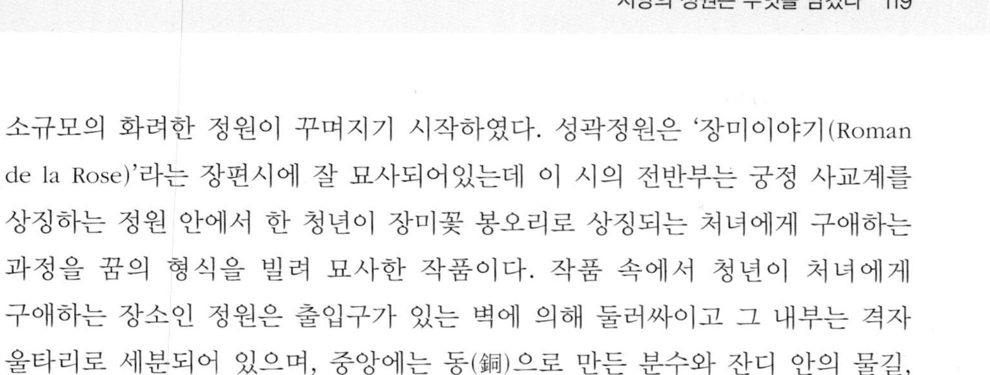

소규모의 화려한 정원이 꾸며지기 시작하였다. 성곽정원은 '장미이야기(Roman de la Rose)'라는 장편시에 잘 묘사되어있는데 이 시의 전반부는 궁정 사교계를 상징하는 정원 안에서 한 청년이 장미꽃 봉오리로 상징되는 처녀에게 구애하는 과정을 꿈의 형식을 빌려 묘사한 작품이다. 작품 속에서 청년이 처녀에게 구애하는 장소인 정원은 출입구가 있는 벽에 의해 둘러싸이고 그 내부는 격자 울타리로 세분되어 있으며, 중앙에는 동(銅)으로 만든 분수와 잔디 안의 물길, 미로, 토피어리 그리고 화단 등이 설치되었다(그림 5-15). 정원의 식물로는 퍼골라와 함께 잘 다듬어진 수목들과 여러 종류의 화려한 꽃들로 장식되어 있었고 성곽과 목책에는 포도와 덩굴장미를 비롯한 아름다운 덩굴식물을 사용하였다. 이렇듯 성곽정원은 그 곳에 사는 부유한 귀족들이 사랑을 나누고 기쁨을 누리던 장소였음을 암시한다.

2) 이슬람 정원

중세시대의 서유럽은 고유한 기독교문화를 수립하여 발전시켰으나 고전문화와 르네상스문화의 측면에서는 이 시기가 종교에 귀속된 이질적 문화라고 취급하면서 이 시대를 비난하고 경멸하면서 부르던 말이 바로 암흑시대였다. 서유럽이 암흑시대였던 중세시대 아라비아 반도에서는 마호메트(Mahomet Mohammed)가 등장하여 이슬람교의 교리를 가지고 아라비아 반도를 통일하고, 이슬람 국가의 터전을 구축했다. 막강세력으로 성장한 아랍민족은 정복과정을 통해 자신들의 문화에 페르시아문화, 기독교문화, 비잔틴문화, 인도문화 등을 흡수하여 독특한 개성을 지닌 이슬람문화를 창조하였다. 중세 서유럽의 조경양식이 기독교의 영향을 받았던 것처럼 이슬람 조경양식도 그들 종교의 영향을 받았다. 이슬람 정원의 가장 대표적인 유적으로는 스페인의 알함브라궁전과 인도의 타지마할을 들 수 있다. 이슬람 조경양식은 기후, 종교 그리고 국민성에 크게 영향을 받았는데 그 결과 정원에 다양한 물과 관련된 시설의 도입(기후), 과수와 화훼의 식재와 정자, 소정원이 이어지는 형태(종교) 그리고 녹음수(綠陰樹)를 빼곡하게 심기(국민성) 등은 그것이 반영된 결과다.

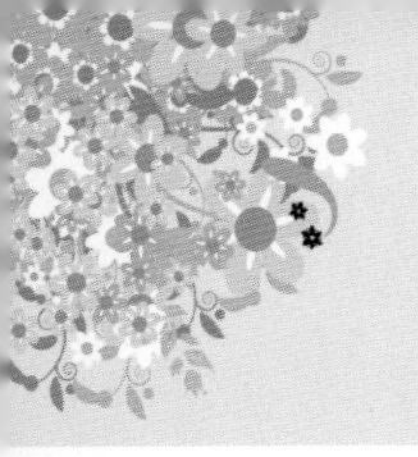

① 스페인의 정원

697년 카르타고를 함락시키고 지브로올터해협을 건너 스페인반도로 들어간 이슬람교도들은 반도의 남부를 점령하여 이후 8세기 동안 스페인문화에 많은 영향을 끼쳤다. 13세기 중엽에 만들어진 스페인 남부 그라나다에 위치한 알함브라(Alhambra) 궁전의 정원은 대표적인 이슬람 정원으로 그 내부는 네 개의 중정(파티오)으로 이루어져 있다(그림 5-16).

먼저 이 궁전의 주정인 '연못의 파티오'가 있는데 연못 양가에 천인화의 산울타리가 있어서 '천인화의 파티오'라고도 불린다. 다음으로 12마리 사자의 조각상이 받든 분수와 분수에서 시작되는 네 개의 좁은 수로가 파티오를 사분하는 '사자의 파티오'(그림 5-17), 부인실에 부속된 정원으로 중앙의 분수 주위에 키 큰 사이프레스나무가 서있는 '다라하의 파티오', 마지막으로 규모가 작고 바닥에 자갈무늬가 그려져 있고 구석진 자리에 사이프레스 네 그루가 서있는 '레하의 파티오'는 흔히 '사이프레스의 파티오'라고도 불린다.

그림 5-16 알함브라궁전 평면도 (그림: 이유정)

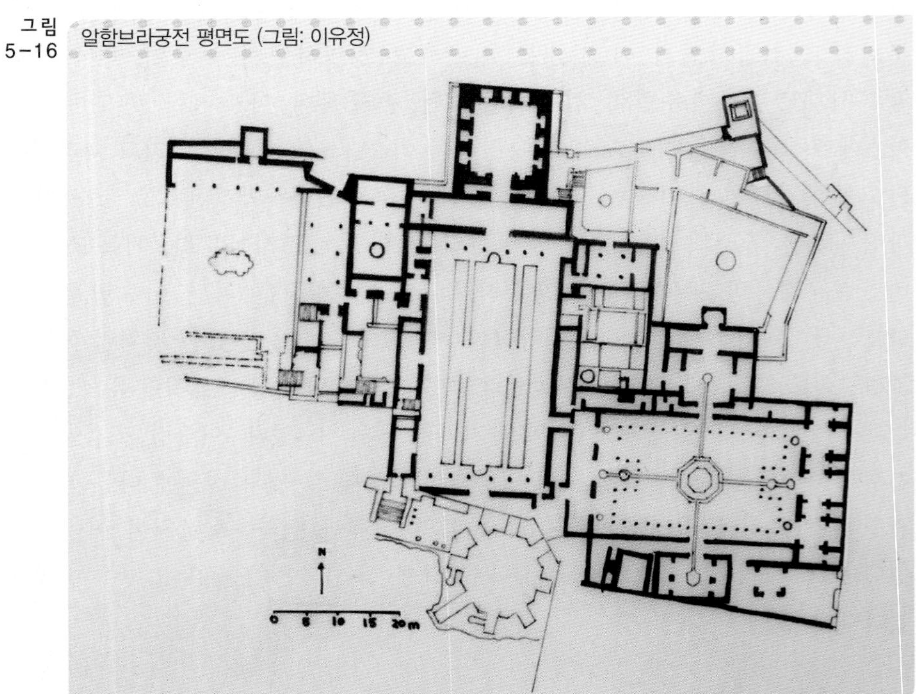

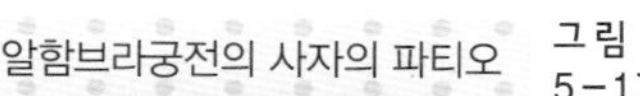

알함브라궁전의 사자의 파티오 그림 5-17

이 밖에 알함브라에는 왕이 거동할 때 머무르던 별궁(別宮)으로 지은 헤네랄리페가 있는데 '높이 솟은 정원'이라는 뜻으로 알함브라의 언덕보다 50m 정도 높은 곳에 위치하고 있어 사방을 두루 다 살펴볼 수 있다. 이 곳에도 '커낼의 파티오'와 '사이프레스의 파티오' 같은 중정이 자리를 잡고 있다. 그리고 헤네랄리페와 같은 테라스식 정원은 멋진 경치를 볼 수 있는 장점을 가지고 있다(그림 5-18).

헤네랄리페의 단면도 (그림: 이유정) 그림 5-18

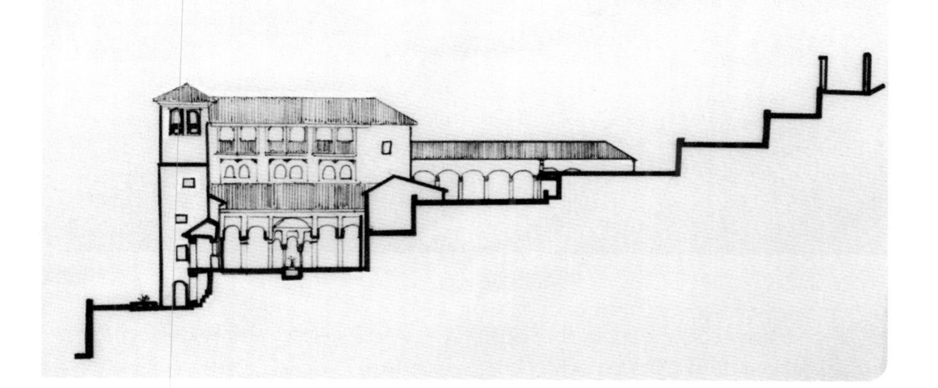

이슬람 정원의 중정은 종교적인 측면에서 지상 낙원에 대한 그들의 생각을 반영하고 있다. 또한, 기후의 영향으로 중정에는 주로 수로와 분수로 정원 내부를 장식하였다.

② 인도의 정원

이집트와 함께 세계 문명발생지의 한 곳인 인도의 정원양식은 기본적으로 스페인과 유사하지만 풍부한 수량을 이용하여 수로를 만들고 이를 중심으로 정형식으로 조성하는 것이 일반적이다. 이슬람식 인도정원은 나샤트 바, 타지마할, 샬리마르 바 등이 있는데 가장 대표적인 것은 타지마할이다.

인도 명물 타지마할이 있는 아그라는 인도 마지막 봉건왕조였던 무굴제국의 수도이다. 타지마할(Taj-mahal)은 역대 무굴제국의 최고의 왕인 5대 샤 자한(Sha Jahan)이 자신의 아내 뭄타즈마할을 위한 무덤이다. 타지마할은 모든 건물이 대칭적으로 지어졌으며 정원도 가운데 축을 중심으로 하여 좌우로 균형이 잡힌 극히 단순한 구조로 이루어져 있다.

산허리에 조성된 노단식 정원인 니샤트 바와 세 개의 노단으로 구분되는

그림 5-19 건물 위에서 바라본 타지마할의 중정과 사분원. 멀리 정자가 보인다.[26]

26 http://www.dailymail.co.uk/news/article-2238776/Glide-Aerial-images-taken-kite-provide-new-perspective-Indias-striking-landscapes-colourful-culture.html

샬리마르 바와는 달리 타지마할은 평탄한 지형에 조성되었으며 십자형 폭이 좁은 수로에 의하여 사분원 형식의 정원에 대리석으로 만들어진 아름다운 분수가 수로보다 약간 높게 만들어져 있으며 폭 약 5m의 수로 속에는 2.5m 간격으로 줄지어 분천을 장치해 두었다. 교차하는 다른 작은 수로도 역시 같은 방법으로 분천을 장치해두었으며 끝에는 정자가 설치되어 있다(그림 5－19).

5.7 르네상스 정원

르네상스는 토지를 중심으로 하는 농업사회가 아니라 돈이 중심이 된 상업의 시대로 대략 1400년부터 1530년까지의 약 130년간의 시기를 일컫는 말이다. 십자군원정 이후 당시 오리엔트로 가는 무역의 중심도시는 이탈리아의 도시 중에서 플로렌스, 즉 피렌체였는데, 왕성한 상업활동으로 만들어진 자본은 예술산업과 직물공업분야로 투자되었고 강력한 시민계급을 형성했다. 그 중에서 금융업으로 성장한 메디치가문은 피렌체의 지배자였다. 메디치가문의 후원을 받은 피렌체는 그리스의 아테네가 되고자 하였고 르네상스의 요람이 되었다. 건축, 미술, 조각 그리고 회화 등의 분야가 두드러지게 르네상스를 통하여 발전하였고 아름답고 훌륭한 이탈리아의 도시들을 창조하였다.[27]

이처럼 르네상스란 '재탄생'을 의미하며 고대 그리스와 로마문화가 중세의 긴 잠이 끝난 후 재발견되었다는 뜻으로 이 말을 사용하였다고 한다. 중세를 지나 근세로 들어오면서 봉건적이고 종교적인 권위의 유지를 위해 이루어져 오던 고전의 연구를 대신해서 인간의 정체성을 찾고, 자연을 있는 그대로 보려고 하는 비판적인 태도가 생겨났다. 이것이 바로 르네상스이며, 암흑시대의 중심이었던 신보다도 인간 자체가 중심이 되는 문화, 즉 인본주의(Humanism)가 발달하기 시작하였다. 이 시기 유럽의 강대국이었던 이탈리아와 프랑스에서는 지형적인 차이로 인해 각각 특징적인 정원 양식이 탄생하게 된다.

27 디트리히 슈바니츠 지음, 인성기 외 옮김, 2001, 교양, 사람이 알아야 할 모든 것, 들녘, p.131.

1) 이탈리아 정원

이탈리아의 정원은 주로 자본가 계층의 저택이나 별장에서 그 모습을 확인할 수 있다. 이탈리아 르네상스 초기의 정원은 고대 로마의 별장을 모방하여 전원양식의 별장형에 속하는 것이 많았다고 한다. 실용적인 목적으로 식물을 뜰에 가꾸던 중세 사람들과는 달리 이 시기에는 식물 자체에 대한 관심과 흥미로 많은 종류의 식물을 가꾸었다고 한다. 식물이 정원을 구성하는 재료가 아니라 식물 자체를 원예적인 관점에서 감상한 것은 르네상스 초기의 특징이라 할 수 있다. 한편 16세기에 와서 이탈리아의 정원은 최전성기를 맞게 되는데, 이 르네상스 중기의 대표적인 정원으로 빌라 에스테(Villa d' Este)를 들 수 있다(그림 5－20). 1568년에 지안 프란체스코 감발라(Gian－Frencesco Gambara)에 의해 조성된 이 정원은 전망 좋은 구릉지에 위치한 별장의 외부공간에 부속된 것으로 지형의 고저차를 이용한 다양한 동적인 수공간의 연출과 좌우에 대칭되어 펼쳐지는 식재공간과 같은 입체적인 공간구성이 특징이며, 정원 내부는 대리석 조각과 분수, 테라스 등으로 장식하였다.

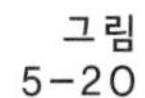
그림 5－20 빌라 에스테(Villa d' Este)

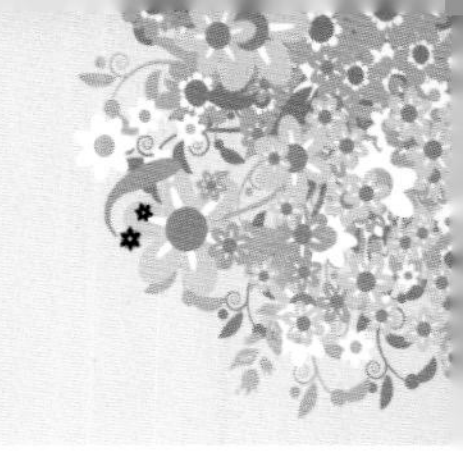

야생 산림지역과는 대비되는 축으로 구성된 이탈리아 르네상스식 정원은 주로 구릉지에 조성되었기에 일명 노단식(露壇式) 정원이라고 부른다. 르네상스 중기의 별장정원으로는 빌라 에스테(Villa d' Este) 외에 파르네제(Villa Farnese), 란테(Villa Lante), 카스텔로(Villa Castello), 보볼리 정원(Giardino Boboli) 등을 들 수 있다. 이 중 빌라 파르네제, 란테, 에스테를 로마 3대 별장이라고 한다.

한편 르네상스 말기에는 균제미에서 벗어나 번잡하며 지나친 세부의 기교를 특징으로 하는 바로크식이 등장한다. 정원에 나타난 바로크형식의 대표적 기법은 정원동굴이다. 이런 동굴은 자연을 사랑하는 자연주의적인 소박한 마음에서 생겨난 것이 아니라 기괴한 것을 찾고자 하는 그 당시 사람들의 마음의 표현인 것이다. 다음으로 정원에 자주 등장하는 것이 물을 주제로 한 참신한 여러 가지 표현이다. 바로크 시대 전까지 정원에 표현하였던 물의 형식이 분수나 작은 폭포(cascade) 혹은 연못 등이었다면 바로크식 물의 표현은 사람의 눈과 귀를 놀라게 하는 장치, 즉 물 오르간, 놀람분수, 비밀분수와 물의 압력을 이용하여 각종 음향효과와 무대효과를 얻고자 했던 물무대 등이 있었다고 한다. 그 외에 바로크식 특징으로는 지엽이 잘 자라는 상록수를 전정, 깎아다듬기 등으로 새와 짐승 또는 거북이 모양, 기하학모양처럼 자연적인 수목의 수형을 교정하여 부자연스럽고 인공적인 생김새로 만드는 토피어리(Topiary)를 일반식재와 혼용하는 기법 등이 있다.

2) 프랑스 정원

프랑스의 르네상스는 1494년 프랑스 왕 샤를 8세가 이탈리아 나폴리왕국을 침공하여 미미한 정치적 승리를 거두지만 문화적인 면에서 프랑스에 이탈리아의 르네상스 문화를 가져오는 역할을 하였다. 이탈리아 원정 후에 그를 따라온 이탈리아 예술가들, 특히 정원사의 영향으로 과거 프랑스에는 없었던 격자울타리, 오렌지정원 그리고 저택·궁전·공공건물 등의 장대한 건축을 돋보이게 하기 위하여 정원을 둘러싼 보랑(步廊)이라 불리는 갤러리 등이 프랑스의 정원에 나타나기 시작했다. 그럼에도 불구하고 프랑스사람들의 지나친 독창성과 보수적인 면은 쉽게 이탈리아 문화의 접근을 허락하지 않았다. 정원에도 세부적인 면은 이탈리아 스타일이었으나 전체적으로는 중세적인 두꺼운 벽으로 둘러싸인

정형적인 모습을 유지하고 있었다.

이렇듯 초기에 이탈리아 정원을 모방하던 프랑스의 정원은 두 나라 간의 지형적 차이에 의해 서로 다른 형태로 정원양식이 나타나게 된다. 주로 전망이 좋은 구릉지에 위치한 이탈리아의 빌라정원과는 달리 프랑스의 정원은 성곽 주위의 평탄한 지역에 위치하였다. 따라서 입체적이고 건축적 색채가 짙은 이탈리아의 정원과는 다르게, 프랑스의 정원은 평면적이고 기하학적인 내부 구조로 발전하게 되었으며, 프랑스의 지형과 자연성을 살린 정원양식이 확립되었다. 이러한 평면기하학식 정원(平面幾何學式 庭園)양식이 확립되어 17세기 말 무렵에는 유럽 각국에 프랑스 정원양식을 유행시켰다.

특히 루이 14세 시대의 프랑스 정원양식은 자연경관을 균형 잡히고 통제된 하나의 예술작품으로, 자연에 대한 인간의 완전한 지배의 상징으로 변화시켰으며 앙드레 르 노트르(André Le Nôtre)를 조경가로 등용하여 한낱 사냥터에 불과하던 베르사유궁(Château de Versailles)에 부속된 습지를 세계 최고의 정원으로 탈바꿈시켰다.

형식적인 정원이라는 프랑스 양식의 정원을 이루는 핵심은 일정한

그림 5-21 프랑스 기하학식 정원의 표본인 보 르 비콩트의 정원

상자형태를 띠면서 대지 구획에 들어맞도록 철저히 계산된 장식적인 화단이었다. 이와 같은 화단은 마치 자수작품처럼 기하학적인 형태를 지니고 있어 '자수화단'이라 불리게 되었으며, 이들 화단은 건물 2층의 공식적인 접견실에서도 감상할 수 있었다. 이는 수평적인 것보다는 수직적인 요소들을 강조한 디자인을 으뜸으로 여겼던 이탈리아식 정원들과 구별되는 특징이다.[28]

르 노트르는 당시 재무대신 니콜라 푸케(Nicholas Fouquet) 소유였던 대저택의 부속정원인 보 르 비콩트(Château de Vaux-le-Vicomte, 그림 5-21)와 샹티이(Château de Chantilly)정원을 통하여 그의 이름을 세상에 알렸고, 보 르 비콩트 정원의 원근법을 사용한 정원기법에 충격을 받은 루이 14세(Louis XIV)는 파리에서 24km 떨어진 곳에 위치한 베르사유궁의 정원 조성에 르 노트르를 전격 기용하였다. 르 노트르가 만든 정원의 특징은 프랑스지형을 잘 이용한 평면적인 터 가르기 수법이 마치 기하학적으로 철저하게 대칭적인 모양을 하여 〈평면기하학식〉이라고 부른다. 자신의 인격적 실체를 태양왕으로 설정한 루이 14세는 정원들의 배치를 태양의 궤적을 따르도록 고안하였고 그래서 태양 신 아폴로의 형상을 도입하였다. 아울러 저습지였던 이곳에 수많은 분수를 설치하였다. 거대한 운하는 장식적인 요소일 뿐만 아니라 습지의 배수를 고려하였다고 한다. 한편 르 노트르가 조성에 참여한 대포적인 정원에는 인공연못이 만들어졌는데 보 르 비콩트의 연못은 통경선의 기점인 대저택을 비추고, 베르사유정원은 태양을 샹티이의 인공연못은 자연을 각각 비추게 조성되었다고 한다.[29] 김정운 교수는 베르사유정원에 대하여 "루이 14세는 자신의 시선을 중심으로 규칙과 대칭의 원리를 구현한 정원을 만들었다. 그리고 자신의 시선은 원근법적 소실점의 정반대편에 위치하도록 했다. 시선의 주인이 세상의 주인이기 때문이다"[30]라고 주장하면서 프랑스 기하학식 정원의 조형 원리를 공간과 시선의 지배관점에서 재미있는 분석을 시도하였다.

---

28 가브리엘 반 쥘랑 지음, 변지현 옮김, 2003, 세계의 정원 – 작은 에덴 동산, 시공사, pp.63-66.

29 Wlizabeth Boults & Chips Sullivan wj, 조용현 외 공역, 그림으로 보는 조경사, 기문당, p.143.

30 김정운, 2014, 에디톨로지, 창조는 편집이다, 21세기 북스, p.164.

5.8 18세기 영국 정원

18세기 영국에서는 고전주의에 대한 반발로 문학과 회화에서 자연주의 운동이 발생하여, 회화에서의 풍경화와 문학의 낭만주의가 크게 유행하였다. 이러한 시대사조 영향과 당시 정치적인 자유에 대한 열망이 프랑스 절대주의의 엄격한 질서로부터 벗어난 영국 정원의 탄생을 가져왔다.

르네상스의 이탈리아 화가는 그리스 신화를 그림의 소재로 즐겨 삼았으며, 그 신화를 충실히 그려내는 수단으로 인물의 배경으로 산수를 그려 넣었다. 이것이 시초가 되어 풍경화가 그려지기 시작하였고, 18세기에 와서는 유럽에서 풍경화가 널리 유행하였다. 이와 때를 같이하여 낭만주의의 확산과 자연미를 동경하고 찬미하는 시인들의 등장으로 자연에 대한 관심이 증가하게 된다. 이와 같이 회화와 문학의 두 예술 분야에 있어서 자연찬미는 18세기 영국에 자연풍경식 정원양식이 태어나게 하는 소지를 만들어 놓았다.[31]

또한 르네상스 이래의 휴머니즘과 합리주의 흐름 속에서 형성된 계몽사상 또한 영국의 정원양식 형성에 영향을 주었다고 할 수 있다. 그리고 정치 · 경제적 측면에서 사회전반에 일대 혁신을 가져온 시민혁명과 산업혁명을 통해 위대한 국가로 성장한 영국은 순수한 영국식 정원 창조에 대한 욕구를 가지게 되는데 이와 같은 시대적 상황 속에서 영국만의 독특한 정원양식이 등장하게 된다.

즉 17세기 이전까지는 닫혀진 공간이라는 함축적 의미를 지니고 있는 '폐쇄된 정원(enclosed garden)'이 전통적인 정원의 모습이었다. 이 정원은 외부의 '걱정'으로부터 철저히 폐쇄되어 있으며, 외부로부터 보호되고 그 안에 머무르는 공간으로 인식되어 왔던 것이다. 그러나 이는 또한 '개방된 정원'으로 향하는 역설적 의미를 포함하고 있었다. 다시 말하면, 현실적 의미에서는 타락한 외부로부터 엄격히 폐쇄된, 즉 일단 내부를 향해 철저히 폐쇄시킨 후 신과 도덕이라는 고차원적인 단계를 초월해 인접한 외부세계를 열 수 있다는 논리이다. 이러한 역설은 명예혁명과 같은 17세기 후반의 정치적 혼란을 벗어나려는 노력이었으며, 현실적으로 '개방된 정원', 즉 18세기 풍경식 정원의 탄생을

31 윤국병, 1995, 조경사, 일조각, p.111.

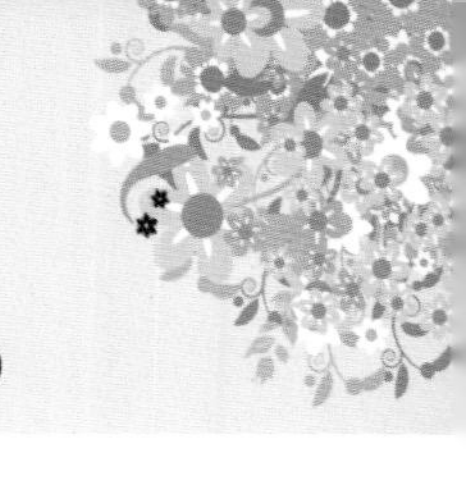

영국정원의 탄생배경: 개방된 정원 그림 5-22

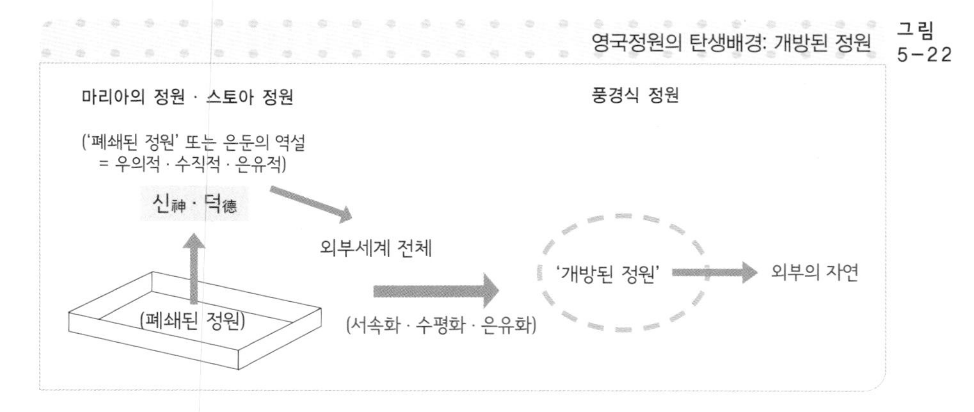

가져오게 된 계기가 되었다(그림 5-22).[32]

이 시기의 정원양식은 대칭적인 공간배치와 인공적인 기하학식 도형을 통한 표현을 기피하고, 자연과 조화를 이루고자 하는 욕망을 충실히 표현하여 인간이 손을 대지 않은 비정형식의 자연식정원을 조성하였다는 데 그 의의가 있으며, 대표적인 정원으로 스토정원(Stowe)과 스투어헤드정원(Stourhead)이 있다(그림 5-23).

한편으로 17세기 프랑스의 정치적 질서와 사회체제를 반영한 것이 평면

영국 풍경식 정원: 스투어헤드가든 그림 5-23

32 안자이 신이치 지음, 김용기 · 최종희 옮김, 2005, 신의 정원 에덴의 정치학, 성균관대학교 출판부, pp.34-45.

기하학식 정원이라면, 풍경식 정원(風景式 庭園)은 18세기 영국의 정치와 사상적 배경을 잘 반영하고 있다. 정원의 세세한 부분까지 질서와 규칙에 지배된 프랑스의 정원은 절대왕정의 정치사상을 드러내는 데 반해, 자연 그대로의 자유로운 모습으로 표현되는 영국의 정원은 의회민주주의를 근간으로 하는 입헌군주제라는 사상이 생겨날 것을 미리 암시하고 있었다.[33] 이러한 영국풍경식정원 탄생의 뒤에는 애디슨(Joseph Addison)과 포프(Alexander Pope)라는 문학가들의 절대적인 후원이 있었다. 그리고 에디슨과 포프의 사상을 계승한 브릿지맨(Charles Bridgeman), 켄트(William Kent), 브라운(Lancelot "Capability" Brown), 렙턴(Humphry Repton) 그리고 팩스턴(Sir Joseph Paxton) 등 영국조경가의 계보가 탄생했다.

〈정원의 역사〉를 쓴 프랑스 저널리스트 자크 브누아 메샹(Jaques Benoist-Mechin)은 영국 풍경식 정원을 반(反)정원 또는 가짜 정원이라고 그 가치를 폄하했다. 그는 그 이유에 대하여 풍경식 정원은 "정원을 예술작품의 영역에 끌어올리는 일체의 양식을 거절하고 '풍경에 어울리게 해야 한다'는 단호한 욕구는 위대한 정원 예술과 대립"[34] 되기 때문이라고 했다. 풍경식 정원은 자연을 지나치게 모방하여 정원예술로서의 가치가 떨어진다는 것이다. 그래서인지 그는 영국 풍경식 정원을 그의 책에서 빼버렸다. 하지만 그는 조경의 탄생에 커다란 영향을 준 영국 풍경식 정원의 진가를 제대로 알지 못한 것 같다.

---

33 日本造園學會, ランドスケープ大系 第 1巻 : ランドスケープの展開, 技報堂出版, p.96.

34 자크 브누아 메샹(Jaques Benoist-Mechin) 저, 이봉재 옮김, 정원의 역사, 지상낙원의 삼천년, 르네상스, p.35.

CHAPTER
06

공원녹지의 존재이유는 무얼까

영어 오픈스페이스(Open Space)는 도시, 조경, 건축 분야에서 가장 자주 등장하는 상용어(常用語)였으며 그린스페이스(Green Space)라는 용어와 함께 뚜렷한 구분을 하지 않고 지금까지 사용되었다.[1] 이러한 다양한 오픈스페이스에 대한 정의는 여러 분야의 학자들이 다양한 방법으로 오픈스페이스에 관한 문제를 해석하고 접근하였음을 반영하는 것이라고 생각한다. 따라서 오픈스페이스에 관한 정의는 해결해야 할 문제의 속성에 따라 다양하다(그림 6-1).

저자는 오픈스페이스(Open Space) 혹은 그린스페이스(Green Space)를 우리말, 공원녹지(公園綠地)로 부르고자 하며, 그 조작적인 정의(operational definition)를 단순히 도시계획법상에 규정된 도시계획시설로서의 공원 혹은 녹지와 같은 공원녹지 관련 법률에 포함된 '제도권 공원녹지'뿐만 아니라 공과 사와 같은 소유여부에 상관없이 하천, 산림, 농경지, 자투리땅 등을 포함하는

1 김수봉, 1992, 대도시 공원녹지의 역할에 관한 연구, 한국조경학회지, Vol. 19 No. 4, pp.1-11.

그림 6-1 구글 검색창 open space의 이미지

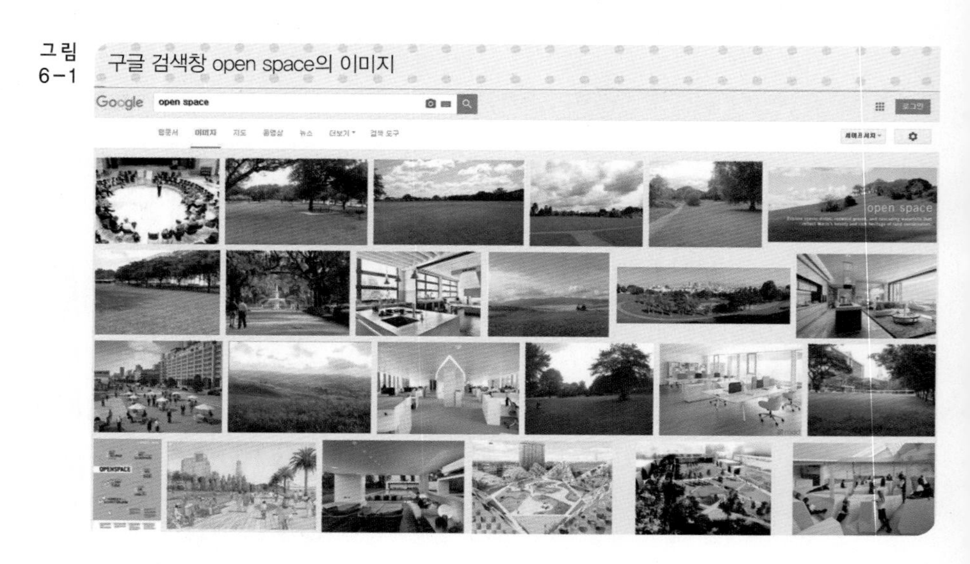

법률에 포함되지 않은 '비 제도권의 공원녹지'까지를 포함하는 좀 더 넓은 의미로서 '도시 속의 자연'을 말한다. 그리고 이러한 도시의 공원녹지는 현재 식물이 자랄 수 있는 토양을 가진 도시 지역 내의 토지와 물, 대기 등으로 이루어지며, 오픈스페이스 중에서 도시 내 부족한 자연과의 접촉을 통하여 도시민에게 심리적 안정감과 삶에 활력을 제공하는 '위락 기능', 아름답고 특징이 있는 도시경관을 창조하며 또한 도시형태를 규제·유도하는 '도시경관 향상 기능' 등과 함께 기온의 조절효과, 대기오염의 정화 그리고 생물종 다양성 증진을 위한 야생 동·식물의 서식공간을 제공하는 '도시 생태학적 기능'과 같은 주요 역할과 아울러 '경제적·교육적·사회·문화적 기능' 등을 가진 것이라고 정의하며 공원녹지의 구체적인 특징은 다음과 같다(그림 6-2).

6.1 도시공원 및 녹지 등에 관한 법률에 의한 분류

우리나라 도시공원 및 녹지 등에 관한 법률에 따르면 "공원녹지"란 쾌적한 도시환경을 조성하고 시민의 휴식과 정서 함양에 이바지하는 도시공원, 녹지, 유원지, 공공공지(公共空地) 및 저수지, 나무, 잔디, 꽃, 지피식물(地被植物) 등의

구글 검색 창에 공원녹지의 이미지 그림 6-2

식생이 자라는 공간 그리고 국토교통부령으로 정하는 공간 또는 시설을 말한다. '도시공원 및 녹지 등에 관한 법률'상의 분류는 다음과 같다.

1) 도시공원 및 녹지 등에 관한 법률 제15조

도시공원의 세분 및 규모: 도시공원은 그 기능 및 주제에 따라 다음 각 호와 같이 세분한다.

① 생활권공원 : 도시생활권의 기반이 되는 공원의 성격으로 설치 · 관리하는 공원으로서 다음 각 목의 공원

가. 소공원: 소규모 토지를 이용하여 도시민의 휴식 및 정서 함양을 도모하기 위하여 설치하는 공원

나. 어린이공원: 어린이의 보건 및 정서생활의 향상에 이바지하기 위하여 설치하는 공원

다. 근린공원: 근린거주자 또는 근린생활권으로 구성된 지역생활권 거주자의 보건 휴양 및 정서생활의 향상에 이바지하기 위하여 설치하는 공원

② 주제공원 : 생활권공원 외에 다양한 목적으로 설치하는 다음 각 목의 공원

가. 역사공원: 도시의 역사적 장소나 시설물, 유적 유물 등을 활용하여 도시민의 휴식 교육을 목적으로 설치하는 공원(그림 6-3)

그림 6-3 역사공원의 예

나. 문화공원: 도시의 각종 문화적 특징을 활용하여 도시민의 휴식 교육을 목적으로 설치하는 공원

다. 수변공원: 도시의 하천가 호숫가 등 수변공간을 활용하여 도시민의 여가 휴식을 목적으로 설치하는 공원

라. 묘지공원: 묘지 이용자에게 휴식 등을 제공하기 위하여 일정한 구역에 「장사 등에 관한 법률」 제2조 제7호에 따른 묘지와 공원시설을 혼합하여 설치하는 공원

마. 체육공원: 주로 운동경기나 야외활동 등 체육활동을 통하여 건전한 신체와 정신을 배양함을 목적으로 설치하는 공원

바. 그 밖에 특별시 광역시 특별자치시 · 도 · 특별자치도(이하 "시 · 도"라 한다) 또는 「지방자치법」 제175조에 따른 서울특별시 광역시 및 특별자치시를 제외한 인구 50만 이상 대도시의 조례로 정하는 공원

그리고 녹지는 도시지역 안에서 지연환경을 보전하거나 개선하고, 공해나 재해를 방지하고 도시경관의 향상을 도모하기 위하여 도시관리계획으로 결정된 것으로 법률에 따른 분류는 다음과 같다.

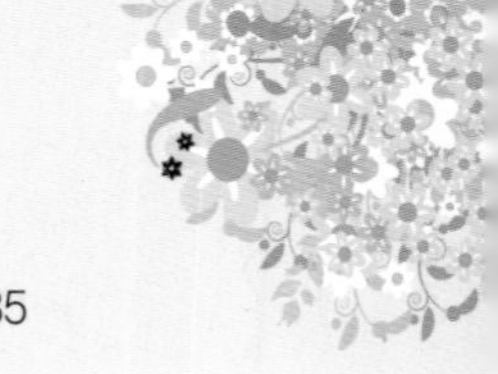

연결녹지의 예 그림 6-4

2) 도시공원 및 녹지 등에 관한 법률 제35조

녹지의 세분: 녹지는 그 기능에 따라 다음 각 호와 같이 세분한다.

① 완충녹지 : 대기오염, 소음, 진동, 악취, 그 밖에 이에 준하는 공해와 각종 사고나 자연재해, 그 밖에 이에 준하는 재해 등의 방지를 위하여 설치하는 녹지

② 경관녹지 : 도시의 자연적 환경을 보전하거나 이를 개선하고 이미 자연이 훼손된 지역을 복원 · 개선함으로써 도시경관을 향상시키기 위하여 설치하는 녹지

③ 연결녹지 : 도시 안의 공원, 하천, 산지 등을 유기적으로 연결하고 도시민에게 산책공간의 역할을 하는 등 여가 휴식을 제공하는 선형(線型)의 녹지

6.2 공원녹지의 특징

지금부터 여러 분야의 전문가에 의해서 정의된 다양한 공원녹지의 특징을 기능, 유형 그리고 성격의 관점에서 살펴보도록 하겠다. 먼저 Tankel,[2] Gold,[3] Morris[4]와 같은 이들은 공원녹지의 성격에 대하여 건물로 채워지지 않은 토지나 물로 정의하였다. 그리고 Eckbo[5]와 Cranz[6]는 공원녹지의 시민을 위한 민주적인 성격에 대하여 강조하면서 오픈스페이스의 성격에 대하여 정확한 의미를 전달하고 있다. 우리나라의 조경관련 학자들도 공원녹지를 도시 내의 비건폐지로 규정[7][8]하여 Tankel, Gold, Morris와 비슷한 정의를 내리고 있다.

1) 공원녹지의 성격

조경학자인 Little,[9] Wohlwill[10] 그리고 Beer[11]는 자연성의 입장에서 공원녹지를 정의하였다. Little은 공원녹지를 도시 내의 자연환경으로 간주하였으며, 특히 그는 공원녹지가 도시 내의 모든 자연환경을 대표하는 것이라고 주장했다. Wohlwill에 따르면 환경심리학이 주로 다루는 대상은 인공환경(built environment)이라기보다는 자연경관이며 자연경관이란 바위 혹은 모래, 해변, 사막, 삼림, 산맥 등과 우리가 일상에서 쉽게 접할 수 있는 다양한 식물이나 동물을 포함한다.

그리고 Beer에 따르면 공원녹지란 「도시 내에서 인간이 창조한 인공적인

2 Tankel, S. 1963, The Importance of Open Space in the Urban Pattern, in Wingo, L, Jr.(Ed.), Cities and Space, Baltimore: Johns Hopkins Press.
3 Gold, S. 1980, Recreation Planning and Development, New York: McGraw Hill.
4 Morris, E. K. 1979, Changing Concept of Local Open Space in Inner Urban Areas, Unpublished Ph.D Thesis, University of Edinburgh.
5 Eckbo, G. 1969, The Landscape We See, New York: McGraw Hill.
6 Cranz, G. 1982, The Politics of Park Design, Cambridge: MIT Press.
7 양윤제, 1982, 도시환경과 녹지, 한국조경학회지 Vol. 10, No.1, pp.27-29.
8 임승빈, 1998, 조경이 만드는 도시, 서울대학교출판부, pp.71-73.
9 Little, C. E. 1968, Challenge of the Land, London: Pregamon Press.
10 Wohlwill, J. F. 1983, The Concept of Nature in Altman, I. & Wohlwill, J. F. (Ed.), Behavior and the Natural Environment, London: Plenum.
11 Beer, A. R. 1990, Environmental Planning for Site Development, London: E. & F N. Spon.

조성된 연못 비오톱 그림 6-5

경관에 반대되는 개념인 자연환경을 의미」한다고 주장하였다. 그녀는 인간에게 만족할 만한 환경(setting)을 제공해 줄 수 있는 장소를 만들기 위해서는 도시의 가능한 모든 곳에 자연을 도입하고 보전해야 함을 강조했다. 이는 우리나라의 양윤제와 홍광표[12]가 제시한 공원녹지란 자연적 요소를 도시 내에 창출시킬 수 있는 모든 형태의 보전 혹은 개발되지 않은 공간개념이라는 주장과 일맥상통하고 있다. 나정화[13]는 공원녹지를 더욱 현대적인 개념으로 발전시켜 Sukopp,[14] Finke,[15] 등이 주장한 도시의 비오톱(Biotop)으로 해석하면서, 도시비오톱(Biotop)이란 「경관생태적, 인간행태적 그리고 미적 의미를 동시에 만족시켜주는 최소한의 식물이 자랄 수 있는 도시 내에 존재하는 크고 작은 모든 토지와 물로서 정의」하고 있다.

---

12 홍광표, 1985, 오픈스페이스 체계수립 방안에 관한 연구, 한국조경학회지 Vol. 13, No.1, pp.100-101.

13 나정화, 1997, 도시 소생물권 도면화 작업(UBM)과 그 정보시스템(BIS) 구축방법에 관한 연구(I), 한국정원학회지, 제15권 2호, pp.137-138.

14 Sukopp, H. 1980, Biotopkartierung in besiedelten Bereich von Berlin, Garten und Landschaft, 80(7), pp.560-568.

15 Finke, L. 1986, Landschafts kologie, Westernmann, pp.170-190.

2) 공원녹지의 기능

공원녹지의 기능에 대하여서는 여러 가지 주장들이 있으나 종합하여 보면 공통적으로 다음과 같은 적어도 네 가지 정도로 나눌 수 있다. 우선 Tankel, Eckbo, Balmer,[16] Platt,[17] Hechscher,[18] Gold 그리고 Garabet[19]와 같은 학자들은 공원녹지의 도시형태의 규제 및 유도 그리고 위락기능에 대하여 강조하였다. 다른 한편으로 경관계획가, 환경심리학자 그리고 경관생태학자들이 중심이 된 환경론자들[20]은 도시 형성과정(natural process)의 기반으로서의 자연, 즉 도시 내 자연의 유보지로서의 공원녹지의 기능에 대하여 강조했다.

Spirn 교수는 공원녹지에 있어서 생태계의 질서에 대한 고려는 아주 특기할 만한 것이며, 도시의 모습을 상징화하는 데 크게 기여한다고 주장했다.[21] 또 다른 일군의 학자들은 농업 혹은 어메니티,[22] 경제적 가치와 에너지 보전,[23] 학습의 장,[24] 심리적효과[25] 그리고 건강과 생물적인 기능[26] 등과 같은 환경론자들의 주장과는 사뭇 다른 공원녹지의 기능을 제시했다. 그 중에서 Fairbrother[27]은 토지이용의 관점에서 도시 공원녹지의 네 가지 기능을 도시농업, 어메니티, 산업, 그리고

---

16 Balmer, K. R. 1972, Urban Open Space Planning in England and Wales, Unpublished Ph.D Thesis, University of Liverpool.

17 Platt, R. H. 1972, The Open Space Decision Process, Chicago: The University of Chicago Press.

18 Hechscher, A. 1977, Open Space, New York: Harper & Row.

19 Garabet, L. H. 1982, Open Space Provision in Iraq with Special Reference to Baghdad, Unpublished Ph.D Thesis, The University of Sheffield.

20 Laurie, I. 1985, Nature in Cities, Chichester: John Wiley & Sons., Michert, J. (1983), On the Desire for "Wilderness" in Urban Open Space, Garten und Landschaft, Oct. pp. 771–776., Hough, M. 1984, City Form and Natural Process, London: Routledge., Spirn, A. (1984), Granite Garden, New York: Basic Books., Gilbert, O. L. (1989), The Ecology of Urban Habitats, London: Chapman and Hall.

21 Anne W. Spirn 1085, The Granite Garden: Urban Nature And Human Design, Basic Books

22 Fairbrother, N. 1970, New Lives, New Landscape, Harmondworth: Penguin Books.

23 Fox, T. 1990, New York City's Open Space System in Frick, D. (Ed.)The Quality of Urban Life, Berlin: Walter de Gruyter.

24 Fraser, L. 1984, The Planner's Contribution to the Changing Role of 'Open Space' in the Inner City, The Planner, vol. 70, pp.45–50.

25 内山正雄 1987, 都市綠地の計畫と設計, 日本: 彰國社.

26 Cregan, G. 1990, Open Spaces and Quality of Urban Life, Landscape Design, Vol. 22(3), pp.9–18.

27 Fairbrother, N. 1970, New Lives, New Landscape, Harmondworth: Penguin Books.

도시텃밭[28] 그림 6-6

유휴지로 나누었다. 그녀는 토지이용계획과 관련하여 공원녹지의 농업적인 기능과 어메니티적인 기능에 대하여 특히 강조했다.

임승빈[29](1998)은 여가공간의 제공, 경제활성화의 촉진, 도시생태계의 건강성 유지, 사회적 교류증대, 도시경관의 향상, 재해 시 피난처 제공 그리고 경작지 제공 등과 같은 공원녹지의 독특한 기능을 제시하였다. 도시 내에서 공원녹지의 경작지 제공과 같은 농업적인 기능은 도시의 지속가능한 개발과 관련하여 앞으로 지속적인 연구와 관심이 필요하다고 생각된다. 그리고 김승환 교수[30](1986)는 공원녹지의 기능은 필요(needs)에 따라서 차이가 나며 그 필요성은 문화레벨에 따라 변화한다고 주장하면서 생태적 안전성, 자원 및 환경조절기능, 미화, 휴양, 레크리에이션 그리고 어메니티(amenity)라는 4단계의 문화레벨에 의거한 공원녹지의 기능을 제시하였다. 그는 고차원의 문화레벨에서의 공원녹지의 기능은 어메니티가 될 것이라고 주장했다.

28 사진자료: http://www.asiae.co.kr/news/view.htm?idxno=2011041109415713864

29 임승빈, 1998, 조경이 만드는 도시, 서울대학교출판부, pp.71-73.

30 김승환, 1986, 自然環境保全に關する韓國と日本の比較研究, 筑波大學 博士學位論文, pp.20-28.

3) 공원녹지의 유형

여러 분야의 전문가들이 다양한 정의를 통하여 공원녹지의 유형에 대한 많은 의견을 제시하고 있다. 그러나 이러한 다양한 공원녹지의 유형에 관한 견해를 살펴보면 공원녹지를 구성하는 요소는 근린공원이나 어린이공원 등의 도시공원과 같이 제도권(formal) 혹은 법의 테두리 내에 존재하는 유형으로부터 비제도권(informal, casual)에 속하는 학교 운동장이나 수변공원(그림 6-7) 등과 같은 것을 공통적으로 포함하고 있다.

공원녹지의 유형을 공식적으로 제일 먼저 제시한 사람은 영국의 Abercrombie[31]였다. 그는 1944년 광역런던계획(the Greater London Development Plan)을 위하여 런던의 특성을 고려한 〈어린이 놀이터〉에서부터 〈도시광장〉 그리고 〈그린벨트보호구역〉 등에 이르기까지 약 14종의 다양한 공원녹지유형을 제시하였다. Abercrombie는 Olmsted의 보스톤 공원·녹지체계(park system)의 영향을 받아 공원녹지의 지속적인 기반을 조성하기 위하여 도시지역과 변두리지역의 공원녹지 요소를 서로 연결시키고자 하였다.[32] 그리고 그는

그림 6-7 월광수변공원[33]

31 Abercrombie, P. 1944, Greater London Plan, London: HMSO.

32 Walker, S. E. & Duffield, B. S. 1983, Urban parks and Open Spaces A Review, The Sports Council.

33 사진자료: http://kim22300.tistory.com/429

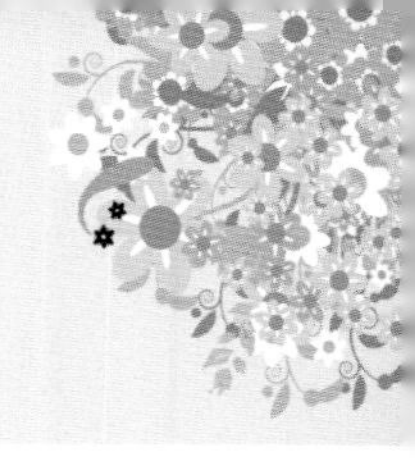

인공적으로 아름답게 조성된 도시공원뿐만 아니라 어른이나 청소년을 위한 운동장 등도 공원녹지의 범주로 간주하였다.

미국 캘리포니아 대학교 데이비스분교의 Francis[34]는 공원녹지를 「전통」과 「혁신」의 두 가지 유형으로 나누어 제시하였다. 우선 전자의 경우는 근린공원, 어린이 놀이터, 공공공원, 보행자전용도로 그리고 도시광장 등을 포함하고 있으며, 후자의 경우는 커뮤니티 오픈스페이스, 학교운동장, 가로, 수변, 그리고 공터 등으로 이루어진다고 주장했다.

그리고 최근 영국런던 대학 지리학과의 Burgess 교수 연구팀은 주민의 공원녹지의식에 기초하여 공식적인(formal) 공원녹지와 비공식적인(informal) 공원녹지 등으로나누었다.[35] 공식적인 공원녹지는 도시공원이나 공공식물원 등을 말하며, 반면에 비공식적인 공원녹지란 동네의 녹지, 강변, 운동장, 유휴지, 공놀이하는 잔디밭인 보울링그린, 분구원 그리고 도시농원 등을 말한다.

한국의 경우 한때 비제도권 공원녹지였던 수변이나 역사 문화, 묘지 그리고 체육 공원 등이 생활권공원 외에 다양한 목적으로 설치하는 주제공원이라는 명칭으로 제도권에 포함되었다.

위에서 살펴본 여러 분야 전문가들의 견해에 기초한 공원녹지의 특징을 살펴보면 그 성격은 특정한 문제 해결을 위한 방안으로 만들어진 것 같으며, 공원녹지의 유형은 특정국가나 지역의 특성에 따라 그 내용이 무척 다양하다. 어느 정도 정의의 차이는 공원녹지의 복잡하고 광범위한 개념 때문인 것으로 사료된다.

4) 그린인프라

원래 인프라의 의미는 생산이나 생활의 기반을 형성하는 중요한 구조물, 도로, 항만, 철도, 발전소, 통신 시설 따위의 산업 기반과 학교, 병원, 상수·하수 처리 따위의 생활 기반을 말하여 인프라는 인프라스트럭처를 줄여서 쓰는 말이다. 최근 이러한 원래의 인프라는 회색(그레이)인프라라고 부르고 도시의 공원녹지,

34 Francis, M. 1987, Urban Open Spaces, In Zube, E. H. & Moore, G. T.(Ed.), Advances in Environment, Behavior, and Design, Vol.1, London: Plenum Press.

35 Burgess, J. et al. 1988 People, Parks and the Urban Green: A Study of Popular Meaning and Values for Open Spaces in the City, Urban Studies, Vol.25, pp.455–473.

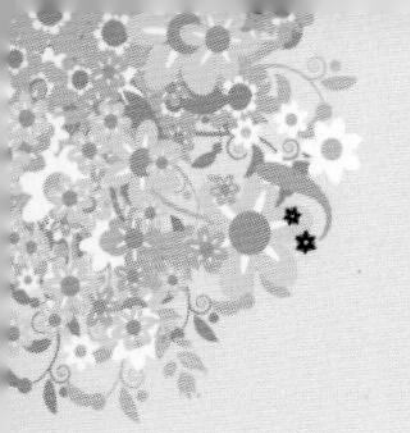

그림 6-8 건강한 그린인프라가 건강한 사람과 도시생태계를 만든다.

즉 근린공원, 어린이 놀이터, 공공공원, 보행자전용도로 그리고 도시광장, 옥상정원, 커뮤니티 오픈스페이스, 학교운동장, 가로, 수변, 그리고 공터 등의 연결망(네트워킹)을 그린인프라라고 말한다(그림 6-8). 이러한 그린인프라는 도시의 대기와 수질을 깨끗하게 하고 도심 홍수를 막아주며 열섬현상과 기후변화를 예방하고 도시 내 생물 종 다양성을 제공하는 도시생태계의 기반을 제공하며 시민들에게 다양한 놀이와 휴식 공간을 제공한다. 도시 내 이러한 건강한 그린인프라가 건강한 사람과 도시생태계를 만든다(그림 6-8). 기대되는 또 하나의 공원녹지의 기능이다.

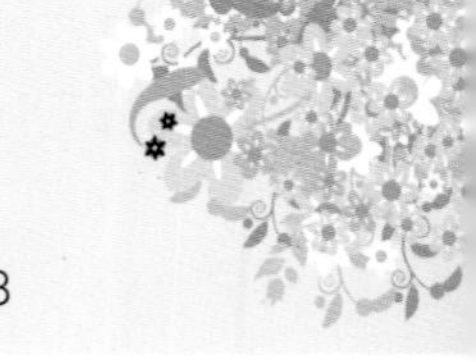

6.3 영국의 공원: 버큰헤드파크

오늘날 도시공원녹지의 대표인 도시공원은 도시의 골격을 형성하는 도시계획 시설의 하나로 과밀한 도시지역 시민에게 휴식과 휴양, 운동, 산책 등의 다양한 위락공간을 제공하고 도시환경과 생태계 보호 등에 기여하여 도시의 생활환경을 개선시키는 장소로 인식되고 있다. 특히, 시민의식의 성장과 여가생활의 보편화, 여가문화의 다양화 등과 함께 도시환경의 악화, 각종 도시문제의 등장으로 인해 삶의 질을 중시하는 사회 분위기 고조 등으로 도시공원의 필요성은 더욱 부각되고 있다.

이러한 도시공원의 기원은 고대로 거슬러 올라간다. 고대 서아시아에서는 이미 자연적인 숲에 사람의 손이 가해진 사냥터가 존재했다고 전해지며, 이후 각 시대마다 왕족이나 귀족이 사냥을 즐기던 수렵원이 조성되었다. 이러한 수렵원은 오늘날 도시공원의 원형으로서 숲을 중심으로 짐승이 잘 자랄 수 있도록 수목을 식재하고 잔디밭과 연못을 조성하거나 신전을 건립하여 사냥과 향연, 제사를 위한 장소로 이용했다. 그러나 당시의 이 수렵원은 엄밀하게 말하자면 일반 시민을 위한 장소가 아니라 귀족이나 왕족 등의 제한된 상류층을 위한 사유지였다.[36]

또한, 그리스와 로마에는 야외생활, 사교, 운동 등이 성행하여 오늘날의 공원과는 그 개념이 약간 차이가 있긴 하지만 도시의 광장 즉, 아고라(Agora)나 포름(Forum)을 비롯하여 성림(聖林), 운동장, 경기장 등이 생겨났으며 이곳은 녹음수(綠陰樹)나 조각 그리고 관상용 식물 등으로 아름답게 장식되었다. 그리고 폼페이 유적의 발굴에 의해 고대 로마에서도 좁은 밀집주택 주위에 레크리에이션을 위한 공원녹지가 확보되어 오늘날의 광장 또는 소공원적인 성격을 지닌 공간이 비교적 발달하였다는 것이 밝혀졌다.[37]

시간이 흘러, 중세를 지나 르네상스 시대가 시작되면서 상류계급의 전유물이었던 아름다운 노단식 그리고 기하학식 개인정원은 영국에서는 풍경식 정원(Landscape Garden)이라는 이름으로 탄생하였다. 18세기 영국 〈풍경식 정원〉형식을 띤 공원은 르네상스를 거치면서 유행한 풍경화와 당시 민주적

36 김수봉, 2004, 공원녹지정책, 대영문화사, p.37.
37 針ケ谷鐘吉, 1977, 西洋造園変遷史, 誠文堂新光社, p.308.

영국인들에게는 어울리지 않았던 권위적 기하학식 정원에 대한 비판에서 나온 당시 영국의 사회적 문화적 변동, 특히 자연미에 대한 각성을 통한 픽처레스크(Picturesque)의 정원관의 영향에 의해 탄생되었다.

영어 'picturesque'는 이탈리아어의 'pittoresco', 프랑스어 'pittoresque'를 영어화한 단어이다. 이 말은 '그림과 같은 like a picture'이라는 의미에서 유래되었다. 이 때의 그림이란 17세기의 풍경화, 특히 클로드 로랭(Claude Lorrain)의 풍경화에서 발견되는 자연풍경을 의미한다. '미' 또는 '숭고'의 이론이 전문적인 미술 이론가 또는 미학자에 의해 논의된 데 반해 픽처레스크 취미의 현상과 이론의 정립에는 자연과 예술을 사랑하는 아마추어 이론가들이 주요 역할을 했다는 점이 주요한 특징이며,[38] 이러한 픽처레스크 취미는 자연 또는 자연적인 것을 선호한다. 즉 풍경식 정원이란 당시의 정원관인 픽처레스크 취미를 반영한 〈그림 같은 정원〉이라고 부를 수 있겠다.

이 〈풍경식 정원〉은 인공적이고 제한적인 공간에서 탈피하여 시각적으로 개방된 식재지역을 별장 주변에 조성하여 승마와 산책 등과 같은 레크리에이션활동이 귀족들을 중심으로 이루어졌다. 영국에서 픽처레스크 취미가 형성된 시기인 1730년에서 1830년은 고전주의와 구별되는 자연주의의 특성을 지니면서 동시에 낭만주의로 이행되는 시기였다. 픽처레스크이론의 정립에 영향을 준 것은 당시 귀족자제들이 성년이 되는 교육의 마지막 단계로 떠난 유럽으로의 대여행(Grand Tour)에 동참했던 학자와 부유한 서민들이 이탈리아와 유럽의 자연 못지않게 영국 풍경의 아름다움에 주목했기 때문이었다. 그리고 당시 산업혁명으로 야기된 자연의 파괴와 인구의 과도한 도시집중으로 인해 생겨난 각종 사회문제 등은 영국인으로 하여금 자연에 대한 향수를 불러 일으켰으며 이 또한 픽처레스크 취미형성에 영향을 주었다.[39] 픽처레스크는 18세기 말 영국인의 자연에 대한 사랑과 민족적 자부심이 결부되어 이루어진 '자연예술'의 취향이라고 정의할 수 있다. 그것은 18세기 말 영국의 엘리트들이 즐긴 일종의 '지적 유희'의 성격으로서 자연을 회화적으로 감상하는 태도에서 비롯되었다. 그리고 이를

---

38 마순자, 2003, 자연, 풍경 그리고 인간.

39 마순자, 2003, 자연, 풍경 그리고 인간, pp.141–145.

통해서 시, 회화, 정원, 건축, 여행이 하나의 '풍경 예술'로 결합될 수 있었으며[40] 이로 인해 영국의 풍경식 정원이 탄생하게 되었다고 하였다.

영국은 산업혁명을 거치면서 존재해오던 왕족이나 귀족 소유의 정원을 일반시민에게 개방하고 양도함에 따라 '공원(公園, public park)'으로 전환되는 경로를 거친다. 봉건제도의 붕괴 이후, 시민혁명과 산업혁명으로 인간으로서의 존엄과 권리를 찾게 된 시민계급은 과거의 왕후나 귀족들의 생활양식을 동경하고 그것을 그대로 받아들이고 싶어 하였고, 이러한 욕구가 지배층의 전유물이던 개인정원(私園)을 대중에게 공원(公園)으로 개방시켜 공공성을 띠게 하였다.[41] 그러나 이렇게 대중에게 개방된 공원들의 대부분이 상류층이 거주하는 지역에 존재하였고, 산업혁명 이후 급격한 도시화와 산업화로 하류층의 생활환경은 열악한 상태를 벗어나지 못하고 있었다. 이에 대하여 당시 영국 사회개혁가였던 에드윈 채드윅(Edwin Chadwick, 1800－1890)경이 중심이 된 특별위원회에서는 〈하층계급의 건강과 도덕에 미치는 공공산책로와 정원의 효과〉에 관한 이론을 제시했다. 특히 이들의 주장에서 주목해야 할 것은 교외의 규격화와 통풍을 위해서 뿐만 아니라 대중의 여가와 안식에도 기여할 수 있는 새로운 타입의 공원을 개발할 것을 요구했다는 것이다.[42] 그를 위시한 사회개혁가들은 하층계급을 위한 위생과 공중보건을 위한 법제도의 개선에 힘썼다.

산업혁명 이전의 도시는 규모가 작았기 때문에 도시 안팎에서 자연과 접할 기회가 많아 공원이 필요 없었으나, 산업혁명 이후의 도시는 짧은 기간 동안 조성된 인공적인 환경일 수밖에 없었다. 그래서 자연과 접하고 여가생활을 즐길 수 있는 '자연'의 모습을 축소, 모방한 공원을 도시 내에 만들고자 하는 생각이 시민에게 설득력을 얻게 되었다. 즉, 산업혁명 이전의 도시가 "자연 속의 도시(city in nature)"였다면 산업혁명 이후의 도시는 "도시 속의 자연(nature in city)"이라는 발상에서 공원이 조성되기 시작하였다고도 할 수 있다.[43] 즉 "본래 공원은 산업화 시대의 도시문제 해결을 위한 방안으로 고안되었고, 도시에 도입할 자연이자 노동자들을 지원할 위생설비, 하수도 시스템 등과 같은 성격으로

40 마순자, 2003, 풍경 그리고 인간, p.161.
41 강병기 외 2인, 1977, 도시론, 법문사, p.230.
42 이명규, 1996, 근대도시, 세진사.
43 신동진, 진영효, 1995, "도시공원의 설치 및 관리 개선방안에 관한 연구", 국토개발연구원, p.14.

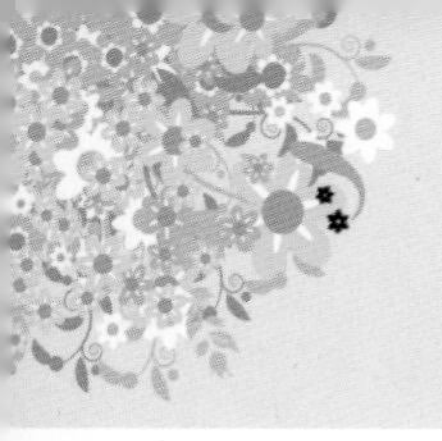

등장한 것이었다."[44] 이렇듯 초기 도시공원은 산업도시를 위한 사회적 요구에서 시작되었고 지금 우리가 생각하는 도시공원과는 사뭇 다른 의미를 가졌다. 그래서 당시의 공원을 단순히 정원의 확장이라거나 도시 속의 자연 공간 정도로 이해되어서는 안 된다.

예컨대 영국에서는 산업혁명이 최성기(最盛期)에 달한 1840년대에 도시문제 등 사회적 모순 해결의 한 방법으로 지식인, 시민 등이 주도한 공원개설 촉진대회가 개최되었고,[45] 이러한 요구를 수용한 대표적인 공원이 바로 리버풀 교외의 버큰헤드공원(Birkenhead Park)이었다. 1844년 세계최초 유리창건물 '수정왕궁(Crystal Palace 1851년 런던박람회 대표건물)'을 설계한 조셉 팩스톤(Joseph Paxton)은 리버풀에 초빙되어 이 도시공원을 설계하였다. 그는 브라운의 전통을 살려 도시 내 저습지이면서 척박한 진흙땅 120acre의 부지에 수목이 많은 지역과 중앙의 잔디광장을 대비시키고, 산책로가 있는 공원구역과 스포츠와

그림 6-9 조셉 팩스턴의 작품인 버큰헤드파크. 고급 주택들이 둘러싸고 있다.

44 공원_ 공유하는 일상: 우리 도시의 진화하는 공원(上) http://www.lafent.com/inews/news_view.html?news_id=108404 2015년 10월 21일 검색.

45 田中正大, 1993, 日本の 公園, SD選書 87, pp.254-262.

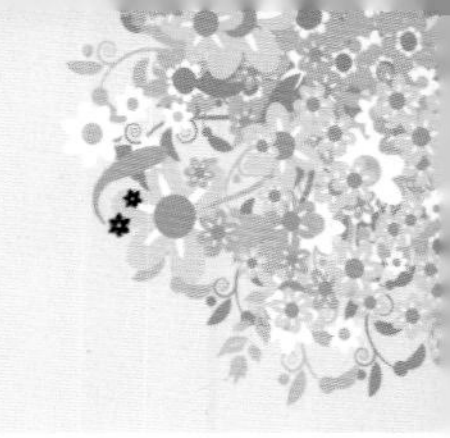

게임을 위한 오픈스페이스 구역의 균형을 맞추었다. 이 같은 오픈스페이스(open space)의 도입은 이전의 유럽의 정원에서는 찾아볼 수 없었던 것이었다. 또한 버큰헤드공원에서 가장 흥미로운 점은 두 개의 독립된 네트워크에 의해 만들어진 동선으로 보행자들을 위한 좁고 불규칙한 원로와 외곽을 따라 공원을 가로지르는 마차나 말을 위한 도로였다. 이러한 〈차도 보행로분리시스템〉은 유럽은 물론, 옴스테드(F.L. Olmsted)의 공원개념 형성과 공원녹지계획에 그 영향이 파급되었다. 버큰헤드파크는 공적자금으로 조성되고 운영·유지된 최초의 공원이었으며 이러한 공원은 도시의 무분별한 성장과 도시의 위생문제를 해결하기도 하였으나 개발업자들은 공원 주변에 주택을 지어서 팔아 이익을 남기는 잠재적인 수입원으로 인식되기도 하였다(그림 6-9). 버큰헤드지역은 쓸모없어 버린 땅이 아름다운 공원으로 바뀌어 시민들이 즐겁게 산책하고 운동할 수 있는 공원을 갖게 되었다. 이용객들이 몰려들자 인근 부동산 값이 올라 많은 세수를 올릴 수 있었으며, 일부를 고급 주택지로 분양하여 공원건설비를 쉽게 환수할 수 있었던 것이다. 새로운 이 제도가 영국 전역에 보급되기에 이르렀다.

1847년 개장한 버큰헤드 공원은 '시민공원(Public Park)'의 효시로서 미국 센트럴파크의 조성에 많은 영향을 주었다. 공원개장 3년 후인 1850년 미국인 프레데릭 로 옴스테드가 이곳을 방문했다. 그는 우연찮게 버큰헤드 공원을 보고는 무릎을 쳤다고 한다. 그가 본 것은 바로 공원의 공공성(publicness)이었던 것이다. 즉 그가 공원에서 보았던 버큰헤드공원의 주인은 바로 공원 주변의 이발사나 빵집 주인과 같은 일반시민들이었던 것이다. 공원의 소유는 왕이나 귀족이 아니었으며, 공원은 계급의 구분이 없이 누구나 접근이 가능했고, 사람들은 공원의 레크리에이션구역에서 즐겁게 놀 수 있었다. 이 공원은 이전의 왕실소유의 정원을 개방했던 공원과는 확연히 다른 모습이었다. 옴스테드는 19세기 대도시의 여러 가지 문제, 예컨대 산업화와 인구증가, 도시위생, 도시팽창 등의 도시문제를 한꺼번에 해결할 모델을 이곳에서 찾았다. 그로부터 8년 후, 미국 뉴욕시는 '뉴파크' 설계를 전 세계에 공모했다. 옴스테드(F. L. Olmsted)도 영국인 건축가 복스(C. Vaux)와 함께 '풀밭(Green-sward)'이라는 이름의 설계안으로 공모전에 참가했는데 모두 33개 참가작 중에서 그가 제출한 공원설계안이 최종 당선작으로 선정되었다. 그것이 오늘날 뉴욕의 센트럴파크다.

6.4 미국의 공원: 센트럴파크

영국의 버큰헤드파크는 산업혁명과 도시화로 생긴 도시문제, 특히 도시위생 개선을 주목적으로 계획되었으며, 19세기에 접어들면서 미국의 도시들도 영국과 마찬가지로 많은 도시문제로 그 환경이 점차 악화되고 있었다. 미국의 주요 도시들은 산업혁명의 영향으로 급속히 도시화가 진행되어 갔으며, 유럽으로부터의 이주민의 갑작스런 증가로 더욱 그 혼란스러웠다. 따라서 불결하고 비위생적인 도시환경을 개선하기 위해서 공중위생에 대한 관심이 고조되었고 시민들은 점차 신선한 공기, 운동과 휴식의 장소, 피로한 심신의 휴식처를 요구하게 되었다. 즉, 미시각적, 환경적으로 질이 저하되고 있는 도시에서 해독제와 같은 역할을 해줄 공원의 필요성이 크게 증대되었다. 이러한 사회적 분위기와 필요에 따라 1851년 뉴욕시는 최초의 공원법을 통과시켰다. 이미 그 무렵 영국, 프랑스, 독일, 이탈리아 등 유럽 여러 나라에서는 오래된 정원을 공공화하여 공원을 조성했으므로 미국의 움직임은 그리 새로운 것은 아니었다. 그러나 공원법 제정을 통해 시민의 여가와 후생을 목적으로 공공적 풍경을 법제화한 것은 당시로서는 주목할 가치가 있다고 하겠다.[46]

이를 계기로 1853년 7월 뉴욕 시의회 위원회에서 센트럴파크(Central Park)의 토지 수용법안이 통과되었고, 1858년 뉴욕시의 중앙부에 344ha에 이르는 대규모 도시공원인 센트럴파크(Central Park)가 조성되었다.[47] 이 거대한 공원의 설계를 담당한 옴스테드(F. L. Olmsted)는 공원설계 설명서에서 센트럴파크가 도시계획의 일부라고 밝히면서, 과밀한 도시지역 시민에게 있어서는 정신적인 위안이 현저히 필요하며 이를 제공하는 것이 공원의 목적이라고 서술하였다. 그리고 자연 풍경의 향유를 통해서 이러한 정신적인 고뇌가 제거될 수 있다고 주장하였다.[48]

이처럼, 공원은 일부 개인의 전유물이 아닌 다수의 일반 도시민을 위한 공간으로 시민의식의 성장과 더불어 탄생하게 된 도시계획 시설이다.

왕이 존재하지 않았던 미국에서 옴스테드에 의해 만들어진 뉴욕의

46 김수봉, 2004, 공원녹지정책, 대영문화사, p.41.
47 윤국병, 1997, 조경사, 일조각, p.137.
48 佐藤昌, 1968, 歐米公園綠地發達史, pp.221-227.

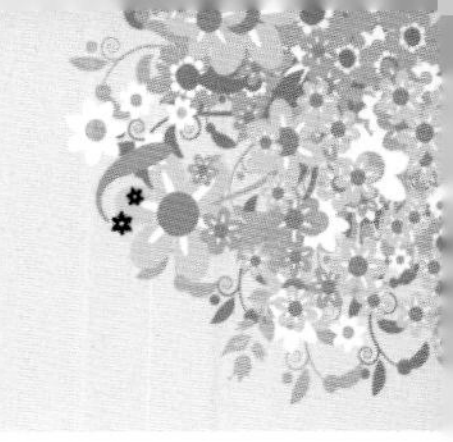

센트럴파크(Central Park)는 진정한 의미에서의 공공공원(public park)의 시작이라고 할 수 있다. 그는 처음으로 영국 여행을 마치고 돌아와서 쓴 여행기에서 민주주의 국가인 미국이 지금까지 국민을 위한 정원이나 그와 유사한 그 어떠한 것도 생각하지 않고 있었음을 인정하면서 그때부터 대중을 위한 공원에 깊은 관심을 표명하였다. 영국 풍경식 정원의 바탕에는 낭만주의 원리가 있었다면 옴스테드 조경의 핵심인 공공적 경관, 즉 공공공원에 대한 이념은 청교도정신과 민주주의에 그 기초를 두고 있었다고 할 수 있다. 즉, 낭만주의와 청교도 정신이 근대 시민사회를 형성하는 사상적 기반이었으며 이것이 센트럴파크 조성의 근본정신이었다.

미국에서 공원의 필요성은 물론 옴스테드의 영국 기행문에서 시작되었지만 뉴욕의 센트럴파크의 조성사업은 시인으로 '미국시의 아버지'로 불리며 저널리스트로도 활동한 윌리암 쿨렌 브라이언트(William Cullen Bryant)와 같은 지식층에 의해 주도되었다. 워즈워드(William Wordsworth)와 러스킨(John Ruskin) 같은 영국의 낭만주의자들의 영향으로 그들은 당시 미국사회의 물질만능을 비판하였는데, 대도시 귀족들이 동시대에 봉사할 의무가 있으며, 나아가 인간성 회복을 주장하였다. 그리고 그 구체적인 실천방식의 하나로 공원의 필요성을 역설하였다.[49] 옴스테드 도시공원 사상의 이념과 궁극적인 가치는 산업경쟁사회에서 친숙함과 심리적 위안을 의미하는 공공성(publicness)이라고 할 수 있다. 이는 옴스테드 도시조경의 중심 철학으로 도시성과 자연성을 중재하는 공원의 조성으로는 더 이상 순수한 자연을 재현하는 것이 아니라, 삶의 터전인 도시에 적절한 자연을 개입시킴으로써 도시생활을 변모시키고 지속시키는 현실적인 처방을 제시하고자 했다. 옴스테드의 또 다른 공원사상은 이념성과 실용성의 결합이었다. 그의 경관에 관한 사상은 위에서 언급했던 18세기 영국에서 시각적인 즐거움의 추구와 자연에 대한 애정에서 비롯된 픽처레스크 이론에 근거하고 있다. 그는 미국경관의 특징인 야생과 문명, 즉 숭고미와 우아미의 융합을 픽처레스크라는 미학적 이상으로 표현했는데 바로 센트럴파크가 이 픽처레스크 미학이 실현된 대표적인 공원이었고, 푸른 잔디밭은 숭고미(崇高美),

---

49 조경진, 2003, 프레데릭 로우 옴스테드의 도시공원관에 대한 재해석, 한국조경학회지 30(6), pp. 32–33.

도시적 미가 풍기는 몰(Mall)은 우미(優美)그리고 구불구불한 산책길은 픽처레스크 미가 표현되는 공간이었다. 옴스테드는 영국 정원의 미학이론을 미국적 관점에서 재해석하여 미국의 도시공원에 도입하였다.[50]

한편, 뉴욕시는 1851년에 세계 최초로 공원법(Park Act)을 제정하였다. 공원법을 근거로 1853년 뉴욕 시의회위원회는 센트럴파크의 토지 수용법안을 통과시켰다. 1857년 뉴욕 중앙공원추진위원회가 새로 구성되어 공원용지로 840acre(3,4㎢)의 토지를 550만 달러에 매입했다. 이 땅이 바로 센트럴파크의 모태이다. 이어 1858년에는 설계공모를 하여 옴스테드와 복스의 설계안이 당선되었다. 이때 옴스테드는 설계설명서에서 공원은 도시계획의 일부라고 밝히면서 과밀한 도시지역 시민에게는 정신적 위안이 매우 필요하며 이를 제공하는 것이 공원의 목적이라고 기술하였다.[51] 센트럴파크는 미국 도시미화운동의 출발점이었다. 당시 공공공원은 이미 영국을 출발점으로 해서 유럽에서는 도입이 시작된 시점이어서 새로울 것이 없었다. 다만, 공원법제정을 통하여 시민의 레크리에이션과 후생을 목적으로 공공적 풍경을 법제화한 것은 당시로서는 주목할 가치가 있다고 하겠다. 이러한 공원법의 제정은 두 가지 의미를 지닌다. 하나는 공원법에 의해 전통적인 사적 정원의 울타리를 없애고 근대적 풍경의 공공성이 확립되는 계기가 마련되었다는 것이다. 그러나 다른 하나의 의미는 근대사회의 공공적 풍경이 시민에 의하여 획득된 것이 아니라 바로 대자본가들의 기부에 의하여 시작되었다는 것이다. 다시 말하면 공공적이라는 아름다운 문구와 함께 공원이나 학교 등의 공공지가 확보되었다고 하더라도, 이것은 결국 공장, 상업시설, 오피스빌딩 등과 같은 일차적 사유지의 집중에 의하여서만 가능해진다는 말이다.

센트럴파크의 탄생은 정치적인 압력과 시민들의 요구로 인하여 맨해튼 중심에 부지를 선정하고 토지를 매입하면서 시작되었다. 후에 조직된 위원회에서 공원의 배치에 대한 설계안을 공모하여 1858년 옴스테드와 그의 동료 캘버트 복스(Calvert Voux)의 작품이 1위로 당선되었다. 옴스테드는 주임기사로서 센트럴파크 건설을 담당하였으며 이 기간 동안 당시의 도시행정의 모순과

50 조경진, 2003, 프레데릭 로우 옴스테드의 도시공원관에 대한 재해석, 한국조경학회지 30(6). pp. 32–33.
51 佐藤昌, 1968, 구미공원녹지발달사, pp.221–227.

투쟁하면서 조경가로서의 그의 주장을 관철시키기 위해 노력했다. 이때부터 조경가라는 명칭이 사용되기 시작했다. 따라서 센트럴파크의 조성과 더불어 조경이라는 전문직이 탄생되었다고 하겠다. 즉, 조경은 근대시민사회에 의해 탄생된 민주주의와 관계가 있다고 할 수 있다.

특히 앞 절에서도 잠시 언급했지만 영국여행 도중에 리버풀의 버큰헤드파크(Birkenhead)를 본 옴스테드는 민주주의 국가라고 자부했던 미국에 시민을 위한 정원(People's Park)이 없음을 개탄했는데 옴스테드가 버큰헤드파크에서 놀란 이유는 여러 계층에 의해 공원이 이용되고 있다는 점이라고 한다. 다시 말하면 이 공원이 다양한 계층이 다가갈 수 있는 구체적인 설계요소를 가지고 있었다는 것을 의미한다. 산책로, 승마도로, 광활한 평야와 숲뿐만 아니라, 대중들을 위한 아이스크림 판매대, 맥주광장, 음악밴드공연, 야생동물, 보트, 카누, 그리고 화훼류 등을 구비하여 이용자들의 욕구를 만족시켰다.[52] 이러한 배경하에서 탄생한 센트럴파크는 버큰헤드파크에 이어서 새로운 공원의 전형이 되었다. 공원조성의 초기부터 옴스테드는 파리를 개조한 오스만남작처럼 미래에 대한 전망을 가지고 있었다. 우선 언젠가는 공원 주위가 건물에 의해 둘러싸일 것을 예견하여 모든 시민들이 그 공원의 경관을 구경할 수 있게 공원의 면적을 843acre의 대규모로 하였다. 옴스테드는 뉴욕의 장래인구가 200만이 될 것으로 추정하고 센트럴파크가 뉴욕의 중심지가 되어야 함을 주장했으나, 1903년 그가 사망할 당시 뉴욕의 인구가 이미 400만에 이르렀다. 그는 교외에서 휴일을 보낼 수 없는 도시 노동자들이 이 공원 안에서 교외에서처럼 휴식을 누려야 한다고 주장했다. 이러한 문제의 해결은 19세기 후반을 풍미했던 서큘레이션 네트워크의 개념을 도입하여 큰 효과를 보았다. 우선 공원의 모습은 한 폭의 전원 풍경처럼 그리고 공원경계에 지어질 건물들을 차폐하도록 설계되었다. 그리고 옴스테드는 공원 내의 모든 교통시스템을 분리하였다. 공원은 역사상 최초로 4개의 교통망(보행자용, 마차용, 서행 또는 급행차량용)이 동시에 독립적으로 기능하도록 설계되었다. 또 옴스테드는 터널이나 고가도로, 불규칙적인 지형을 이용하여 3차원적인 활용을 도모하여 그 자신의 시스템을 실현했다.

52 조경진, 2003, 프레데릭 로우 옴스테드의 도시공원관에 대한 재해석, 한국조경학회지 30(6), pp.32-33.

그림 6-10 옴스테드가 예견했던 빌딩숲으로 잘 보존된 오늘 날의 센트럴파크

옴스테드는 유럽의 전통적인 방법으로 공원을 설계하지 않았다. 그는 자연을 가공하거나 순화시키는 방법 대신에 그것을 거의 원초적인 상태로 유지해 훼손되지 않도록 신중하게 설계하였다. 그의 목적은 도시구조 속에 있는 자연을 있는 상태 그대로 대치시키는 것이었다. 이로 인해 도시는 보다 도시다워졌고 자연은 보다 자연다워졌다. 아스팔트와 석조로 만들어진 규칙적인 바둑판 모양의 도시가 형성되는 과정에서 경관의 특성이 억압당했던 맨해튼 지역에 옴스테드는 지형의 특성과 그 지구 고유의 불규칙적인 지세의 성격을 보존하는 쪽으로 가닥을 잡았던 것이다. 그는 공원 주변에 세워질 미래의 만리장성, 즉 빌딩숲으로부터 그 공원을 지키기 위해 노력했다. 심지어 나무를 심는 데 이용된 정원기법조차 대립과 대비의 원리에 기초하였다(그림 6-10).

이렇게 옴스테드에 의하여 고안된 공원은 깊은 의미를 가지고 있었다. 그는 1870년 이후 이미 센트럴파크에 지역적인 기능을 부여하였는데 이 공원시스템 이념은 도시공원의 네트워크를 체계적으로 배치하고 녹지대에 의하여 서로 연결되도록 전개해 나갔다. 이러한 방식을 최초로 적용한 곳은 1891년 보스톤이다. 이러한 파크 시스템(park system)은 그가 죽기 직전인

1902년까지 미국의 796개의 도시에 적용되었다. 조경진(2003)은 공원의 이용을 통하여 노동자계급의 도덕성을 고양하려 했던 옴스테드의 의도는 지나치게 순진한 생각이었다고 주장했다. 아울러 어떤 이들은 농촌의 전원성을 흉내낸 옴스테드식 공원은 도시 내 녹색의 섬으로 도시생활과는 분리된 채 자연과 도시의 간극을 상징하고 있다는 문제를 제기하기도 했다. 그럼에도 불구하고 옴스테드의 도시공원은 ① 도시문제의 즉각적이고 임시적인 해결책이 아니라 (보스톤)공원녹지체계와 같은 먼 미래를 내다본 전략이었고, ② 도시에서 하나의 부분으로서만 존재하는 것이 아니라 도시녹지체계로 인해 도시골격이 연계되어 도시의 형태를 수립하는 기초를 제공하였다는 측면에서 의미가 있다. 이뿐만 아니라, ③ 공원을 단지 도시 내에 주입시키는 것이 아니라, 도시와 문화의 변형과 진화를 위한 매개체로서 작용하게 하였고 ④ 현대의 공원계획의 추세 중의 하나인 테마화를 거부하여, 공공적인 공간에 다양한 활동의 가능성을 여는 등 다양한 의미를 우리에게 제시하고 있다. 따라서 우리는 옴스테드식 도시공원을 공원의 원형으로 해석하고 그의 공원에 대한 이해를 바탕으로 우리 시대에 적합한 공원의 모습, 예를 들면 프로그램의 다양화, 가용한 부지의 확보, 공공과 민간이 협력하는 공원 조성 및 운영방식 등을 찾는 노력을 기울여야 할 것이다.[53]

센트럴파크는 1860년대 미국 도시미화운동의 출발점이며 시카고에서 그 꽃을 피웠다. 그 출발은 1893년 시카고에서 열린 미국대륙 발견 400주년기념 만국박람회로서 공식명칭은 콜럼비아세계박람회(the World's Columbian Exposition)였다. 당시 조선에서는 고종황제가 '대조선'이라는 국호로 박람회에 사절단을 파견했는데 세계 46개국이 참가했던 시카고박람회에 조선은 '제조와 교양관(Manufactures and Liberal Arts Building)'에 한 자리를 차지하고 있었다고 한다.[54] 도시이며 시카고는 박람회로 세상의 이목을 집중시켜 투자를 이끌어냈고 폐장 후엔 그 터를 공원으로 탈바꿈시켰다. 시는 도심에 그 공원을 두고 주변을 격자형에 대각선을 가미한 도로로 재편해 지금의 모습을 만들었다. 이것도

53 조경진. 2003. 프레데릭 로우 옴스테드의 도시공원관에 대한 재해석. 한국조경학회지 30(6). pp.32-36.
54 http://platform.ifac.or.kr/webzine/view.php?cat=&sq=234&page=1&Q=w_no&S=8&sort='조선은 세계를 어떻게 만났는가' 2015년 10월 30일 검색.

옴스테드의 아이디어였다. 이후 도시미화운동은 샌프란시스코와 클리블랜드 등 미국 전역으로 퍼져 곳곳에서 무질서한 구도시의 틀을 완전히 바꾸어 버렸다.

6.5 우리나라의 도시공원

우리나라의 경우 전통적으로 정자나무, 공동우물, 제단 주변, 동네의 광장, 경치 좋은 계곡 그리고 마을 숲 등지에서 서민의 위락활동이 이루어졌으며 이러한 장소가 오늘날의 공원의 역할을 했다고 할 수 있다.

1) 도시공원의 효시 마을숲

특히 마을숲은 한국 사람들에게 고향의 원초적 향수를 불러일으키는 대표적인 고향 경관 중 하나로서 그 형태는 고목의 정자나무 한두 그루로 혹은 그 이상의 노거수들로 형성된 조그만 숲으로 이루어진 동산이기도 하며 때로는 아주 대규모의 숲인 경우도 있다. 특히 마을숲을 지칭하는 한자 용어로는 수(藪)를 들 수 있는데 이는 초목이 빽빽이 우거진 습지나 수풀을 의미하고 있다. 또한 마을숲은 막이, 쟁이, 정, 정자 등으로도 불리는데 이 중에서 막이와 쟁이는 지형을 보완하기 위해 조성되거나 차폐목적의 마을숲에서 나타나고, 정이나 정자는 마을 사람들이 휴식을 취하는 숲에서 흔히 나타난다.

마을숲은 인류 문화의 시작이며 그 연원을 추측하여 볼 수 있는 곳으로서 특히 우리나라 마을숲에는 우리 고유의 독특한 토착신앙적 문화가 깃들어 있다. 따라서 마을숲은 마을에서는 마을의 운명을 주관하는 성스러운 숲, 즉 마을사람들의 종교적 섬김의 대상인 성림의 역할을 담담해 왔다고 할 수 있다.

이와 같이 다양한 배경을 지닌 마을숲은 우리의 고유한 생활과 문화 그리고 역사가 녹아있는 농촌마을의 문화시설로서 대대로 이어져 내려온 삶의 흔적이며, 전통문화의 표상이라고 해도 좋을 것이다. 여러 고문헌에 따르면, 과거에는 마을숲이 대부분의 마을에 조성되었던 것을 알 수 있으나, 오늘날에는 이미 상당부분의 마을에서 마을숲은 사라져 버렸고 아직까지 농촌마을에서는

그림 6-11 경남 고성군 마암면 "두호마을숲"

마을숲이 그 실체를 유지하고 있다(그림 6-11).[55]

한편, 전통 마을숲은 마을의 전통적 공유지의 한 형태로서 그 역할과 기능을 수행해 왔다. 따라서 이들이 어떻게 공공적 측면에서 이용되어 왔으며, 어떠한 규제 사항들에 따라 활용에 제재가 있어 왔는지를 파악해 보자.

윤순진(2002)[56]의 연구에 따르면, 전통사회는 공유지에 대한 외부 잠재적 이용자들의 접근을 막고 내부 성원들의 남용을 통제하는 여러 가지 공동 규제 장치 발전하였는데 그 예가 송계(松契)와 송계산(松契山)이었다고 한다. 우리민족의 역사 속에서 계모임은 상부상조라는 삶의 미덕을 바탕으로 하고 있다. "마을단위로 조직된 동계(洞契), 촌계(村契), 부락계 등 다양한 형태의 계모임이 존재해 있었다. 한편 생활을 위한 독특한 계모임으로 산림을 보호하고 아울러 생활을 영위하는 데에 도움을 얻기 위한 산림계(송계)가 그것이다. 온돌 생활을 해야 했던 우리나라 사람들에게 있어서 땔감의 확보는 중요한 관건이었다. 단지 취사에 사용되는 것 이외에도 추운 겨울을 지내기 위해서는 땔감을 어떻게든

55 김학범 · 장동수, 2005, 마을숲, 한국전통조경학회지 23(1) : 145–149.

56 윤순진, 2002, 전통적인 공유지 이용관행의 탐색을 통한 지속가능한 발전의 모색: 송계의 경험을 중심으로, 환경정책 10(4) : 27–54.

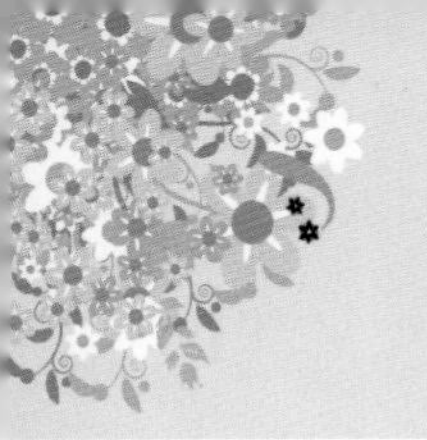

그림 6-12 진안 성수면 중평부락의 산림계 문서[57]

확보해야만 했기 때문이다."[58] 우선 송계는 조선시대 마을 주민들이 주변 산림의 자원을 고갈시키지 않는 범위 내에서 환경을 지키고 지속적으로 이용하기 위해서 자율적으로 규정을 정하고 규약에 따라 적정한 벌채량과 산림 조성량을 조절하는 마을 단위의 자치 조직이었다. 이러한 송계의 대상이 되는 마을 공유림을 송계산이라 불렀다.

조선시대의 산림정책에 대해 살펴보면, "산림천택여민공리지(山林川澤與民公利地)", "산장수량일국인민공리지(山場水梁一國人民公利地)"를 건국이념으로 표방하였는데 이는 〈산림과 하천 바다는 온 나라의 백성이 다 함께 이익을 나누는 땅〉이라는 것이다. '왕토(王土)사상'에 따라 산림은 법적으로는 왕의 소유였으나 조선 백성이라는 지위 혹은 신분을 지닌 모든 백성이 일정한 금제(禁制)하에 능력과 필요에 따라 자유롭게 이용할 수 있는 공유지로 이해되었던 것이다. 이는 공유 자원에 대한 일반 백성의 자유로운 이용을 보장하는 데 기본 목적이 있었다.

조선시대 후기에 접어들면서 지속적으로 송계가 발전했던 지역은 대부분 노목이 잘 자라 울창한 숲을 이루었다는 역사적 사실을 토대로 볼 때, 주민의 자발적인 참여와 상호 규제, 형평성 있는 분배 및 지역 생태에 대한 지식은 지속가능한 이용을 실현할 수 있었던 바탕이 되었음을 알 수 있었다. 또한 무엇보다도 전통 사회에서는 산과 나무, 냇물 등의 자연물에 마을을 수호하거나 복을 가져다주는 신격이 깃들어 있다고 믿었다. 이러한 것들이 사람들의 의식 속에 자리 잡아 송계의 규약과 규제에 앞서 산림을 훼손하지 않고 아끼고 보전하려는

57 [책의 향기] 산림계 http://www.jjan.kr/news/articleView.html?idxno=284316 2015년 10월 30일 검색.

58 [책의 향기] 산림계 http://www.jjan.kr/news/articleView.html?idxno=284316 2015년 10월 30일 검색. 송계는 1906년 이후 임적조사사업과 1917년 임야조사사업의 시행으로 국유림으로 편입되면서 점차 사라지게 되었다.

행동의 동기를 제공하고 실천을 자극하는 역할을 했다고 볼 수 있다.

한국 전통사회의 공유지 이용방식에는 21세기의 과제로 떠오른 지속가능한 발전의 원칙 중 자연보호의 원칙과 형평성의 원칙이 고스란히 녹아 있다. 또한 이 원칙이 지역 주민의 자연 생태계에 대한 섬세한 지식과 자연의 한정된 부양 능력에 대한 이해와 지역주민의 참여 및 자치를 통해 실현될 수 있음을 보여주고 있다.

전통 사회의 공유지 이용 방식은 공유지를 분할하여 사유화한다거나 국가가 강제적으로 개입하는 방식보다 훨씬 효율적이다. 동시에 자원이 고갈되지 않도록 하고 사회 구성원 간의 경쟁과 갈등을 억제하고 구성원 모두가 평등하게 자원을 이용하는 사례가 되기에 충분하다고 여겨진다. 우리 전통 마을숲은 '지속가능성'과 다양한 기능을 가진 현대 도시공원의 효시로 볼 수 있겠다.

2) 도시공원의 도입에서 여의도공원까지

1876년 개국 후 한국에서는 일본과 같은 공원의 제도화는 이루어지지 않았으나 독립공원이나 탑골공원 등이 조성되었다(그림 6-13).[59]

개국 당시 우리나라 사람들의 공원에 관한 의식을 잘 보여주는 것은 주로 해외를 방문하고 돌아온 이들이 남긴 기록을 통해서였다. 개국당시 우리정부가 외국에 파견했던 사절단(김기수의 수신사기록)과 유학생(유길준의 서유견문)들이 남긴 외국의 공원에 관한 기록에 따르면 공원을 "오락과 휴게의 장소" 이상인 "근대 산업도시의 도시문명시설"로 표현하였다. 그들은 공원을 근대 도시의 불가결한 기본 시설로서 뿐만 아니라 다른 측면에서는 공원을 사회계몽 시설이라고 생각하기도 하였다. 즉 공원이 국민의 의식을 드높이는 시설일 뿐만 아니라 대중들에게는 지식과 견문을 제공하고 정의로운 시민으로서의 풍습과 예의범절을 가르치기 위한 사회적 의미의 교화시설로서 생각했다는 것이다.

한편 1896년 우리나라 최초의 도시공원인 독립공원은 민간단체에 의해 조성되었고 이는 독립운동을 위한 교두보로서 아울러 도시의 위생과 환경개선 그리고 도시 미화의 수단이라는 관점에서 상당한 의미를 부여할 수 있을 것이다. 1910년 한일합방으로 일본의 식민지로 전락한 이후에는 일본인 거주 지역을 중심으로 몇 개소의 공원이 조성되었으며, 기록에 따르면 도시공원은 "시민의

59 강신용, 1995, 한국근대도시공원사, 도서출판 조경.

그림 6-13 탑골공원전경: 국내 최초의 도심 내 공원으로 1919년 일제에 항거하는 3 · 1운동이 일어났던 곳이다.

휴양, 오락, 아동의 교육 또는 도시의 미관에 기여하며 이외에 화재 등에 대해서 연소를 방지하고 피난처로서 필요불가결한 시설"이라고 정의하고 있다. 해방 직후에는 개원되었던 공원들이 일제 잔재의 처리, 민족정신 재정립 등의 이유로 환원되지 못하고 불법으로 점용되어 다른 용도로 사용되기도 하였다. 그리고 6·25전쟁으로 인해 한국의 대다수 공원은 상당한 피해를 입었으며, 전후 몇 개소의 공원이 계획되고 실제 조성되었으나 전체적인 관리는 제대로 이루어지지 못했다. 특히 이 시기에는 피난민의 도시 유입으로 인한 주택난 해결을 위해서 공공기관에 의한 공원 부지 잠식이 불가피한 실정이었다.[60]

이와 같이 우리나라에 있어서 도시공원의 도입과정은 일제강점기와 해방, 곧이어 발발한 한국전쟁과 전후 복구기 등의 혼란기를 거치면서 관련된 체계적인 법제의 마련이나 계획의 수립과 실행이 이루어지지 못했다. 일반적으로 공원의 변화과정은 시민의식의 성장과 그 맥락을 같이 해 왔음을 알 수 있다. 서양의 경우는 산업혁명이라는 대변혁을 거치면서 성장한 시민의식에 의해 도시에 공원이 생겨나고 발달하게 되었다. 이에 비해서 우리나라는 시민혁명이나 산업혁명과 같은

60 장윤환, 2000, 혼란기 서울도시공원의 수난과 정착과정, 경북대학교 대학원 석사학위논문.

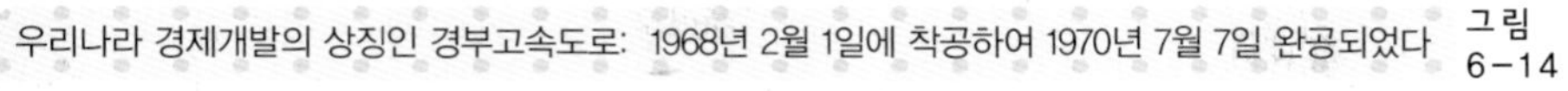

우리나라 경제개발의 상징인 경부고속도로: 1968년 2월 1일에 착공하여 1970년 7월 7일 완공되었다 그림 6-14

의식전환기가 부재했으며 정치적 권력에 의한 탄압으로 인하여 현대에 와서도 시민의식이 제대로 성장하지 못하였고, 이러한 상황에서 공원도 단지 도시계획 시설의 하나로서만 인식되어 왔다. 그러나 1960년대와 1970년대를 거치면서 경제성장으로 인한 소득수준 및 교육수준의 향상됨에 따라 1960년대에부터 한국의 도시공원은 제도화되기 시작하였으며, 제1차 경제개발 5개년 계획의 시작 연도인 1962년에 도시계획법과 건축법이 제공되어 공식적으로 공원의 개념이 형성되었다.

그리고 1967년에는 도시계획법으로부터 공원법이 분리·제정되어 공원정책의 전환기를 맞았다. 공원법제정 이전에는 〈서울특별시행정에 관한 특별조치법(1962.1.27)〉에 의거하여 당시의 공원행정은 건설국 토목과 계획계에서 담당했으며, 그 다음해(1963.3.7)에 건설국 토목과에 공원계가 신설되어 공원행정은 그때부터 독립되어 발전하게 되었으며, 후에(1965.9.2) 공원시설계로 명칭을 변경했다. 이후 박정희 대통령의 치산녹화와 유적지조경에 대한 열정으로, 특히 서울시의 경우 산림과(1965)－녹지과(1966)－녹지국(1973)－공원녹지국(1979)으로 공원 관련 조직이 확대 개편되었다. 1967년 제정된 공원법에는 도시공원을 “도시계획법에 의한 도시계획시설로서 설치하는

공원 및 녹지"라고 정의했다. 이와 함께 1973년에 청와대에 조경담당 비서관을 둠과 아울러 서울대학교와 영남대학교에 조경학과가 개설됨으로써 조경이라는 학문이 우리나라에 공식적으로 도입되어 한국의 도시공원 조성과 발전에 박차를 가하게 되었다.[61] 1980년 1월 도시공원법과 자연공원법이 제정되었다. 당시 도시공원법에서는 도시공원을 "도시계획시설의 하나이며, 시민의 보건, 휴양, 정서생활에 기여하고, 도시민의 위락활동에 이용되는 장소로서 도시의 건전한 발달과 공공의 안녕, 질서 및 공공복리의 증진을 목적으로 지방자치단체가 설치하는 녹지공간"이라고 정의했다. 이러한 도시공원의 기능에 부응하듯 1980년대 들어서 서울의 경우 한강시민공원이 조성되었고 보라매공원이나 경희궁공원과 같은 군부대와 학교가 이전한 자리에 공원이 조성되었다.[62] 특히 86아시안게임과 88올림픽을 계기로 서울시 강동구 잠실동의 아시아공원과 서울을 비롯한 각 지방에 올림픽공원 등과 같은 기념공원이 많이 조성된 것도 이 시기의 특징일 것이다(그림 6-15).

그 후 문민정부와 국민의정부의 시대엔 1992년 리우회담의 영향으로 환경과

그림 6-15 1988년 서울올림픽을 위해 조성된 송파구 방이동의 올림픽공원 전경

61 박인재 · 이재근, 2002, 서울시 도시공원 변천에 관한 연구, 한국정원학회지 20(4) pp.107-108.
62 박인재 · 이재근, 2002, 서울시 도시공원 변천에 관한 연구, 한국정원학회지 20(4) p.108.

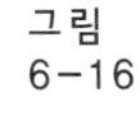

그림 6-16 여의도공원의 원래 이름은 '5 · 16 광장'이었다

생태에 대한 관심의 고조로 길동생태공원과 같은 생태공원의 조성에 대한 관심이 높아졌으며 여의도공원도 이러한 환경과 생태에 대한 관심과 움직임에 힘입어 조성되었다. 특히 여의도공원의 경우 1971년에 준공한 여의도 광장이 그 근간을 이루는데 이 광장은 당시 우리나라의 국방력을 과시하기 위해 만들어진 것이며, 원래 이름은 '5 16 광장'이었다. 이 광장은 군사 퍼레이드, 대규모 종교 집회 등에 쓰였다가 1980년대에 이르러 여의도 한강시민공원이 생기면서 '여의도광장'으로 바뀌었고, 자전거를 타는 곳으로 쓰였다. 1999년에 이르러, 잔디와 숲을 갖춘 뉴욕의 센트럴파크와 같은 '여의도공원'으로 재탄생하였다.

그리고 2000년대에 들어서는 서울의 경우 2002년 월드컵 개최를 준비하면서 쓰레기 산이었던 난지도를 중심으로 한 지역에 월드컵공원(평화의 공원, 노을공원, 하늘공원, 난지천공원)을 조성하였다. 특히 선유도공원은 1978년부터 2000년까지 서울 서남부 지역에 수돗물을 공급하는 선유도 정수장의 건축 시설물을 재활용하여 녹색 기둥의 정원, 시간의 정원, 물을 주제로 한 수질정화원, 수생식물원 등을 조성하여 2002년 4월 26일 시민공원으로 개장하였다. 이어서 청계천 복원, 서울숲 그리고 서서울호수공원 같은 대규모 프로젝트를 통한 공원녹지가 새롭게 탄생했다.

CHAPTER
07

공원녹지는 어떻게 만들어졌나

공원녹지정책은 그 곳에 사는 사람(people)과 장소(place)의 특성 그리고 시대정신(time)을 반드시 반영하여야 한다. 우리 지자체의 공원녹지가 시대별로 어떤 시대적 트렌드와 사고가 어떤 방식으로 정책에 영향을 주어 공원녹지가 조성되어 왔는지 그리고 앞으로 공원녹지가 어떤 모습으로 발전되어 갈지를 짐작할 수 있다. 지방자치 민선시대, 즉 1993년 이후 지방자치단체, 특히 지방도시인 대구광역시의 공원녹지도입의 변천과정과 서울특별시의 민선 이후 공원녹지정책의 변화를 그 도시의 대표적인 공원녹지를 중심으로 살펴보자.

7.1 대구시 도시공원의 도입과 전개[1]

대구 최초의 공원은 달성공원으로 일제는 우리의 국가사적 달성에 서려있는 민족혼을 말살하기 위해 1905년 이곳을 최초로 공원화했고, 1906년에는 자기들 천황을 신봉하는 신사인 요배전을 지었으나 실제 1921년 무렵이 되어서야 대구에 도시계획시설로서 도시공원이 처음 등장했다. 이곳은 해방 이후 1946년에는

1 김수봉 외. 2005. 도시조경의 이해. 문운당 pp.95-104 참고하여 재작성.

그림 7-1 달성공원에 아직 남아있는 일제강점기의 흔적인 가이즈카 향나무

그림 7-2 달성공원 테니스코트 롤러로 쓰이는 일제강점기 신사의 기둥

내부만 철거한 후 단군을 기리는 천진전(天眞殿)으로 사용하다가 1965년에야 건물전체를 허물었다. 공원 중앙 원형광장의 형태와 배치는 일본 도쿄의 우에노공원과 거의 비슷한 일본 정원의 전형적인 모습으로 조성되었다고 한다. 대구 거류민이었던 일본인 가와이 아사오가 쓴 '대구이야기(大邱物語)'에 따르면 이토 히로부미가 순종과 함께 심었다는 달성공원 입구 정면의 일본산 가이즈카

향나무 두 그루와 현재 공원 내 테니스코트 롤러로 사용 중인 신사의 기둥은 일제강점기 대구신사의 흔적을 보여준다(그림 7-1, 그림 7-2).[2]

1) 달성공원과 중앙공원

달성공원은 해방 이후부터 1950년대 말까지 미군 군사시설이 공원을 점령하고 있었다. 1964년 달성공원이 정부로부터 대구시에 무상으로 양도된 후 재정비가 본격화되었으나 너무 이상적인 계획으로 인해 당시로서는 재정부족 등의 이유로 실현 가능성이 희박하여 계획대로 실현되지 못하고 방치되고 있었다.

그러나 실질적인 달성공원 재정비는 1966년에 와서 다시 본격적으로 추진되기 시작하여, 단군숭봉회가 사용하고 있던 공원 내의 신사건물이 철거되고, 공원설계 현상공모를 실시하였다. 그 후 1967년 11월에 조선시대 건축양식의 정문이 준공되고 종합문화관이 세워졌지만, 자금난으로 공사가 늦어져 당초 1년 안에 개원할 계획이었던 공원공사는 3년이 지난 1969년 8월 1일 정식으로

달성공원 입구의 모습 그림 7-3

2 http://www.yeongnam.com/mnews/newsview.do?mode=newsView&newskey=20131129.010340813590001 이토 히로부미의 향나무는 무성하고…신사 기둥은 롤러로 굴러다닌다. 2015년 11월 3일 검색.

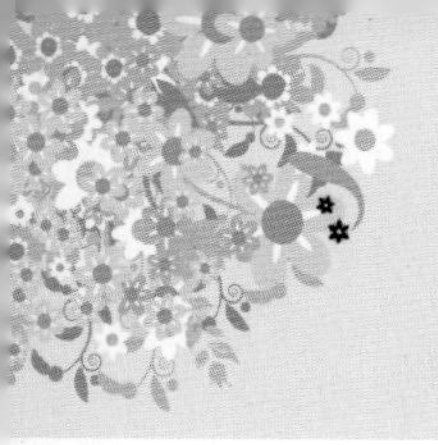

공원으로 변모했다. 경북대 조원학연구실과 조선의 왕위 계승권자였던 영친왕 이은의 아들 이구의 설계에 의해 1970년 동물원까지 만들어지면서 달성공원으로 불리게 되었다. 한편 1970년대 이후 대구시민을 위한 위락공간으로의 역할을 하던 달성공원은 1990년대부터 동물원 노후화가 지적되면서 달성토성을 복원하기 위해서 동물원을 이전시키자는 논의가 계속 되었다. 2000년대 들어 현재 지하철 2호선 대공원역 일대에 동물원을 이전시키고 테마파크를 만들어 대구대공원을 만들려고 했으나 지역 간의 갈등과 1,000억원을 훌쩍 넘는 이전 비용을 지방자치단체에서 부담할 여력도 되지 않았던 데다 투자할 민간사업자도 나타나지 않아 표류상태다(그림 7－3).

1960년대 대구에서 개원된 또 다른 공원으로는 중앙공원(현 경상감영공원)이 있다. 현재 중앙공원이 위치한 경상감영(慶尙監營)은 조선의 지방 행정의 8도제하에 경상도(慶尙道)를 관할하던 감영(監營)으로 요즈음의 도청(道廳)과 같은 역할을 했다. 경상감영은 1910년 경상북도 청사로 개칭하여 사용하다가 해방 이후부터 1966년까지 중구 포정동에 있던 경북도청을 북구 산격동으로 이전하였다. 이곳은 1950년대 말 경북도청 이전 안이 확정된 후부터 이 부지에 공원을 조성하겠다는 대구시와 관광호텔과 백화점을 건설하겠다는 경상북도의 의견이 첨예하게 대립하였다. 결국, 1965년 건설부장관의 고시에 의거하여 공원으로 지정되었으나 그 후에도 약 5년간 이 부지는 예산부족으로 버려진 채 방치되었다.

대구시는 1970년 1월 경상감영 터에 공원계획을 새롭게 확정하고 1970년 10월 개원하게 되는데, 당시 입장료는 어른 30원, 어린이가 10원이었다.

1990년대에 들어서면서 대구시는 도시공원의 필요성을 인식하고, 도심부의 녹지공간 확보를 위해 도심에 위치한 기존 공원의 재정비와 새로운 공원의 조성에 주력하여, 중앙공원을 전면 재정비하여 경상감영공원이란 이름으로 개원하였다.

중앙공원은 각종 시설의 노후화와 어둡고 폐쇄적인 분위기로 1978년을 고비로 이용자가 해마다 줄어들어 시민의 욕구에 부응하지 못하는 상태였다. 이에 따라 대구시는 중앙공원의 재정비를 추진하여 1997년 10월 준공하였으며, 공원의 명칭 또한 경상감영공원으로 새롭게 명명하여 대구의 역사·문화적 의미를

노인들의 만남의 공간으로 변한 경상감영공원 그림 7-4

더하였다. 새롭게 조성된 경상감영공원은 담장을 모두 헐고 공원 전체가 한눈에 보이도록 설계하여 이용자들의 접근성을 높이고 공원 내 범죄예방은 물론 공원 주위의 상권에 활력을 불어넣었고 노년층을 위한 만남의 공간으로 제 역할을 다하고 있다(그림 7-4).

2) 앞산공원과 망우공원

1960년대에 대구시의 대표적인 두 공원인 달성공원과 중앙공원이 개원하였지만, 대구시는 1970년대에 들어서면서 가속된 인구증가와 도시화로 소규모의 공원보다는 대규모의 종합공원 필요했다. 그래서 시는 1965년 2월에 공원으로 지정된 이후 별다른 계획 없이 방치되고 있던 앞산공원 조성사업을 1970년에 착수하여 다음해 1971년에는 공원개발을 위한 측량을 끝내고 조성계획을 수립하였다.

계획 당시, 앞산공원은 규모가 막대하여 시설비가 많이 소요되므로 전체적인 개발은 불가능하다고 보고, 5대 계곡으로 분류하여 계곡단위로 1년에 1지구씩, 즉 큰골, 고산골, 안지랑골, 파동골 그리고 월배 상인지역이 차례로 1975년까지

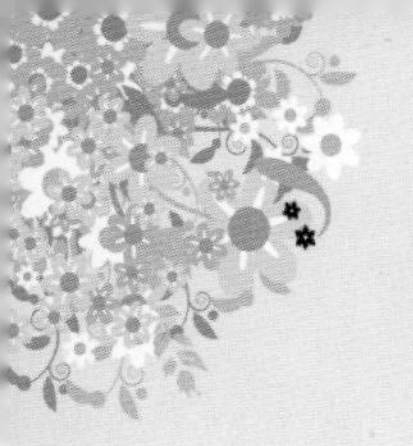

그림 7-5 앞산공원의 명물 케이블카

연차적으로 개발한다는 계획을 세웠다. 예컨대 큰골을 대상지로 한 제1지구는 충혼탑을 중심으로 기념광장과 골프연습장, 유원지 시설, 잔디 대광장, 야영지, 피크닉장 등이 포함된 중심지구로 계획하였다. 한편, 1973년 9월 착공된 용두방천과 달성군청을 연결하는 길이 3,755m의 앞산순환도로가 1975년 12월 완공되어 공원개발을 촉진시켰고, 앞산공원의 명물 케이블카는 1974년 일반에 공개되었으며 회전그네, 회전목마 등의 놀이시설을 갖춘 유기장은 1979년 4월에 완공되었다.

현재 앞산은 누구나 쉽게 오를 수 있는 산책길인 '자락길'을 따라가면 대구시 전경을 한 눈에 볼 수 있는 케이블카도 탈 수 있다(그림 7-5). 앞산 아래에는 대구 명물 곱창거리와 세상의 모든 커피를 맛볼 수 있는 커피거리가 이웃해 있다.

앞산공원 조성과 더불어 1972년에는 동촌유원지와 인접해 있는 망우공원이 조성되었다. 망우공원은 임진왜란 당시 의병장이었던 망우당 곽재우 장군의 호를 따서 이름 지어졌으며, 1972년 4월 망우당 곽재우 장군 동상이 제막되고 난 후에 본격적으로 추진되었다.

1970년대 말에 가서 대구읍성의 네 개의 성문 중 하나였던 남문 복원의 움직임이 있자, 대구시는 망우공원이 경부고속도로 동대구 진입로변에 위치한 것에

그림 7-6 망우공원에서 바라본 영남제일관

그림 7-7 홍의장군 곽재우 동상이 있는 망우공원

착안하여 대구읍성으로 들어오는 최대의 관문이었던 남문을 이곳에 중건하기로 결정하고 조선시대 편액대로 '영남제일관'이라 명명하여 중건하였다(그림 7-6). 망우당공원의 곽재우장군 동상과 영남제일관은 외부로 여행을 떠났다가 대구로

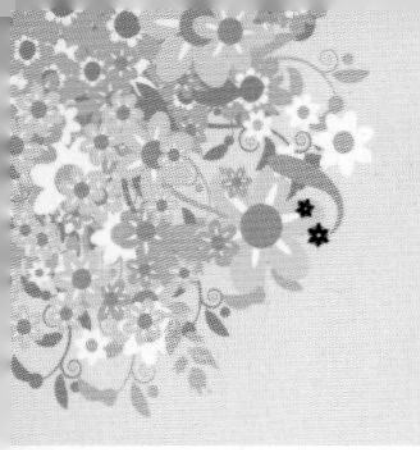

돌아오는 대구시민들에게 고향으로 돌아왔음을 알려주는 상징물이다(그림 7－7).

1970년대에는 앞산공원과 망우공원뿐만 아니라, 대구 도심에서 서쪽으로 약 3㎞ 떨어진 서구 내당동과 성당동 일원의 두류산이 두류공원으로 개발되기 시작하였다. 두류공원은 1965년 2월 대구시의 도시계획재정비로 도시계획이 변경되면서 이와 함께 공원으로 결정고시되었고, 이때부터 공원 전체에 대한 계획의 윤곽이 드러나기 시작하였다. 그 후, 두류공원은 별다른 조성계획 없이 방치되다가 1970년대에 들어서면서 공원조성이 추진되어 1974년 두류공원 기본계획이 확정되었고, 이를 위해 성당못 주변의 도시계획가로의 정비와 도축장, 묘지, 군훈련장의 이전, 성당못의 정화 등을 우선 추진하고자 하였다. 그러나 대구시의 재정난 등으로 인해 두류공원 조성은 3년째인 1977년까지도 지지부진한 상태를 면치 못하다가 1977년 5월 시설을 제대로 갖추지 못한 채 개원되었다. 이후 두류공원은 1977년 10월 대구시민헌장비 제막, 축구장 준공, 1978년 7월 야구장이 착공되면서 공원조성은 활기를 띠게 되었다.

3) 두류공원과 범어공원

1980년대에 들어서면서 대구시의 직할시 승격, 시민의 여가에 대한 인식변화와 국제대회 개최에 대비한 도시미화 등으로 인해 도시공원의 중요성은 더욱 부각되었다. 이에 따라 대구시는 조성 중이던 앞산공원과 두류공원에 대한 기본계획을 새로이 수정하고 공원 조성에 박차를 가하였다.

우선 대구시는 1970년 개발에 착수하여 1971년부터 본격적인 공원조성에 들어간 앞산공원에 대해서 1980년 12월 새로운 10개년 계획을 수립, 조성계획을 재정비하여 도시자연공원으로 개발하고자 하였다. 그리고 앞산공원 조성계획과 함께 1970년대부터 추진되어온 두류공원 조성계획 역시 1980년 5월 기본계획이 대폭 변경되었다. 대구시는 우선 성당못을 완전히 정화하고 주변을 정비하여 시민의 휴식처로 사용하도록 하였으며, 야구장, 두류도서관, 두류수영장 등의 시설을 완공하였다(그림 7－8).

한편, 대구시는 범어공원을 1965년 2월 공원으로 지정하였고 당시 추진 중이던 어린이회관을 범어공원 내에 건립하기로 확정하고 조경계획을 본격적으로 추진하여 1979년 12월 기본계획을 완성하였다.

두류공원의 성당못 그림 7-8

범어공원 내 어린이회관의 꿈누리관과 꾀꼬리극장 그림 7-9

범어공원은 어린이시설이 주가 되도록 설계하였으며, 어린이과학관, 어린이문화관의 건립과 함께 어린이 유희시설을 각 지구별로 4개 지구에 분산 배치하여 민간자본의 유치가 용이하도록 계획하였다. 이 계획에 따라 1983년

어린이회관이 준공되고, 이듬해 학생과학관이 준공되었으나 민간자본 유치와 부지매입 문제 등으로 난항을 겪다가, 결국 공원조성계획에 참여했던 기업의 도산으로 유희시설의 도입은 무산되었다. 그러나 어린이회관은 1980년 11월 11일에 건립공사를 착공하여 1983년 10월 31일에 준공, 1983년 11월 15일에 개관하였다.

현재 범어공원 내 어린회관의 꿈누리관에서는 어린이가 즐길 수 있는 동화속의 분위기를 연출하여 과학에 대한 호기심과 상상력을 유발하고 기초과학의 원리 체험을 통해 과학의 원리를 이해하고 탐구하며 4개의 전시실로 꾸며져 있다. 그리고 꾀꼬리극장은 객석 수 700석 규모의 공연장으로 각종 문화행사와 다양한 예술 공연을 할 수 있는 시설이 갖추어져 있다(그림 7-9).

4) 봉무공원, 국채보상기념공원. 2 · 28기념중앙공원

1992년 리우환경회의 이후 세계적으로 환경문제에 대한 관심이 증대되었고, 이러한 상황은 국내에도 영향을 미치게 되어, 도시공원의 중요성이 새삼 강조되었다. 이에 따라, 대구시는 도심지에 위치한 기존 공원의 재조성과 외곽지 대규모 공원조성에 주력하게 된다.

우선, 대구시는 우선 동부지역의 외곽지에 위치한 봉무공원을 종합레포츠공원으로 개발하였다. 봉무공원은 1965년 2월 공원으로 지정 · 고시되고 1970년대 후반에 가서 공원조성계획이 수립되었다. 1978년 대구시는 이곳을 자연공원의 성격을 띤 정적인 공간이 주가 되도록 계획하고 부분적으로 동적인 시설을 추가하여 전망대, 동 · 식물원, 수족관, 유물전시관, 야외음악당, 수영장 및 스케이트장 등의 시설을 설치할 계획이었으나, 이 역시 재정부족 등의 이유로 실현되지 못하고 있었다. 대구시는 이러한 봉무공원에 1984년에 완공된 사격장을 포함하여, 테니스장, 배드민턴장, 배구장, 농구장, 게이트볼장, 씨름장, 롤러스케이트장과 20여 종의 체력단련시설을 설치하여 1992년 10월 공사를 완공함으로써 종합레포츠공원으로 거듭나게 하였다. 현재 봉무공원은 아이들이 재미있게 물체험을 할 수 있는 유아 시설부터 스릴을 만끽할 수 있는 성인들을 위한 시설까지 골고루 갖춘 대구에서 다양한 수상레포츠를 즐길 수 있는 최고의 장소로 재탄생하고 있다(그림 7-10). 앞으로 공원녹지 내 수변공간을 잘 활용한

그림 7-10 수상레포츠의 요람으로 변신하고 있는 봉무공원의 모습

다양한 휴식·여가 공간의 개발이 필요하며, 수변공간이 도시민들의 공원이용을 더욱 활성화시킬 수 있을 것이다.[3]

한편 중앙공원을 경삼감영공원으로 바꾸는 작업과 함께 당시 가로공원형태의 동인공원도 새롭게 확대 조성하였다. 대구여중고의 터였던 동인공원은 1982년 10월 공원으로 지정·고시되면서 1984년 공원조성계획이 수립되었으나, 재정문제로 뜻을 이루지 못했다. 그러면서 이곳에 대구경찰청, 공무원교육원, 중앙도서관, 중구청 등의 공공기관이 들어서면서 공원기능을 제대로 다하지 못하고 있었다. 이에 대구시는 1996년부터 동인공원 종합개발계획을 수립하고 부지 내 건축물의 이전과 용지 매입을 추진하여 본격적인 공원 재조성 사업을 시작하였으며, 그 결과 경북지사 관사 터와 전매청 관사 터, 대구경찰청과 중구청 이전 부지를 공원용지로 매입하였다. 또한, 대구시는 공원 재조성 시 국채보상운동의 발원지인 대구의 자긍심을 고취하고자 공원의 명칭을 국채보상운동기념공원으로 변경하였다(그림 7-11). 그 추진경위를

3 김수봉 외, 2012, 수변공원의 이용행태 및 시민의식 조사 – 대구광역시 봉무공원과 수성유원지를 중심으로–, 휴양 및 경관연구 제6권 제2호, pp.37–44.

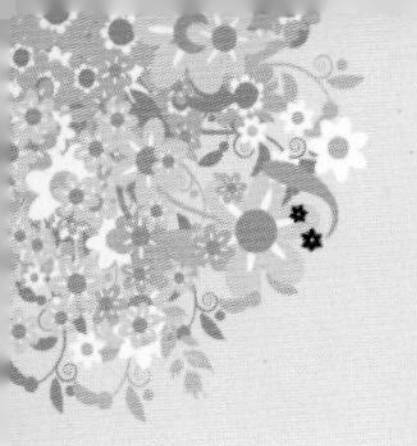

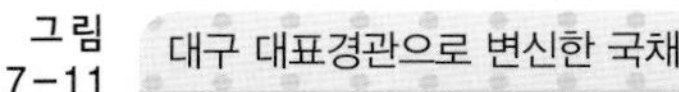

그림 7-11 대구 대표경관으로 변신한 국채보상기념공원과 경북대의대 인근 모습

요약하면 먼저 1998년 2월 갑을그룹 '동인공원조성사업' 인계를 위한 대구시와 업무협약, 1998년 5월 1단계 공사완료(구 경찰청청사 부지주변 인도 및 녹도조성공사), 1998년 12월 2단계 공사완료(구 경찰청청사 부지주변 2,200평 공원조성, 종각, 대형종 건립), 1999년 10월 3단계 공사완료(중앙도서관 서편광장주변의 4,520평 공원조성공사) 등의 과정을 거쳐 드디어 1999년 12월 20일 준공을 하고 1999년 12월 21일 기념식 및 점등식 행사를 가졌다.

한편, 국채보상운동기념공원의 준공과 더불어 그 주변에 위치한 경북대학교 의과대학과 부속병원 부지도 이와 연계하여 담장을 허물고 새롭게 녹지공간을 조성하여 도시 공공녹지로서의 면모를 갖추게 되어, 이 일대는 대구의 대표 경관으로 자리 잡았다.

이외에도 대구 도심의 구 중앙초등학교 부지에 2·28기념 중앙공원이 조성되는 등 도심 녹지공간이 새롭게 조성되었다. 1905년에 설립된 중앙초등학교는 1994년 폐교 방침이 결정된 후 교육청이 재정확보를 위해 이곳을 상업부지로 매각하려 했으나, 학교동창회와 시민단체 등이 참여한 '중앙초교 문화공간화 및 공유지 녹색공간화 범시민협의회'를 주축으로 한 매각반대로 결국 1999년 4월 학교터가 근린공원으로 지정되었다. 10년에 걸친 공원조성 과정에서 우리나라 민주화 운동의 도화선이 되었던 2·28학생의거를 기념하고 지리적

2.28기념 중앙공원 현재 모습 그림 7-12

특성 및 근대 공교육의 발상지로서의 역사성을 살려 공원의 명칭을 '2·28기념 중앙공원'으로 결정하였다. 2·28기념 중앙공원은 대구시 중구 공평동 15번지 일대의 4,342평의 넓이로 2001년 2월 28일 기공식 이후 3여 년의 공사를 완료하고 2004년 4월 1일부터 2·28기념 중앙공원으로 불리게 되었다(그림 7-12).

5) 가로수,[4] 도시숲, 푸른옥상

다른 도시와 차별화 되는 대구의 공원녹지는 가로수와 학교숲 그리고 푸른옥상이다. 2014 대구시 환경백서에 따르면, 대구지역 가로수는 은행나무가 전체의 24.3%(4만 7천 367그루)로 가장 많으며, 느티나무는 22.1%(4만 3천 225그루)로 그 다음이며, 이 밖에도 양버즘나무(15.9%), 벚나무류(12.4%), 단풍류(7.7%), 이팝나무(6.7%) 등 총 19만 5천 294그루가 식재돼 있다. 대구의 중요한 그린인프라인 가로수는 대구시가 장기적인 목표를 가지고 정책적으로 추진해 온 사안이다. 특히 대구시는 가로수의 가치를 더욱 높이기 위해 가로수 2열 식재, 교통섬 수목식재, 중앙분리대 수목식재 등을 적극 추진했다. 대구의 대표적인 가로수는 우선 동대구로(파티마병원삼거리 두산오거리)를 들 수 있다.

4 2012년 대구시 보도자료 참고.

그림 7-13 대구의 대표가로수인 동대구로의 히말라야시더(개잎갈나무)가로수

이곳은 중앙분리대에 식재된 히말라야시더(Himalayan cedar, 개잎갈나무)가 폭이 70m인 대로를 녹색으로 덮어 사계절 푸른 가로숲을 형성하고 있으며 동대구역을 통해 대구를 찾는 외지인들에게 가장 먼저 녹색도시의 이미지를 제공하고 시민들에게는 자긍심을 준다. 또 폭 20m에 달하는 중앙분리대 녹지는 타 도시의 신도시 개발의 모델이 되기도 했다. 동대구로 가로수는 '제1회 아름다운 숲 전국대회'(생명의 숲, 2000년)와 '아름다운길 100선'(건설교통부, 2006년)에 선정된 바 있다.

대구를 동서로 가로 지르는 간선도로인 달구벌대로(사월교 · 강창교)는 24km 전 구간에 걸쳐 중앙분리대에 식재된 느티나무와 양버즘나무 등의 가로수 들이 짙은 녹음을 뽐내고 있다.

중앙분리대 수목 식재와 더불어 가로수 2열 식재는 대구 특유의 식재 패턴이며 보행자들에게 쾌적한 환경을 제공하고 있다. 보도가 넓은 구간에 추진한 가로수 2열 식재는 인도와 연접한 녹지 등에 가로수와 연계한 수목을 식재토록 해 보다 많은 구간을 수목터널로 만들었다. 국채보상로(국채보상운동기념공원 일원)의 대왕참나무 2열 식재구간으로 무더운 여름철에도 시원한 숲길을 걷는 것 같은 느낌을 주며 겨울철에는 조명을 설치해 특색 있는 수목경관 야경을 시민들이

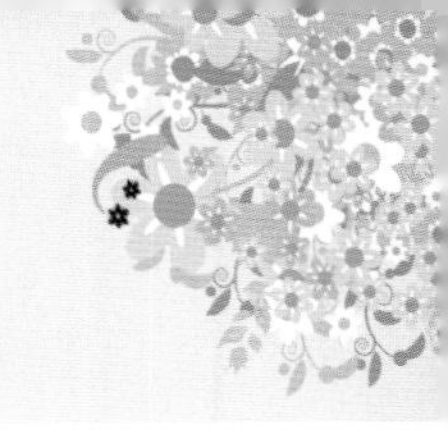

국채보상로는 대왕참나무를 2열 식재하여 성공한 사례다. 그림 7-14

감상할 수 있다.

한편 대구시는 가로수의 수종 다양화를 위해서도 노력을 기울여서 가로수로 잘 식재하지 않던 수종 중 가로수로 적합한 수종을 발굴해 왔다. 대구시가 발굴 도입한 대표적인 수종은 이팝나무(앞산순환도로), 대왕참나무(국채보상로), 물푸레나무, 피나무(죽곡지구) 등이 있으며, 이러한 수종들은 타 도시에도 소개되어 지금은 여러 도시에서 가로수 수종으로 애용되고 있다.

또 다른 대구의 대표적인 공원녹지는 도시숲과 학교숲이 있다. 도시숲이란 국민의 보건휴양·정서함양 및 체험활동 등을 위하여 조성·관리하는 산림 및 수목으로 공원, 학교숲, 산림공원, 가로수(숲) 등을 말한다. 우리나라는 급격한 도시화로 인하여 전체 인구의 약 90%가 도시지역에 거주하고 있으나 우리나라 국민 1인당 도시숲 면적(8.3㎡)은 세계보건기구 권고기준(9㎡)에는 못 미친다. 특히, 특별시·광역시의 경우 1인당 생활권 도시숲 면적은 평균 7.1㎡로 런던(27㎡), 뉴욕(23㎡), 파리(13㎡) 등 선진도시와 많은 차이를 보이고 있다. 대구시의 도시숲 사업은 다양한 유형의 생활권에 녹색공간을 확충해 시민에게 쾌적한 환경을 제공하겠다는 목적으로 추진됐다. 2015년 들어 대구시에선 총 19곳(9.1㏊)에 도시숲이 조성됐거나 조성될 예정이다. 현재 대구시와 각 구·군은

그림 7-15 율하체육공원 도시숲

15곳의 도시숲을 조성한 했는데 특히 동구 율하체육공원에 0.16㏊ 규모의 생활환경숲이 조성됐으며, 인근 율하광장에도 0.15㏊ 규모의 숲이 꾸며졌다(그림 7-15). 대구에서 녹지가 가장 부족한 서구지역에도 0.8㏊ 규모의 쌈지공원이 조성되거나 꽃나무가 식재됐다. 동구의 동신교 입구에도 0.1㏊ 규모의 도시숲이 조성됐으며, 달서구 성서산업단지에는 0.5㏊ 규모의 완충녹지숲이 만들어졌다.

한편 도시숲의 하나인 학교숲은 자라나는 학생들의 정서 함양 및 환경 의식 배양을 위해 추진되기 시작했다. 2015년 명덕초등과 아양초등, 동부중 등 6개 학교에 학생숲이 조성되며, 이들 숲은 학생에게 아름다운 경관과 자연체험학습 기회를 제공해 줄 것으로 기대된다.

마지막으로 대구에는 푸른 옥상이 있다. 대구시는 2015년부터 '푸른 옥상 가꾸기' 사업을 도시 전역으로 확대 실시하고 있다. 2018년까지 100억원이 넘는 사업비를 투입해 옥상 500곳(6만 2천㎡)에 푸른 옥상가꾸기 사업을 실시한다는 계획이다. 대구시는 2007년부터 푸른 옥상가꾸기 사업을 본격적으로 추진하여 2014년까지 총 172개소, 33,474㎡를 녹색공간으로 조성하였다. 그동안 총 사업비 7,049백만원을 투입하여 공공부문 22개소 10,042㎡, 민간부문 150개소 23,432㎡에 대하여 옥상 생태공간 조성을 완료하였다(그림 7-16).

올해 2015년부터 2018년까지 총 110억 원의 사업비를 투입하여 옥상 500개소,

푸른 옥상가꾸기 사업으로 조성된 대구시교육청 옥상의 모습 그림 7-16

62,000㎡를 대구시 녹색 네트워크의 새로운 거점으로 조성할 계획이다. 2015년에는 4월 말에 착공한 대구 서구 소재 다이텍연구원(구 한국염색기술연구소)의 옥상정원은 6월 초에 준공했고, 민간부문은 올해 2월에 신청한 60개소 중 19개소를 대상으로 구조안전진단 및 설계를 거쳐 6월 말까지 사업완료를 목표로 하고 있다. 또한, 하반기에 공공부문 사업을 확대하여 공공기간을 찾은 시민들에게 휴식공간을 제공하는 등 시민 삶의 질을 높여 나갈 계획이다. 특히, 2016년도 푸른 옥상가꾸기 사업의 원활한 추진을 위하여 환경부가 주관하는 온실가스 감축과 기후변화 적응과 관련한 테마사업을 발굴하여 국비 10억 원을 지원 신청하는 등 사업비 확보에도 최선을 다하고 있다. 대구시는 녹화에

대구도시철도 3호선 주변 옥상의 모습 그림 7-17

들어가는 비용의 50~80%를 대구시에서 지원하기 때문에 옥상녹화에 관심을 가지는 시민도 점차 늘고 있다.[5] 특히 대구도시철도 3호선이 지나가는 건물옥상은 하늘정원이라는 이름으로 3호선이 준공될 때까지 정비해왔으며 앞으로 푸른 옥상가꾸기 사업의 주요 목표가 될 것이다(그림 7－17).

7.2 서울특별시[6]

1) 여의도샛강생태공원과 길동생태공원, 영등포공원

제1대(1996.8~1998.6) 민선시장이었던 조순은 〈공원녹지 확충 5개년계획〉을 수립하여 그동안 관(官)중심으로 많은 면적의 공원 녹지를 확보하려던 정책에서 시민중심의 방향으로 전환하였다. 특히 92년 리우환경회담의 영향을 많이 받았던 그의 임기동안 〈환경기본조례〉와 〈환경헌장〉을 제정하였고, 〈서울의제 21〉을 구성하여 시민단체와 함께 녹지정책을 추진하였다. 이 시기에 1996년 여의도샛강생태공원과 길동생태공원을 개원하였으며, 양재천 자연형하천 복원사업이 추진되는 등의 그 당시 지속가능한 개발의 영향으로 생태공원의 개념을 정책에 도입하였다. 이러한 생태공원에서는 대도시에서 쉽게 보기 어려운 동식물이 있어서 자연관찰을 할 수 있다. 이외에도 1971년에 준공한 여의도광장을 1999년 여의도공원으로 재조성하였고, 기존 시설이 옮긴 이전 적지에 공원을 만들기도 했는데, 옛 OB맥주 공장 터를 서울시가 매입하여 1998년에 영등포공원으로 탈바꿈시켰다(그림 7－18). 이것은 도시 재생적 관점에서 도시의 쇠퇴지 및 이전 적지를 공원으로 조성한 사례로서 좋은 본보기가 되었다. 이처럼

5 http://www.yeongnam.com/mnews/newsview.do?mode=newsView&newskey=20151029.010060735470001 9년째 옥상 등 도심 곳곳에 나무심기…'대프리카' 오명 벗는다. 2015년 11월 2일 검색.

6 https://seoulsolution.kr/content
자료: 서울정책아카이브 및 시민이 가꿔나가는 푸른 공간, 서울시 녹지정책.
http://boomup.chosun.com/site/data/html_dir/2015/06/26/2015062602161.html 참고. 2015년 10월 30일 검색.

영등포공원은 예전 OB맥주 공장 터를 서울시가 매입하여 조성하였다. 그림 7-18

민선 1기는 "소극적인 공해방지 차원의 도시정책에서 벗어나 서울을 인간과 자연이 공생하는 환경친화적인 도시로 만들고 당장의 일시적인 성장인 아니라 앞으로 지속가능한 성장을 도모하기 위하여 많은 공원녹지를 확보해야 한다는 것"[7]이 가장 중요한 공원녹지정책의 정책 목표였다.

2) 선유도공원 · 낙산공원 · 월드컵공원

민선 2기(1998.7~2002.6)의 주요 특징으로는 〈나무 천만그루 심기 운동〉 전개, 〈선유도공원 · 낙산공원 · 월드컵공원 조성〉, 〈NGO 활동 증대〉 등을 들 수 있는데, 특히 「생명의 나무 천만그루 심기」운동은 당시 고건 시장의 핵심 공약이었다. 이는 아스팔트와 콘크리트로 덮인 곳에 나무를 심어서 회색도시에서 푸른도시로 변모시키자는 것이었다. 어느 집이든 공터만 있으면 시의 예산으로 나무를 심어주겠다고 발표하자 시민들의 호응이 좋았다고 한다.

7 임휘룡, 2014, 공공복지를 고려한 생태계서비스로서의 공원녹지 정책에 관한 연구 : 서울시 성북구를 사례로, 상명대학교 박사학위논문, p.14.

2002년까지 총 3.5㎢의 면적에 1,641만 그루를 심어서, 공원녹지율이 25.44%에서 26.11%로 향상되었으나 생태적인 측면은 고려하지 못하였다. 아마도 가장 의미가 있는 고시장의 업적은 선유도에 있던 정수장을 이전하고, 정수 시설을 살려서 시민의 휴식공간으로 선유도공원을 조성한 것이 아닐까 한다. 한강을 안전하게 치수가 가능하고 생태적으로도 풍부한 자연과 문화가 있는 공원으로 새롭게 탈바꿈시키고 시민들이 즐겨 찾는 한강 만들기의 일환으로 추진하게 된 사업이었다. 결과적으로 선유도공원은 "수돗물을 공급하던 정수장으로 23년 동안 물속에 잠겨 있던 공간과 기억들이 조경가 정영선과 건축가 조성룡의 손을 거쳐서새 생명을 얻었고… 낡은 것에 대한 재생, 산업유산에 대한 문화적 계승이라는 건축의 시대적 패러다임을 일반 대중에게 선보인 첫 국내 작품인"[8] 매우 성공적인 프로젝트였다. 또한 2002년 월드컵 개최를 준비하면서 쓰레기 산이었던 난지도를 중심으로 한 지역에 평화의 공원, 노을공원, 하늘공원, 난지천공원과 같은 월드컵공원을 조성하였다. 그리고 주목할 것은 생활주변 녹화를 위하여 다른 지자체는 머뭇거리던 옥상공원화사업을 서울시는

그림 7-19 조경의 시대적 패러다임을 일반 대중에게 선보인 첫 국내 작품인 선유도공원

8 [한국의 현대건축] 〈3〉 베스트 3위 선유도공원,
http://news.donga.com/List/3/0711/20130313/53654441/1 2015년 10월 30일 검색.

2000년부터 적극 추진하였다.

민선2기는 면적위주의 공원녹지 확보정책을 추진했던 1기와는 달리 고시장의 공약사업인 〈생명의 나무 1,000만 그루 심기〉사업처럼 도시녹화 사업을 수량의 개념으로 접근하였으며 목표량 공공부문(7,000만주)과 민간부문(300만주)으로 나누고 연간 달성할 목표를 정하여 추진하였다.[9]

3) 청계천복원과 서울숲

민선 3기(2002.7~2006.6)는 2002년부터 2006년까지로 당시 이명박시장의 공원녹지정책의 핵심인 〈생활권 녹지 100만평 늘리기〉사업은 크게 4가지 범주로 나누어 본다면 먼저 생활권 주변 시민들이 쉽게 이용할 수 있는 〈생활주변 공원녹지 확충〉, 다음으로 민·관·구협력 체계강화를 통한 〈녹지보전 및 시민참여〉를 통한 도시녹지의 확보, 그리고 도시의 녹색 선을 연결하는 〈녹지벨트 조성〉, 마지막으로 〈수준 높은 공원 관리와 공원이용의 활성화〉

그림 7-20 청계천 복원은 전후 역사는 회복하였으나 생태의 회복은 아직 미지수 (사진은 복원 후(좌)와 복원 전(우)의 모습)

9 임휘룡, 2014, 공공복지를 고려한 생태계서비스로서의 공원녹지 정책에 관한 연구 : 서울시 성북구를 사례로, 상명대학교 박사학위논문, p.15.

등으로 크게 나눌 수 있다.[10] 특히 이명박시장은 시장재임 중 이룩한 청계천 복원사업으로 국내외에 그 이름을 떨쳤다. 당시 이시장은 청계천 고가를 철거하고, 대구신천의 유지수에서 힌트를 얻어 청계천을 뒤덮었던 콘크리트와 아스팔트를 걷어내어 강물이 서에서 동을 흘러가도록 만들었으며 또 청계천을 가로지르던 다리를 복원해 사람들이 청계천을 오고 갈 수 있도록 했다. 그러나 청계천은 생태복원을 목표로 전면에 내세웠지만, 거대한 인공수로를 만들었다는 비판을 여전히 받고 있다(그림 7－20).

또한 이시장의 「생활권녹지 100만평 늘리기」정책은 시민들이 쉽게 이용할 수 있는 생활권녹지와 민관협력과 주민참여를 강화, 민간단체인 (사)생명의 숲을 중심으로 학교공원화사업(2006)을 추진하여 약 376개 학교를 대상으로 364,422㎡를 녹화하였고 대학담장도 개방하여 16개 대학의 40.360㎡를 녹화하였다.

한편, 시민들의 기부와 참여로 뚝섬 지역에는 2003년 서울그린트러스트를 창립하여 민관 파트너십으로 약 35만평의 서울숲(2005)을 조성 · 관리하였다. 이는 기존의 공공에서 일방적으로 만든 공원과 달리, 시민들이 식재와 관리를 NGO와 함께 함으로써 새로운 공원의 운영관리 방식이 도입된 좋은 사례를 남겼다. 서울숲은 도로로 조각난 공간적 약점을 생태숲, 시민이용공간, 체험공간, 습지공간 등으로 세심히 분류하여 약 42만 그루의 나무를 식재하고, 한강, 중랑천, 청계천이 만나는 생태적 결절점의 기능에 충실했다. 그리하여 서울숲은 다양한 시민참여 프로그램과 볼거리를 제공하여 서울의 명소가 되었다. 이처럼 민선 3기에는 중에는 공원녹지 확충사업과 함께 시민 참여를 활성화하였다.

4) 북서울꿈의숲과 서서울호수공원, 상상어린이공원

민선 4기와 5기(2006.7~2011.8)는 오세훈 시장이 연임한 시기로 전반기는 글로벌 서울을 모토로 공원녹지 문화를 정책기조로 하여 색채디자인을 위주로 한 안내체계 개선, 화장실문화 개선, 생태문화길 조성 등을 중점사업으로 밀고 나갔다. 그의 재임 시 주요 특징은 한강르네상스, 남산르네상스 사업을

---

10 임휘룡. 2014. 공공복지를 고려한 생태계서비스로서의 공원녹지 정책에 관한 연구 : 서울시 성북구를 사례로. 상명대학교 박사학위논문. p.15.

2009년 개원한 북서울 꿈의 숲의 모습[11] 그림 7-21

추진하였으며, 강남·북 균형발전의 목표 아래 강북에 대형공원 조성과 생활권 공원의 확충, 시민참여를 통한 공원 재조성, 천만 상상오아시스 사업 등을 통하여 시민참여를 끌어내려는 정책을 펼쳤다.

오시장은 제일먼저 지역여건이 열악한 강북지역 도시환경 개선을 위해 드림랜드부지에 약 66만 3천㎡ 규모로 북서울 꿈의 숲(2009, 그림 7-21)을 조성하여 전망타워, 문화센터, 호수 및 정자, 월광폭포 등을 설치하였다. 그리고 양천구 신월정수장부지에 면적 22만 5천㎡의 서서울호수공원(2009)을 조성하였는데, 기존에 도시계획시설인 정수장부지로 이용되었으나 방치되거나 이용되지 않던 곳을 공원화함으로써 지역 내 휴식공간을 마련하였다. 2003년 폐쇄된 이후 지금까지 방치되어 있던 신월정수장부지를, 기존의 자원을 활용한 테마공원으로 조성했다. 이외에 도봉구에 약 1만 6천평에 붓꽃원, 약용식물원, 습지원 등 12개 테마로 서울창포원을 조성하였다.

또한 2008년부터 2010년 사이에 기존의 노후한 어린이공원을 대상으로 재조성한 상상어린이공원사업에 총 876억 8천만원의 예산으로 시설이

11 http://mistyfriday.tistory.com/1628

낡고 오래된 300개의 어린이공원을 '상상어린이공원'으로 재조성하였다. 이 상상어린이공원사업을 할 때 특히 자연친화적 소재를 사용하여 어린이 안전을 고려하였으며, 주민들과 어린이들이 함께 참여하여 계획 · 조성 · 관리하도록 유도하여 70년대, 80년대의 권위적이고 획일적인 공원 조성과 매우 다른 방식으로 접근하였다. 이 프로젝트를 통하여 공원의 실제 이용자이며 주인인 이용자의 수요와 니즈를 파악하고 그에 맞도록 개선해 가야 한다는 인식 전환을 이룬 좋은 사례였다.

오세훈 시장은 1,200만 관광객 유치와 글로벌 수도로서의 브랜드 가치를 높이기 위한 다양한 정책들을 펼쳤으며, 특히 경관적인 측면에서의 녹화를 중시하여 민간건축물 옥상녹화지원사업을 전개하기도 하였다.

5) 푸른도시선언과 시민생활 밀착형 공원녹지

민선 5기 후반부터 현재(2011.10~현재)까지 서울시정을 책임진 박원순 시장은 공군부대 · 생태저수지 같은 인공시설물 등의 영향으로 발생한 우면산산사태의 여파로 안전도시와 도시농업 활성화 방안을 위한 나대지 텃밭조성, 서울 둘레길 조성 등 복지적 측면을 강조하였다. 그리고 그는 도심의 벽면녹화사업, 아파트 열린녹지 사업, 학교공원화 사업 등을 지속적으로 추진하였다. 특히 한강의 물길 회복을 위하여 「2030 한강자연성 회복계획」을 수립하였고, 자연호안 및 습지정원 조성 등을 추진하여 생물과 사람이 공존하는 환경을 마련하기 위해 노력하였다. 2013년에는 행정주도에서 시민참여로의 정책전환을 실현하기 위해 공공조경가들과 함께 「푸른도시선언」을 마련하고, 기존의 하드웨어적 공간개념에서 가로, 골목길, 광장, 옥상, 벽면까지 도시를 아우르는 '공원도시' 개념으로 녹색 패러다임의 변화를 도모하였다. 따라서 푸른도시선언은 '공원녹지정책 사업에는 시민참여가 반드시 이루어져야 한다'로 요약할 수 있다.

한편 도시농업의 가치를 높이기 위해 박시장은 노들섬에 시민텃밭을 운영하였으며, 시민정원사 제도와 가로수 및 공원입양 제도를 도입하여 시민들이 주도가 되어 공원을 관리하고 있다. 또한 서울시에서는 생애주기별 힐링공원, 학교와 사회복지시설에 80여 개 싱싱텃밭 설치, 쌈지마당, 유아숲 체험장, 「맞춤형」 동네뒷산 공원 등과 같은 〈시민생활 밀착형 공원녹지〉를 조성 중에

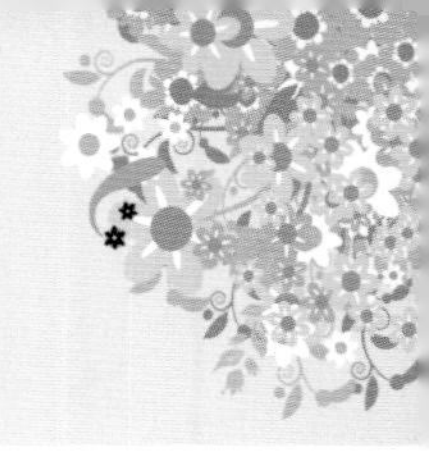

그림 7-22

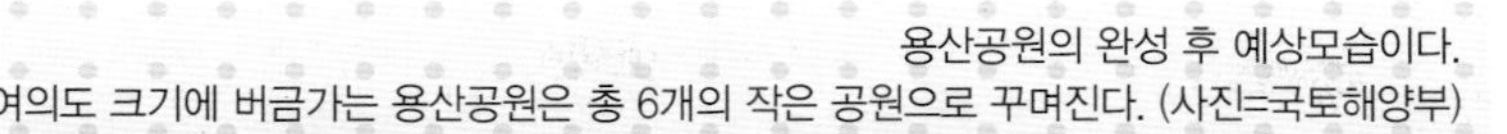

용산공원의 완성 후 예상모습이다.
여의도 크기에 버금가는 용산공원은 총 6개의 작은 공원으로 꾸며진다. (사진=국토해양부)

있다. 또한 2017년 이후에 서울 남산과 한강 사이에 여의도 면적과 비슷한 규모인 용산공원이 들어설 예정이다. 서울 남북녹지축의 중심부에 자리 잡은 78만평의 용산공원은 앞으로 용산의 미군기지가 이전하고 난 후 서울의 심장역할을 할 공원이며, 생태적 공간으로 조성될 예정이다. 용산공원은 재원 등을 감안해 단계적으로 조성·개방될 예정이다. 우선 2017~2019년 사이에 공원의 식생이 양호한 부분을 개방하고 2020~2023년 중에 공원 내 녹지축 등을 본격적으로 조성할 계획이다. 그리고 2024~2027년에는 남산부터 한강까지 녹지축을 연결하고 주변개발을 마무리할 예정이다.

한편 지난 2015년 4월 1일 서울시는 "철거 예정인 서울역 고가도로를 없애는 대신 뉴욕시의 하이라인(Highline)처럼 공원으로 바꿔 시민들이 통행하는 방안을 검토하고 있다"고 밝혔다. 이번 '서울판 하이라인' 조성 방안은 최근 박원순 시장의 아이디어로 시작됐다.

2015년 5월 13일 서울역 고가도로의 국제현상설계공모 당선작으로

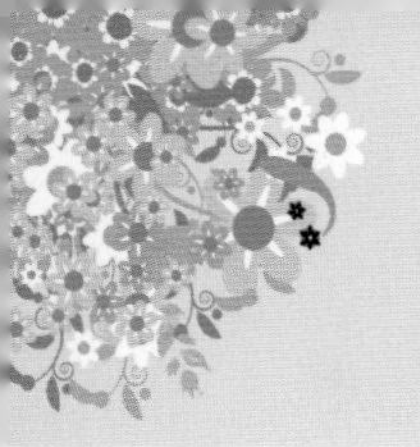

그림 7-23 '서울판 하이라인'으로의 변신이 기대되는 서울역 고가도로[12]

네덜란드 건축가 비니 마스(Winy Mass)의 '서울 수목원'을 선정했다. 당선작 '서울 수목원'은 서울역고가를 하나의 큰 나무로 설정, 퇴계로에서 중림동까지 국내 수목을 가나다순으로 심고, 램프는 나뭇가지로 비유하여 17개 보행길과 연계한다는 내용이다. 서울시는 안전 문제 등에 대한 검토 결과 문제가 없으면 당선작을 골격으로 공원으로 꾸며 정원과 산책로·자전거도로 등을 조성하는 방안을 세우기로 했으며 사업이 확정되면 국내에서 첫 번째 '서울판 하이라인'이 조성된다.

6) 서울시 공원녹지 정책의 주요 변화로 본 교훈

서울시의 공원녹지정책 변화는 크게 네 가지 관점에서 살펴볼 수 있는데 먼저 관주도에서 민간 주도로의 변화를 들 수 있다. 권력자들이 국민들에게 자신의 통치이념을 알리던 도구였던 공원녹지는 민선시기로 들어와서는 높아진 시민의식을 기반으로 시민들이 직접 공원의 조성부터 관리까지 관여하게 되었으며, 시민의 요구에 맞는 서비스 제공이 되어가고 있다. 다시 말하면 공원이 휴식과 여가를 보내는 장소일 뿐 아니라 시민의 권리를 표현하는 공간이라는 것이다.

다음의 변화는 개발에 따른 자연훼손에서 개발과의 공존으로의 변화를 들 수 있다.

---

12 https://jmagazine.joins.com/economist/view/303984 "도시 디자인의 중심은 사람" 2015년 11월 2일 검색.

그림 7-24 서울시에서 추진하고 있는 옥상녹화 및 텃밭조성사업[13]

경제성장을 우선으로 하던 시기의 부작용으로 도시에는 녹지는 잠식되었고, 공원이 들어설 빈 땅은 찾기 어려워지게 되었다. 즉 인공시스템의 확장으로 자연시스템이 사라지고 있으나 최근 도시열섬으로 인한 부작용이나 지구온난화로 인하여 공원 녹지에 대한 중요성이 커지고 있다. 따라서 개발과 환경, 즉 공원이 서로 대립하는 것이 아니라 공존해야 함을 느끼게 되어 도시공간 내 자연지반 조성 및 수공간의 확보, 투수성포장 조성, 옥상녹화와 같은 인공지반녹화의 확대를 유도하고 있다.

그 결과 2014년 7월 서울시와 서울대학교가 옥상녹화 및 텃밭 조성 사업을 통해 빗물저장 및 에너지 절감 효과에 기여하고 있음을 인정받아 국제적으로 권위있는 환경분야의 상인 에너지 글로브 어워드 국가상(Energy Globe National Award)[14]을 수상했다.

---

13 https://env.seoul.go.kr/archives/41055 2015년 11월 2일 검색.

14 https://env.seoul.go.kr/archives/41055 오스트리아의 볼프강 노이만(Wolfgang Neumann)에 의해 1999년에 만들어진 오스트리아의 트라운키르텐(Traunkirchen市) 소재 에너지 글로브 재단에서 주는 상으로, 매년 환경보호, 재생자원 활용 등에 기여도가 높은 우수한 환경 프로젝트를 선정하여 시상하는 상이다. 이 상을 수상하면 자동적으로 에너지 글로브 어워드 세계상(Energy Globe World Award)의 후보가 된다고 한다.

세 번째의 변화는 생태계 훼손에서 생태계 보전으로의 변화인데 결국 도시지역에서 생물들이 살아나지 못하는 것은 인간도 살기 어려운 환경이 되는 것이다. 그래서 서울시는 청계천의 고가를 철거하고 남산의 제 모습을 찾고, 생태경관보전지역을 지정하는 등의 노력을 하면서 사람과 생물들이 상생할 수 있는 환경을 마련하고자 했다. 이는 생태계 보전이 곧 시민의 거주환경 보전과 같은 것이라는 상생의 철학이 정책전반에 깔려있었다.

마지막으로 연속적인 공원정책이 아닌 단절된 정책 시행을 들 수 있다. 민선시기에 접어들어서면서 시민의 요구를 수용하는 공원녹지정책으로 변화하였으나 시장이 바뀌면 공원녹지정책 자체가 변하기 때문에 계획의 연속성이 없으며 그 연계성도 떨어지고 임기 내에 무엇인가를 보여주어야 된다는 욕심 때문에 공원의 질적인 변화보다는 양적인 확장에 치중하였다. 앞으로 도심에서의 양적인 공원녹지 확장정책은 현실적으로 높은 지가로 인하여 쉽지 않으며 보상을 하지 못한 장기미집행공원의 경우 2020년 일몰제로 해제가 되면 공원면적이 대규모로 줄어들 위기를 맞게 된다.

따라서 앞으로 공원 내에는 시설보다는 녹지 위주로 조성하여 공원이 사람과 환경의 치유를 통하여 건강해지고 환경과 인간이 조화를 이루어 서로 행복해 질 수 있는 질적인 정책이 이루어져야 한다. 따라서 도심 내 노는 땅을 대상으로 시민참여를 유도하는 게릴라 가드닝과 같은 정책의 적극적인 도입이 필요하며 토지보상을 위한 예산의 확충과 각종 공원녹지관련 조례의 제정과 개선 그리고 앞으로 부각될 공원유지관리를 위한 비용의 개선을 우선적으로 고려하여야 할 것이다. 그리고 공원녹지조성이 도시전체에 미칠 영향이나 파급효과 등과 같은 도시계획 차원에서의 고려가 정책입안 시에 반드시 선행되어야 할 것이다. 관주도로 시작된 조경은 이제 시민에게 다가가는 조경, 즉 시민의 시민을 위한 시민에 의한 조경이 되어야 한다.

CHAPTER

08

조경의 시작은 인간의 이해에서부터[1]

고대 그리스 철학자 프로타고라스가 주장한 '인간은 만물의 척도'라는 의미는 인간은 사물을 제각각으로 인식하여 절대적이지 않고 상대적으로 본다는 뜻이다. 따라서 프로타고라스는 인간이 가진 지식은 인간의 인식에 기초하며 이 인식은 인간의 감각에 기반을 두며, 이 인간의 감각기관에 의해서 인식되는 것은 각각 다르므로 지식 또한 사람마다 다르다는 상대주의적 진리론을 주장했다. 가치판단의 기준으로서의 인간은 소크라테스의 보편적 이성을 지닌 인간이 아닌 감각, 경험과 유용성이 서로 다른 개인을 의미한다. 따라서 인간은 만물의 척도란 말은 개인이 만물의 척도란 의미이다. 그렇다 조경공간에 있어서도 인간이 그 척도(scale)가 된다는 뜻이다. 이 장에서는 조경설계를 시작하는 초보자들이 가장 쉽게 생각하여 놓치기 쉬운 흔히 척도, 축척, 규모 혹은 크기 등으로 번역되지만 실제 사물의 상대적인 관계를 측정하는 개념인 스케일에 대하여 소개하고자 한다. 왜냐하면 조경에 있어서 스케일의 문제는 설계가가 대상을 이해하는 데에 있어서 매우 기본적이고 본질적인 개념이기 때문이다.

1 김수봉 외, 2013, 공간의 이해, 계명대학교출판부, pp.63-86, 수정 및 보완.

8.1 인간의 몸과 스케일(Scale)

리차드 서넷(Richard Sennett) 교수는 육체의 경험을 바탕으로 쓴 역사서 〈살과 돌-서구문명에서 육체와 도시 원저: Flesh and Stone-The Body and the City in Western Civilization〉에서 공간에서 감각 상실이란 문제에 대하여 광범위한 원인과 역사적 근원을 파헤쳤다. 그는 "서구문명은 오래전부터 육체의 존엄성과 다양성을 살리는 데 어려움이 있었다. 나는 이러한 육체적문제가 어떻게 건축, 도시설계, 그리고 계획실무에 나타났는지 이해하려고 하였다. …(중략)… 내가 처음 공간에서의 감각 상실을 연구하기 시작했을 때, 문제는 전문적인 능력의 부족인 듯했다. 현대의 건축가와 도시학자가 디자인과정에서 공간과 인간 육체와의 긴밀한 연계를 놓쳐 버린 것으로 이해했다"고[2] 주장했다.

특히 공간디자인 분야에서 특히 주목할 내용은 고대 그리스 아테네의 몰락을 수동적인 몸과 능동적인 몸의 차이에서 기인했다고 주장한 부분이다. 당시 그리스사람들은 운동으로 잘 단련된 미소년의 나체를 도시번영의 상징으로 보아 서있는 자세를 자신감과 인품이 우월한 것으로 보았다. 반면 앉아 있는 자세를 여인이나 노예들이나 취하는 열등한 자세로 보았다(그림 8-1). 20세기 초 찰스 사전트의 "여성들은 정원을 만드는 일에는 재능을 보일지 모르지만, 규모가 큰 공원과 같은 땅을 다루는 데는 거의 두각을 나타내지 못한다. 여성들은 귀여움, 다양함, 고상함, 섬세함이 요구되는 일에는 빛을 내지만, 대규모의 조경공사는 결국 남성적인 일이다. 또한 조경은 남성적인 열정과 주저하지 않는 추진력이 요구되지만, 여성들은 그러한 덕목을 잔인하고 불필요하다고 거부한다"[3]는 주장도

그림 8-1 그리스인들은 서있는 자세를 자신감과 인품이 우월한 것으로 보았다.

2 리차드 서넷 지음, 임동근 외 옮김, 1999, 살과 돌, 문학과학사, p.13.

3 https://archive.org/stream/gardenforestjour51892sarg#page/373/mode/2upCharles Sargent, 1892, "Taste Indoors and out" in Garden and Forest, A Journal of Horticulture, Landscape and Forestry, August, Vol..5, p.373.

어쩌면 여성을 바라보는 그리스적인 사고방식의 일부였을 것이다.

한편 서넷 교수에 따르면 그리스 아테네의 '아고라'는 (능동적인) 서있는 몸의 대표적 공간으로 이곳에서는 소식과 정보가 수평적으로 자유롭게 오고 갔으며 도편추방(ostracism)[4]과 유배와 같은 중요한 정치적사건을 처리한 그리스 아테네 민주주의의 상징적인 곳이었다(그림 8-2). 아고라는 고대 그리스의 도시에 존재했던 열려있는 집회장소로서 초기 그리스 시대 자유민으로 시민으로 분류되던 남성은 아고라에서 국방의 의무를 위해 모이거나, 왕이나 의회에서 통치와 관련된 발언을 서서듣던 민주주의의 장이었다. 그리고 후기 그리스 시대의 아고라는 상인들이 그들의 상품을 팔기 위한 노점, 상점 등을 운영하는 시장의 기능을 했다.

한편 아고라의 서있는 몸과는 대조되는 (수동적인) 앉아있는 몸의 대표적인 공간은 아고라에서 10분 거리의 프닉스언덕(Pnyx Hill, 그림 8-3)이라고 했다.

그림 8-2 그리스 아테네 아고라의 흔적

4 도편추방(陶片追放, 그리스어 οστρακισμ ostrakismos, ostracism)는 고대 아테네 민주정에서 참주, 즉 비합법적인 방법으로 정권을 장악하면서 정치적 영향력을 확산시킨 지배자가 될 위험이 있는 인물의 이름을 도자기 조각에 적는 방법의 투표로 국외로 10년간 추방하는 제도이다. 폭군이라고 이해하면 쉽다. 〈위키백과〉

그림 8-3 프닉스언덕에서 펠로폰네소스 전몰자를 위한 추도사를 하고 있는 페리클레스

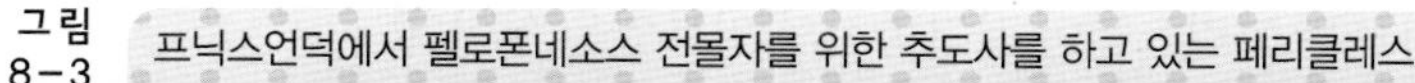

그리스 아테네의 아크로폴리스(Acropolis)는 신들의 영역이었고, 아레오파구스 언덕(Areopagus Hill)이 집정관의 자리였다면 일반 시민들은 프닉스언덕(Pnyx Hill)에서 집회를 열었다고 한다. 따라서 이 프닉스언덕은 좁은 아고라에서 많은 사람들이 제기하는 넘쳐나는 의견을 조율하고 많은 연설자의 말에 청중들이 집중해서 들을 수 있도록 만든 일종의 야외극장이다. 서넷 교수는 "아고라의 옥외 생활은 대부분 걷거나 서있는 육체들 사이에서 일어나는 반면, 프닉스언덕에서는 관객들의 앉아있는 육체를 정치적으로 이용했다. 그들은 수동적이고 상처받기 쉬운 자세에서 자신을 제어하도록 노력해야 했다. 이런 자세에서 그들은 아래로부터 있는 그대로의 목소리를 들었다."[5] 아고라에서는 사람들의 관계가 수평적으로 평등하게 서로 의견을 주고받는 곳이었으나, 이곳 프닉스의 야외극장에서는 몇몇 달변가들이 연설대에 올라가 현란한 수사학을 동원하여 앉아있는 관중들을 선동하던 중우정치(衆愚政治, Ochlocracy)가 난무 하던 곳이었다. 이러한 다수의 어리석은 민중이 이끄는 중우정치는 프닉스의 극장식 공간구조가 이러한 선동정치를 가능하게 한 일등공신이었다.

리차드 서넷 교수는 서있는 아고라의 사람의 몸과 앉아있던 프닉스언덕의 몸의 차이에서 아테네 민주정치의 희비를 갈랐다고 했다. 즉 그리스 아고라에서

5 리차드 서넷 지음, 임동근 외 옮김, 1999, 살과 돌, 문학과학사, p.61.

서있는 몸과 프닉스언덕에서의 앉아있는 몸과의 차이는 불과 40~50cm였다. 요컨대 몸이 문제라는 이야기다.

한편 스케일의 원래 의미는 프랑스어로 '계단 사다리'는 계단이 있는 곳이라는 뜻에서 측정하는 도구나 자, 축척 그리고 규모 등으로 의미가 변화했다. 공간 디자인을 할 때 사물의 크기를 정확하게 파악할 수 있는 능력은 디자이너에게 기본적이며 매우 중요하다. 특히, 실체의 형태를 표현하고 다른 사람에게 이해시키기 위해서는 크기를 객관적으로 전달할 수 있어야 한다. 스케일감을 얻기 위해서는 개인적인 노력이 제일 중요하다. 우선 스케일이 그려진 도면이나 모형으로 연습을 하고 벡터값을 갖는 프로그램을 사용하며, '치수의 기준'을 마련하기 위해서 각자의 보폭을 이용한 측량, 즉 보측을 생활화·습관화한다면 스케일감을 생각보다는 쉽게 얻을 수 있을 것이다. 스케일감은 자신의 몸을 사용하여 익히는 것이 최고다.

8.2 황금비와 척도

르네상스 시대 레오나르도 다빈치가 그린 원 속의 몸은 로마사람 비트로비우스(Vitruvius)의 인체 구조해석에 근거한 것이다(그림 8-4). 비트로비우스는 BC 1세기 경에 활약한 고대 로마의 건축가이다.

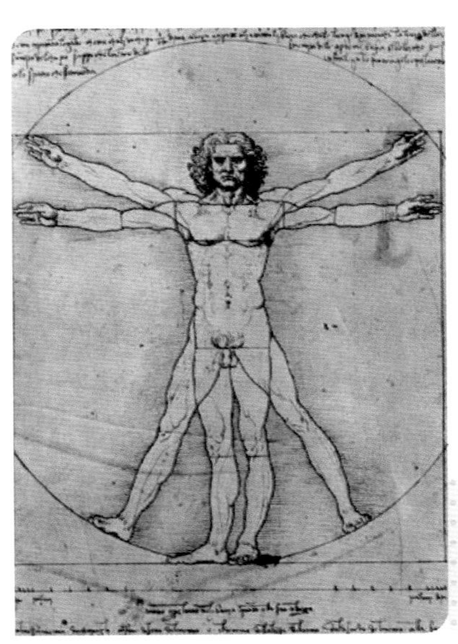

그림 8-4 레오나르도 다빈치가 그린 비트로비우스의 인간 척도

이처럼 비트로비우스의 영향을 받은 다빈치의 원 속의 몸은 수평으로 펼친 팔의 길이와 신장은 동일하며, 움직이는 팔과 다리가 구성하는 원의 중심은 배꼽이며, 이 배꼽은 신장의 황금분할점에 있음을 보여 준다. 큰大자로 펼쳐진 몸의 가로와 세로의 길이가 같다는 이야기는 우리나라의

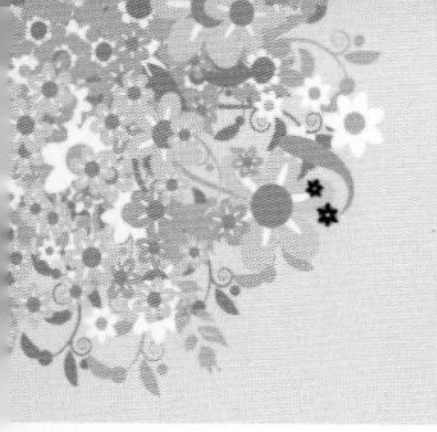

그림 8-5 인체에서 발견되는 황금비

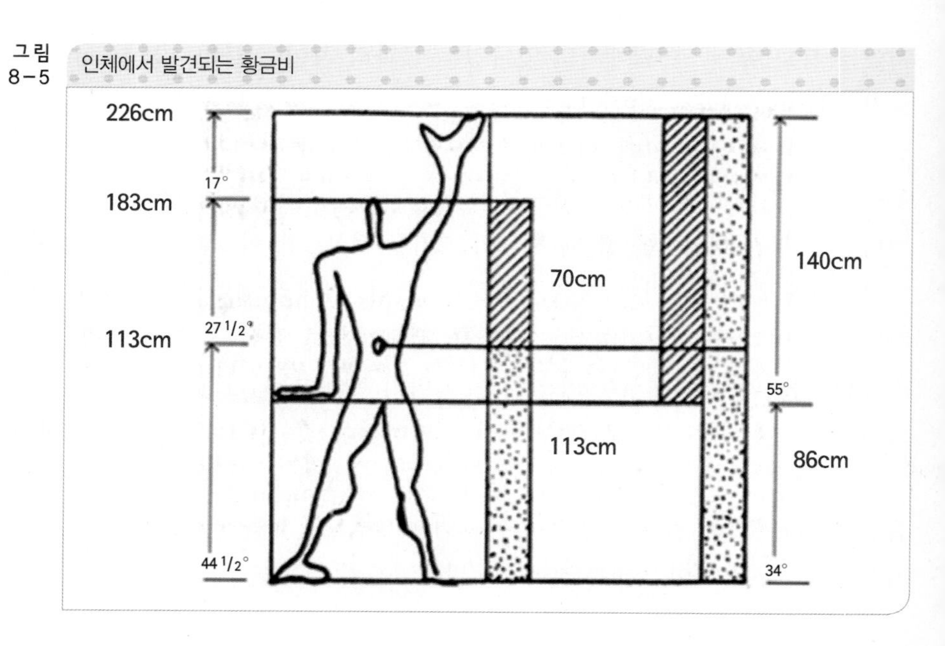

한 평(坪)의 크기도 사람의 키를 6자로 보았을 때 다빈치의 정사각형의 면적과 정확하게 일치한다. 그리고 배꼽에서 발끝까지의 길이와 배꼽에서 머리끝까지의 길이의 비는 1 : 0.618이다. 우리는 이 비례를 황금비[6]라고 한다. 황금비란 큰 부분과 작은 부분의 비가 큰 부분과 전체의 비가 같도록 선을 분할한 것으로 1 : 1.618의 비율을 가지고 있다. 이는 피보나치 수열의 극한을 구하여서도 얻을 수 있다. 피보나치 수열은 자연에서 쉽게 찾아볼 수 있으므로 자연과 황금비 사이에도 어떤 관계가 있을 것이라고 추측할 수 있다.

한편 배꼽에서 머리끝까지를 a, 배꼽에서 발끝까지를 b, 그리고 전체 신장을 c로 두었을 때 c : b(183 : 113) = b : a(113 : 70) = 1 : 0.618이다. 팔을 한껏 펴들었을 때의 전체 몸의 길이와 그 손끝에서 그림의 성기(性器)의 위치까지의 길이의 비(226 : 140) 역시 1 : 0.618이며, 손끝에서 성기의 위치까지의 길이와 성기에서 발끝까지의 길이의 비도(140 : 86) 역시 1 : 0.618에 가까운 황금비다(그림 8-5).

인간 척도, 즉 휴먼 스케일(Human scale)이란 사람이 파악할 수 있는 크기를

6 황금비(黃金比) 또는 황금분할(黃金分割)은 주어진 길이를 가장 이상적으로 둘로 나누는 비로, 근사값이 약 1.618인 무리수이다.

그림 8-6 르 코르뷔지에의 모듈러(Modulor)는 일반인을 기준으로 한 것

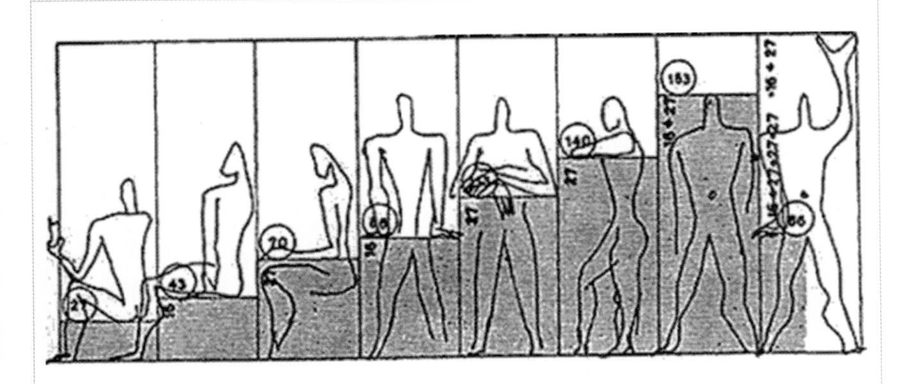

르 꼬르뷔지에의 모듈(기준치수) 스케치. 17, 27, 43의 기본수치들이 반복되면서 일련의 동일 모듈 수치군을 완성해 나간다. 꼬르뷔지에 모듈군의 장점이자 특징은 그 수치군들이 황금비를 반복해간다는 점이다(27, 43, 70··· 또는 86, 140, 226··· 등 단위는 인치).

말한다. 주거공간을 비롯해 도시 등 건축의 내·외부 공간을 설계할 때에 흔히 휴먼스케일을 적용한다고들 표현한다. 휴먼스케일이란 사람을 설계의 기준으로 삼는다는 의미이고 이는 보다 친밀감 있는 공간과 주변 환경을 조성하고자 하기 위함이다(그림 8-7). 공간디자인은 실내외 공간 사용자의 요구, 건물 구조적인 요구, 상황변화에 대한 요구를 서로 절충하고 타협하면서 궁극적으로는 하나의 문제점을 향해 해결해 나가야 한다. 이러한 문제의 해결의 기준으로 언급되는 디자인의 기본 단위가 휴먼스케일이다. 스위스 건축가인 르 꼬르뷔제(Le Corbusier)는 인체치수에 황금비(Golden Ratio)를 적용해 모듈러라는 공식을 사용했다(그림 8-6).

그는 건축재료의 크기에 의해 정해지던 모듈의 본래 개념인 비례에서 황금비의 중요성을 찾아내고 모듈러(Mudulor)라고 이름을 지었다. 그의 모듈러는 주로 건축 형태에 관한 것이었으나 모든 디자인에도 응용되었다. 왜냐하면 이는 인체척도를 기준으로 한 공간 기준단위의 제안이었기 때문이다. 그는 가구에서부터 방, 건축, 도시에 이르기까지 모든 것을 모듈러에 근거하여 디자인에 적용하였으며, 그가 제시한 인체척도의 개념은 인간공학의 발전과

그림 8-7 다양한 휴먼 스케일이 적용되는 도시공간

함께 요즘에 와서는 공간설계의 기초가 되고 있다. 휴먼스케일의 기초적 예로서 인치(Inch)는 손가락 한 마디의 길이(2.54㎝), 피트(Feet)는 정상인의 평균 보폭(30㎝), 에이커(Acre)는 하루에 쟁기질할 수 있는 면적(0.4㏊) 등 인체의 치수를 기준으로 하고 있다.

현재 휴먼스케일은 근린주구나 생활권 계획에서도 보행거리나 시각적 규모 등 인간적 척도를 고려해 계획함으로써 생활편익시설 이용의 편의성을 도모하고 공동체 의식을 함양하는 기본적 원리로 사용되고 있다(그림 8-7).

한편 스케일과 공간의 관계에 있어서 인간 척도(휴먼 스케일)가 기준이 되지만, 대상공간의 전체 모습을 쉽게 하기 위해서, 도면과 지도·모형 등을 이용하여 적당한 축척[7]으로 나타내기도 한다(그림 8-8).

디자인이라는 것이 생기기 전에는 공간을 육체노동과 협업에 비중을 두고 조성된 건축, 정원 그리고 마을은 신체모듈을 기준으로 만들어졌다. 그러나 현대 조경디자인에 있어서 공간조작을 할 경우에는 노동과 협업에 의해 공간을 만드는 것이 아니라 설계도면이나 입면도 등의 설계도면이나 컴퓨터그래픽 등에 의한

7 축척(縮尺)은 실제의 거리를 지도상에 축소하여 표시하였을 때의 축소 비율을 의미한다. '5km의 거리는 5만분의 1 지형도상에서 몇 cm가 되는가' 하는 것은 다음과 같은 계산식으로 간단히 구할 수 있다. 5km=5,000m=500,000cm 500,000(cm)x1/50,000(축척)=10cm. 즉 5km를 cm로 고치고 거기에 축척을 곱하면 되는 것이다. 〈위키백과에서〉

8.4 환경심리학

물리적 설계에 이용자를 고려하고 참여시키는 운동에 단초를 제공한 사람은 1960년대 미국의 제인 제이콥스(Jane Jacobs)였다. 그녀는 〈미국 대도시의 죽음과 삶, The Death and Life of Great American Cities〉[12]에서 가로와 같은 오픈스페이스를 제외시킨 뉴욕시의 주택개발을 비판하고 주민들에게 건강하고 바람직한 사회적 환경을 제공하고 있는 그리니치빌리지의 가로를 예로 들었다(그림 8-12). 그녀는 사회의 병리적 현상과 환경의 물리적인 형태의 상호관련성을 지적하고 그 중요성을 언급하였다. 이러한 주장은 조경디자인과 같은 물리적인 설계와 물리적 공간의 이용자인 소비자 사이의 강한 연관성을 이해하기 위해서는 인간의 욕구, 환경지각, 행태 등에 대한 이해가 필요하다는 기초적 지식을 제공하였다.

도시에서 공간의 이해를 위해서는 반드시 그 곳에 살고 있는 인간의 행태를 이해하여야 한다는 것이다. 인간을 담은 조경공간을 대표하는 도시공원의

그림 8-12 뉴욕 그리니치빌리지의 가로

12 제인 제이콥스(작가) 저 유강은 역. 2014. 미국 대도시의 죽음과 삶. 그린비. pp.177-180.

경우에도 과학적인 디자인을 위하여 인간의 심리와 행태를 고려한 계획과 설계가 이루어져야 한다. 조경가 로렌스 할프린(Lawrence Halprin)의 "인간이 환경 내에서 움직이면 인간이 주위를 따라서 움직인다." 따라서 "조경설계는 공간에서 일어나는 사람의 움직임을 기록해야 한다"는 주장은 조경공간의 디자인과 인간행태의 관계성이 중요함을 지적한 것이다.[13]

인간의 행태는 문화 인류학, 사회학, 지리학, 환경심리학 등의 여러 분야에서 다루어져왔다. 특히 환경심리학에서의 연구는 조경설계 및 계획을 수행하는 데 있어서 바탕이 되는 이론적이고 실험적인 자료를 제공해왔다. 환경심리학이란 물리적 환경에 내재하는 인간을 연구하는 학문 혹은 인간행태 및 경험과 인공 환경의 경험적 · 이론적 관계성을 정립하고자 하는 노력 혹은 인간행태와 물리적 환경에 관련되는 학문으로 정의된다. 환경심리학이 전통적인 심리학과는 구별되는 다음과 같은 특성[14]이 있다.

① 환경－행태의 관계성을 그 구성 요소 각각을 연구하기보다는 통합된 하나의 단위로서 연구한다.
② 환경－행태 상호간에 연향을 주고받는 상호작용을 연구한다.
③ 이론적이고 기초적인 연구에만 관심을 두지 않고 현실적인 문제 해결을 위한 이론 및 그 응용을 연구한다.
④ 건축, 조경, 도시계획, 사회학 등의 여러 분야와 관련이 깊은 종합과학이다.
⑤ 사회심리학과 관심분야를 공유한다.
⑥ 다소 엄격하지 않고 정밀하지 않은 방법이라도 문제해결에 도움이 될 수 있는 가능한 모든 연구방법을 사용한다.

환경심리학의 관심분야는 환경평가, 환경지각, 환경의 인지적 표현, 개인적 특성, 환경에 관련된 의사결정, 환경에 대한 일반 대중의 태도, 환경의 질,

13 배정한, 2004, 현대 조경의 이론과 쟁점, 도서출판 조경, p.195.
14 Bell, P. A. et al, 1978, Environmental Psychology, Philadelphia: W. B. Saunder Company.

생태심리학 및 환경단위의 분석, 인간의 공간적 행태(특히 개인적 공간과 영역성),[15] 밀도가 행태에 미치는 영향, 주거환경에서의 행태적 인자, 공공기관에서의 행태적 인자 등이 있다. 환경심리학의 분야는 이와 같이 광범위하고 다양한 분야를 다루고 있으며 본 장에서는 공간, 특히 조경공간에 있어서 인간의 행태와 관련이 있는 개인적 공간(Personal Space)과 영역성(Territoriality)에 대하여 알아보고자 한다.

1) 개인적 공간

개인적 공간 혹은 소영역의 행태는 개개인의 신체 주변에서 침입자들이 들어올 수 없는 〈프라이버시〉 공간의 유지를 지칭한다. 개인적 공간의 행태는 인간들에 있어서 본능적인 것은 아닐지라도, 우리들의 생물학적 과거에 강하게 뿌리를 두고 있다는 설이 있어 왔다.[16] 즉, 평소 잘 소통하지 않던 사람들과는 되도록 거리를 두고 싶다고 생각하고 있다.

일정 그룹의 동물이나 인간을 관찰해보면 그들은 개체상호간에 일정한 거리를 유지하고 있음을 볼 수 있다. 동물의 경우 전기줄 위에 앉은 참새 혹은

참새에게서도 관찰되는 개체간의 거리 그림 8-13

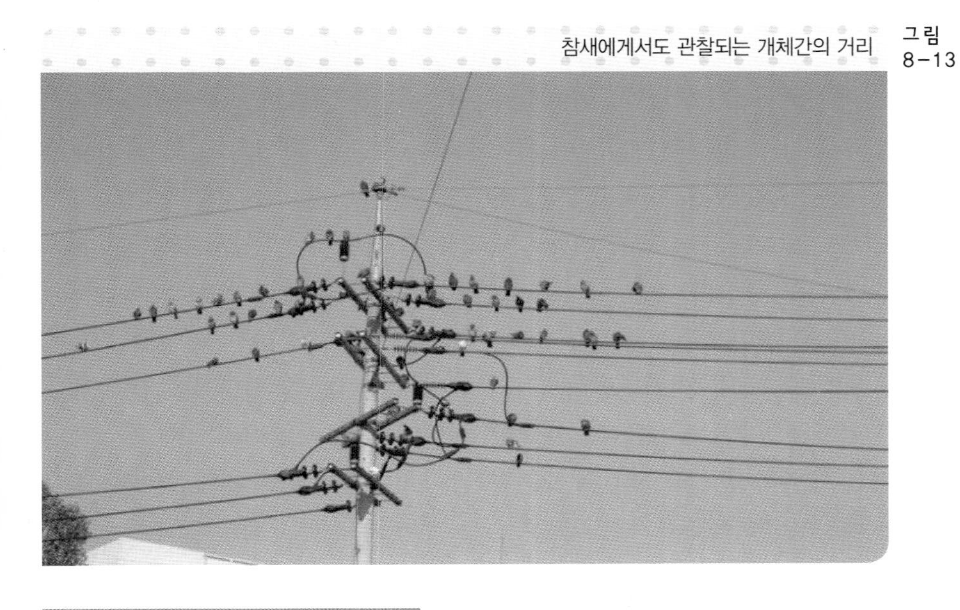

15 개인적 공간(Personal Space), 영역성(Territoriality) 등으로 표현되는 인간의 행태에 관한 연구를 말하며 문화적 · 개인적 차이, 환경적 상황의 변화가 이들 행태에 미치는 영향을 연구하고 있다.

16 Hall, E. T, 1966, The Hidden Dimension, Garden City,N.Y.: Doubleday.

제비, 물속의 백조나 오리 등은 하나의 커다란 무리를 이루고 있으나 각 개체간에는 일정한 간격을 이루고 있다(그림 8-13). 한편 인간사회에서도 우리는 아는 사람끼리 대화를 나누기에 적당한 크기의 테이블에서 이야기를 나누다가 갑자기 다른 사람과 합석을 하게 되면 답답함을 느낀다. 어쩔 수 없이 합석하게 된 사람은, 의자를 한 발자국 뒤로 빼서 물러나 앉아 있다. 그것으로 자기의 영역을 확보하고, 또한 "이 사람들과 저는 친구가 아닌" 것을 나타내고자 한다. 소통을 하고 싶을 때, 또 줄을 좁히고 싶을 때 등, 다른 사람에게 가까이 가지 않으면 안 될 때, 타인에 대해서 가까이 가고 싶어도 넘어서지 못하는 눈에는 보이지 않는 선이 있다. 그것이 개인공간이다.

이러한 사실에 근거해 볼 때 개인이 어떤 환경에서 점유하는 공간은 개인의 피부가 그 경계가 아니라 개인 주변의 보이지 않는 공간을 포함한 보다 연장된 경계를 가지고 있음을 알 수 있다. 따라서 이와 같이 보이지 않는 경계를 다른 사람이 침입하면 물러서거나 심한 경우에는 침입자와 다툼이 일어날 수 있다. 즉 신체의 주변에 다른 사람이 가까이 왔을 때, 「떨어지고 싶은 느낌」이 드는 영역으로, 그 사람의 신체를 둘러싸고 보이지 않는 경계를 갖는 「거품」으로 비유된다.

이와 같이 인간사이의 이 거품을 우리는 개인이 점유하는 공간, 즉 개인적 공간(Personal Space)이라고 부르며 개인과 개인 사이에 유지되는 간격을 개인거리(Personal Distance)라고 부른다.

로버트 좀머(R. Sommer, 1969)[17]는, 인간은 타인의 접근을 꺼려하는 자기 주변을 둘러싼 보이지 않은 영역을 가지고 있다고 하고, 그것을 그는 개인적 공간이라고 불렀다(그림 8-14). 그리고 건축, 조경공간, 도시공간을 생각할 때에, 개인공간의 중요성을 지적하면서 그러한 인간적 요인, 즉 개인적 공간에 대한 배려가 결여된 현대의 도시공간을 비판했다.

한편 개인적 공간의 크기는 모든 사람이 다 같지 않고 개인에 따라 또한 상황에 따라서 변화된다.

---

17 Sommer, R, 1969, Personal Space, Englewood Cliffs, NJ. : Prentice Hall.

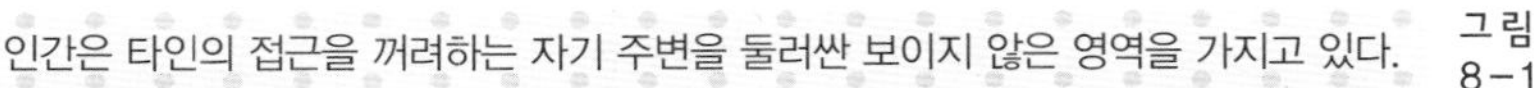

인간은 타인의 접근을 꺼려하는 자기 주변을 둘러싼 보이지 않은 영역을 가지고 있다. 그림 8-14

2) 개인적 공간의 크기

개인공간의 측정을 위한 객관적인 시도가 다양한 연구자들에 의해 시도되었으나 측정 방법의 타당성에 대한 의문이 끊임없이 제기되었다. 오히려 개인상호관계에 대한 가장 완벽한 측정 혹은 분류체계는 실험보다는 오히려 관찰자의 직관에 기초하는 것으로 나타났다. The Hidden Dimension(1966)에서 홀(E. T. Hall)은 백인 중산층 미국 사회의 일정 부류들을 위한 규범으로서의 공간적 거리를 문화인류학적 관점에서 제시하였다.

이러한 분류는 그의 이전 저서인 The Silent Language(1959)에서 제안된 일련의 8가지 주요한 거리를 개정하여 단순화시킨 하나의 변형이다(그림 8-15). 홀은 개인 상호간의 거리연구를 프로세믹스(proxemics)라고 칭하고 또한 피실험자들로부터 단지 일정 거리에서만 정상적으로 일어나는 거래(transaction)의 의미로 이를 정의하였다. 이 연구는 개인 상호간의 관계에서 시선 접촉의 중요성을 확신하면서, 떠한 개인적 공간이 청각, 후각, 근육운동, 혹은 기타 수단들에 의해 침해 될 수도 있다는 사실에 주목하였다. 그가 제시한 네 종류의 대인간격은 친밀거리, 개인거리, 사회거리 그리고 공적거리 등 네 가지다.

그림 8-15 에드워드 홀(E. T. Hall)이 제안한 개인거리의 종류

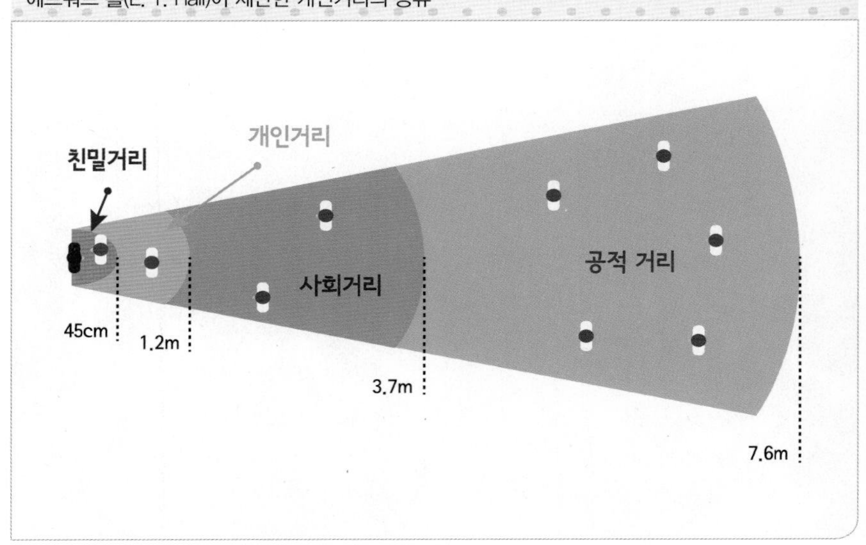

① 친밀거리(Intimate distance) : 이 거리는 격투, 애무, 그리고 위안 중의 하나를 말한다. 이 거리 내에서는 최대한의 신체적 접촉이 있고, 시각적 세부묘사가 흐릿하고, 후각의 감도가 증가하며, 그리고 근육 및 피부가 의사전달 행위에 추가된다. 약 0~46cm의 거리로서, 애기와 엄마사이의 거리, 이성간의 교제의 거리 혹은 친한 친구와 같이 아주 가까운 사람들 사이 혹은 레슬링이나 씨름 같은 운동선수들 사이에 유지되는 거리를 말한다. 한때 L건강회사의 〈46cm〉라는 이름의 치약 광고에서 이 46cm를 숨결이 닿는 거리라고 이야기 했는데 친밀거리는 이 숨결이 닿아도 개의치 않을 정도로 친근한 사이를 말한다. 이 회사는 치약의 브랜드 네이밍을 사람 사이에 친밀감과 유대감이 형성되는 거리가 46cm라는 문화인류학자 에드워드 홀의 이론에서 빌려왔다. 저자는 이 치약의 광고를 보고 매우 참신하다고 생각했던 적이 있었다. 그렇다 친밀거리는 사람이 가장 친밀함을 느끼는 거리로서 숨결이 닿을 만큼 가까운 46cm다(그림 8-16).

② 개인거리(Personal distance) : 개인거리는 손을 뻗으면 닿을 수 있는 거리를 말한다. 이 거리는 사람의 얼굴과 같은 대상들의 3차원적 특징을 식별하기 위한 최상의 거리이다. 즉 사적공간의 범위에 들어가는 거리를 말한다. 그래서

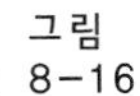

친밀거리는 숨결이 닿아도 친밀함을 느끼는 가까운 거리다. 그림 8-16

개인거리는 손을 뻗으면 닿을 수 있는 거리를 말한다. 그림 8-17

얼굴의 섬세한 세부까지 쉽게 드러나며, 아울러 상대방을 잡는다거나 끌어안는 것도 가능한 45cm~1.2m 사이의 거리로서, 친한 친구 혹은 잘 아는 사람들 간의 일상적인 대화에서 유지되는 거리이다(그림 8-17). 너무 가깝지도 않고 또한

그림 8-18 업무상 미팅이나 인터뷰 등의 공식적인 업무를 수행할 때 상대방과 유지되는 거리가 사회거리다.

멀지도 않은 거리다. 〈디스턴스: 원하는 것을 얻게 만드는 거리의 비밀〉이라는 책의 저자는 이 1m 내외의 개인거리에서 일어나는 인간관계가 사람의 일생에서 매우 중요하며 좋은 인간관계를 맺기 위해서는 반드시 개인거리를 확보해야 할 것을 강조한다.[18] 예컨대 악수와 같이 처음 만난 사람과의 일시적인 신체접촉이 이루어지는 거리이기 때문에 적정한 거리를 반드시 유지해야 서로에게 유쾌함을 줄 수가 있다고 한다.

③ 사회적 거리(Social distance) : 사회생활, 즉 업무상 미팅이나 인터뷰 등의 공식적인 업무를 수행할 때 상대방과 유지되는 거리를 사회적 거리라고 한다. 교제중인 개개인들은 서로 다른 사람들의 개인적 공간을 침하지 않는다. 이 거리에서는 나의 눈에는 상대방 신체의 매우 상당한 부분이 들어 올 수 있다. 그리고 시선은 한 눈, 입 혹은 코에 초점을 두면서 아울러 이러한 초점의 전후로 이동하는 경향이 있다. 이 거리에서는 목소리는 다소 높아지더라도, 고함은 공간을 침해하는 문제를 초래하기 때문에 사회적 거리를 개인적 거리로 축소시키는 효과를 가져 올 수도 있다. 이것은 함께 일하거나 교제하는 사람들이

18 이동우, 2014, 디스턴스, 엘도라도, p.134.

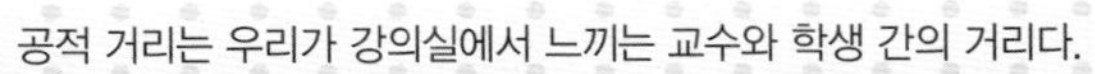

그림 8-19 공적 거리는 우리가 강의실에서 느끼는 교수와 학생 간의 거리다.

일반적으로 이용하는 거리로서 1.2~3.6m 이상의 거리다. 업무상의 대화에서 주로 유지되는 거리라고 보면 된다(그림 8-18).

④ 공적 거리(Public distance) : 공적 거리는 우리가 연극 공연장에서 느끼는 배우와 관객의 거리라고 보면 된다. 학교에서 강의실에서 학생들과 교수들 사이의 거리도 여기에 속한다. 이 정도 거리에서 배우가 제대로 연기를 할 수 있으며 교수도 강의에 몰입할 수 있다. 공적 거리에서는 목소리는 커지고, 대화는 공식적이 되며 그리고 교제는 비개인적이다. 신체의 자세한 부분들은 보이지 않고, 입체감은 줄어들며, 그리고 단지 눈의 흰자위만은 분명하게 볼 수 있는 3.6m 이상의 거리를 말한다. 이 거리는 배우나 연사 등의 개인과 청중 사이에 유지되는 보다 공적인 모임에서 유지되는 거리이다(그림 8-19).

홀은 그의 발견들이 주로 미국의 백인중산층을 대상으로 이루어진 것에 조심스럽게 주목하였다. 따라서 역사적 · 문화적 배경이 다른 우리나라 사람들에게도 이 거리가 적용될 수 있을 것인지에 관해서는 따로 연구되어야 할 필요가 있다.

한편 Bell(1978)은 개인적 공간은 방어기능 및 정보교환기능의 두 가지 측면에서 설명될 수 있다고 하였다. 그에 따르면 개인적 공간은 정신적인 혹은 물리적인 외부의 위협에 대한 완충작용을 하는 방어의 기능이 있다. 위협을 느끼지 않을 때 개인거리는 좁아질 수 있으며 위협 또는 압박을 많이 받을수록 먼 거리를 유지하려 한다. 그리고 개인적 공간의 거리는 정보교환수단인 눈, 코, 입, 귀, 피부의 선택과 밀접한 관계를 지니고 있으며 동시에 정보교환의 양과 질과도 밀접한 관계가 있다고 한다. 즉 거리가 좁을수록 보다 사적이며 많은 양의 정보교환이 이루어질 수 있으며, 반면 거리가 멀수록 점점 공적이며 제한된 양의 정보교환이 이루어진다고 그는 주장한다. 또한 가까울수록 냄새 및 접촉에 의한 정보교환이 이루어지며 멀수록 소리 및 시각에 의한 정보교환이 많이 이루진다고 한다.

한편 홀을 비롯한 여러 학자들은 공간과 거리가 우리사회에 실제 존재하며 중요한 것은 인간에게는 거리가 필요하며 또 그것은 여러 종류가 있다는 것이다. 일정한 공간은 인간뿐만 아니라 생명체 모두에게 필요하며 이 공간에서 모든 생명체가 보전되고 그 생태계의 질서가 유지되기 위해서는 생명들 간의 적절한 거리가 반드시 지켜져야 한다.[19]

3) 영역성[20]

일반적으로 영역성(Territoriality)이라 함은

- 개인 혹은 그룹의 사람들이 심리적인 소유권을 행사하는 일정지역
- '나의, 너의, 우리의' 라는 소유격이 붙는 공간
- 체공간과는 다르게 고정된 공간, 보이는 공간
- 영역에 몸의 일부나 흔적을 남김으로 몸과 관련된 것

등으로 정의 할 수 있다.

즉 개인의 공간이 사람이 이동할 때 사람의 몸과 같이 움직이는 반면, 영역성은 고정된 공간에 못 박혀 있는 경우이고, 개인의 공간이 보이지 않는 것에 비해 영역이란 것은 눈에 보이는 공간을 말한다. 예를 들어, 내 집은 나의 영역이며 내 친구의 집은 친구의 영역이다. 내가 만약 친구의 집을 방문했다면

---

19 이동우, 2014, 디스턴스, 엘도라도, p.134.

20 임승빈, 1999, 조경계획 설계론, 서울: 보성문화사 pp.109–112; 월간 환경과 조경 제156호 "조경; 사람과 땅이 어울린 이야기(3)" 참조.

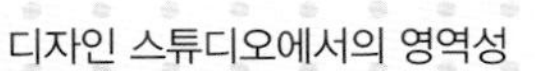

그림 8-20 디자인 스튜디오에서의 영역성

나는 내 몸의 개인공간을 친구영역으로 옮긴 셈이 된다. 우리집, 우리동네, 우리골목 등은 우리라고 지칭 될 수 있는 집단이 소유한 공간의 범위, 즉 우리의 영역이 된다. 그 곳에서 우리는 안전함과 편안함 그리고 소속감을 느낄 수 있다. 이 영역의 개념은 캐나다출신 사회학자이자 작가인 고프만(E. Goffman)의 "출입금지. 그것은 나의 소유"라는 표현에 잘 함축되어 있다고 하겠다. 예를 들자면 디자인스튜디오에 학생들이 자리를 잡는 방식은(이름을 쓰고 물건을 놓고) 자신의 공간을 타인에게 알리는 일이다. 여기서의 물건이나 이름은 그 학생만의 공간이요, 몸의 일부이며 흔적이다. 즉 영역인 것이다(그림 8-20).

환경심리학자인 벨(Bell)과 그 동료들(1978)[21]에 따르면 개인적 공간은 사람이 움직임에 따라서 이동하며 보이지 않는 공간인 데 반하여 영역은 주로 집을 중심으로 고정된, 볼 수 있는 일정영역 혹은 공간을 말한다. 영역성은 사람뿐만 아니라 일반 동물에서도 흔히 볼 수 있는 행태이다. 동물의 영역성에 대하여 여러 사람이 내린 정의를 살펴보면 다음과 같다.

---

21 Bell, P. A. et al, 1978, Environmental Psychology, Philadelphia: W. B. Saunder Company.

① 영역은 동물의 집 주위에 형성되어 방어되는 부분이다.
② 영역은 동종의 다른 개체가 침입함을 막고 그 안에 살기 위한 지역이다. 영역은 먹이를 찾고, 짝을 찾고, 새끼를 키우는 등의 여러 기능에 이용된다. 따라서 개인화된 공간이며 침입에 대하여 방어되는 지역이다.
③ 영역성은 시공적으로 표현되는 고도로 복잡한 행태체계의 개념으로 설명된다. 영역성은 개체 혹은 그룹의 일정지역의 방어를 포함하며, 예방적인 공격, 실제의 싸움 등을 포함한다.

이상에서의 여러 학자들의 정의에서처럼 동물세계에서의 영역성은 동물의 생존에 관계되는 종족번식이나 식량의 확보 등의 기능과 매우 밀접한 관계를 가지며 주로 식량의 확보나 배우자 선정에 있어서 경쟁이 되는 같은 종 내의 서로 다른 개체 혹은 그룹 사이에서 나타나는 현상이다(그림 8-21).

한편 인간의 영역성에 관하여 내린 정의를 벨(Bell, 1978)의 저서에서 살펴보면 다음과 같다.

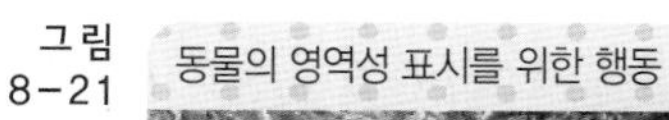

그림 8-21 동물의 영역성 표시를 위한 행동

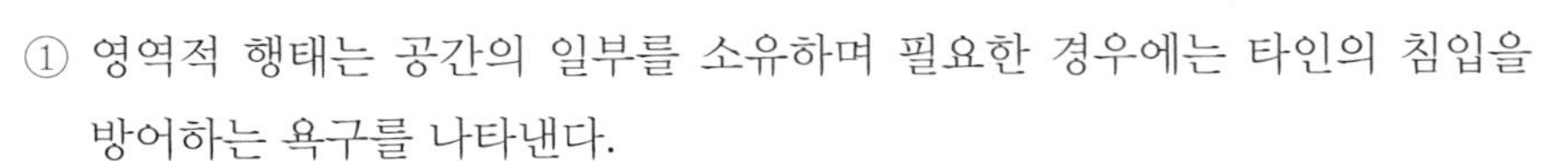

① 영역적 행태는 공간의 일부를 소유하며 필요한 경우에는 타인의 침입을 방어하는 욕구를 나타낸다.
② 영역은 개인, 가족 등에 의하여 제어되는 지역이다. 제어는 물리적 투쟁이나 대결로서보다는 실질적이고 잠재적인 소유로서 표현된다.
③ 영역은 개인 혹은 그룹이 사용하며 외부에 대하여 방어하는 한정된 공간이다. 장소에 대한 심리적 식별성을 포함하며, 소유태도, 사물의 배치 등에 의하여 상징화된다.
④ 영역은 개인화되거나 표시된 지역, 그리고 침입으로부터 방어되는 지리적 지역이다.
⑤ 영역성은 공간을 제어하려는 의도를 포함한다. 영역은 공공, 가정, 혹은 개인적일 수 있다.

이상의 정의를 요약하면 인간사회의 영역은 개인 혹은 일정 그룹의 사람들이 사용하며 실질적인 혹은 심리적인 소유권을 행사하는 일정지역을 말한다. 이러한 영역은 표시물의 배치 등을 통한 개인화 혹은 그룹화된 공간이며 공공영역, 가정영역, 개인영역 등과 같이 사회적 단위의 개체에 따라 몇 단계로 구분된다.

한편, 인간에게 있어서 영역성의 문제는 사적공간과 공적공간의 구분에도 직접적인 관련을 보이고 있다. 오래전에 인류학을 배경으로 한 도시 및 건축설계가인 미국 위스콘신대학의 아모스 래포포트 교수(Amos Rapoport)는 그의 저서에서 주거형태란 단순히 물리적인 힘이나 혹은 어느 하나의 우연한 요소의 결과가 아니고 넓은 의미에서 본 포괄적인 범위의 사회문화 요소의 산물이라는 가정하에서 특히 인간의 본질적 환경심리상태를 비롯한 사회문화적 요소와 주거형태와의 관계를 심층적으로 분석하였다. 특히 그는 국가(인도, 영국, 미국)간 문화적 차이를 이 영역권의 문제로 들여다보았다.[22](그림 8－22)

그림을 보면, 인도의 주거형태는, 한국이나 일본과 같은 동양권의 나라와 유사하게, 높은 담으로 둘러싸여 있어서 내부의 건축공간은 물론이고 마당이나 정원의 외부공간도 높은 영역권을 추구한다.

반면 영국의 정원이나 마당이 보여주는 영역권은 낮으며 내부가 투시되는

22 Rapoport, A., 1969, House Form and Culture, Englewood Cliffs, N.J., Printice-Hall.

그림 8-22 래포포트의 연구는 영역권이 문화에 따라 어떻게 달라짐을 보여준다.

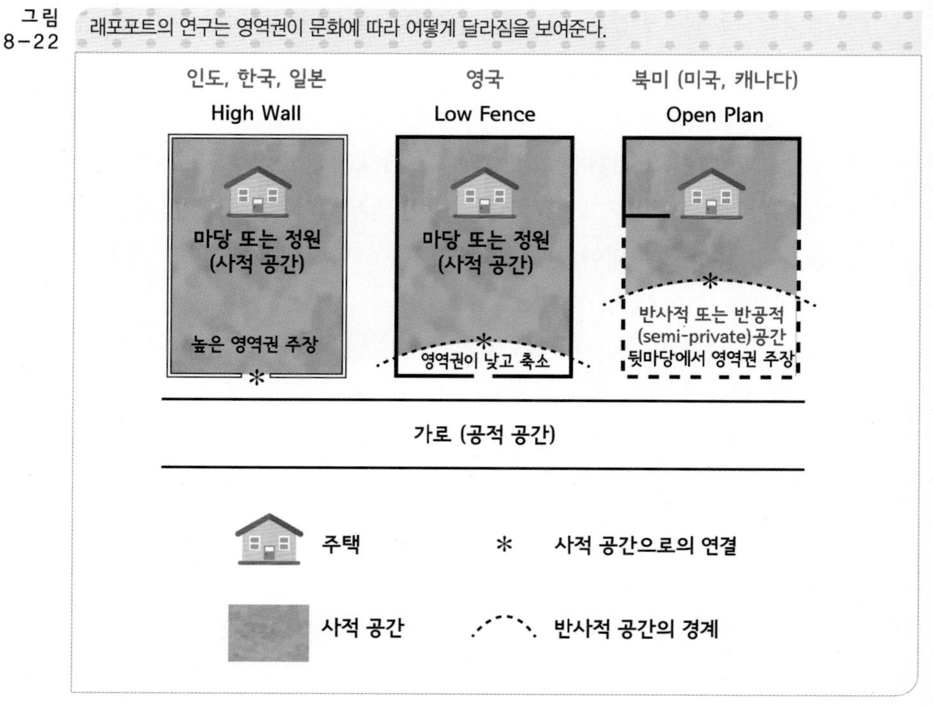

참고: 아모스 라포포트 지음, 이규목 역, 주거형태와 문화, 1985, 열화당.

울타리 때문에 상대적으로 축소된다. 더 나아가서 완전히 정원을 개방하는 미국식 주거는 집의 뒷마당에서나 영역권을 주장할 수 있을 뿐이다. 이런 면에서 영국이나 미국의 주거는 마당의 일부 또는 전부를 반사적(半私的)으로 또는 반공적(半公的) 공간으로 제공하고 있다. 이처럼 인간사회에서의 영역성은 동물세계와는 달리 개인 주택의 담장이나 아파트의 입구처럼 인간에게 일정영역의 소속감을 느끼게 함으로써 심리적인 안정감을 주며(그림 8-22), 외부와의 사회적 작용을 함에 있어서 구심점 역할을 한다. 만약 이러한 구심점이 없어진다면 인간은 매우 높은 심리적, 사회적 불안감이 초래될 것이다.

CHAPTER

09

자연을 담기 위한 준비

조경학을 공부하면서 가장 자주 듣는 용어 중의 하나가 계획 혹은 디자인(설계)이라는 말이다. 이러한 계획이나 디자인이라는 말의 뜻을 이해하기 위해 인접분야인 도시계획의 의미를 살펴보면 "도시계획을 수립하기 위해서는 우선 각종 자료를 수집한다. 인구증가, 교통량, 주택수요, 문화·교육의 충실도, 산업구조의 장래변화, 생활양식의 변화, 소득향상, 기술의 발달 등에 관한 통계자료의 수집·분석을 통해 장기·중기·단기간에 걸친 예측을 한다. 이 예측을 통해 나타난 수요변화에 대처하기 위해 바람직한 목표를 설정해 놓고 이것을 실현하기 위한 장기계획을 수립한다. 이것을 통칭 도시기본계획이라고도 한다. 기본계획에는 각종 지표(指標)·목표·실현을 위한 정책수단 등이 포함되어 그 도시가 지향(指向)할 기본방향의 성격을 띤다."[1] 라고 되어 있다. 즉 계획이란 관련 자료를 수집·해석하고 예측하여 문제를 찾는 과정(problem seeking process)이라고 할 수 있다. 계획은 통상 객관적, 분석적, 추상적 그리고 이차원적이다. 따라서 조경계획은 부지의 문제를 찾기 위해 자료를 수집·분석·예측하는 과정으로 객관적, 분석적, 추상적 그리고 이차원적이다(그림 9-1).

한편 디자인은 "의장(意匠) 도안을 말하며, 디자인이라는 용어는

1 네이버 지식백과, 도시계획 [urban planning, 都市計劃] (두산백과) 참고.

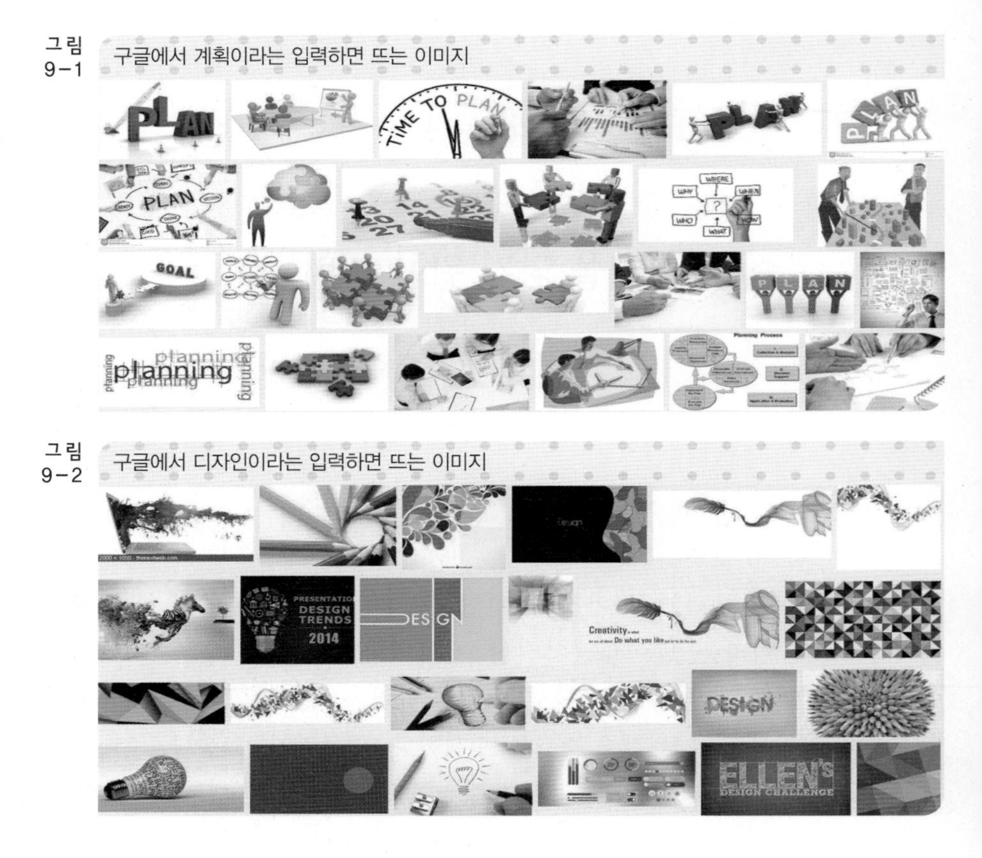

그림 9-1 구글에서 계획이라는 입력하면 뜨는 이미지

그림 9-2 구글에서 디자인이라는 입력하면 뜨는 이미지

지시하다·표현하다·성취하다의 뜻을 가지고 있는 라틴어의 데시그나레(designare)에서 유래한다. 디자인은 관념적인 것이 아니고 실체이기 때문에 어떠한 종류의 디자인이든지 실체를 떠나서 생각할 수 없다. 디자인은 주어진 어떤 목적을 달성하기 위하여 여러 조형요소(造形要素) 가운데서 의도적으로 선택하여 그것을 합리적으로 구성하여 유기적인 통일을 얻기 위한 창조활동이며, 그 결과의 실체가 곧 디자인이다."[2] 디자인은 예술론에 대한 안티테제(대립명제)로 19세기부터 20세기 초 근대 시민사회 및 자본주의와 함께 시작된 분야이다. 근대와 함께 탄생한 조경과 디자인의 만남은 매우 자연스러운 것이었다. 해서 디자인은 주관적, 종합적, 구체적, 그리고 삼차원적인 문제해결과정(problem solving process)이다.

2 네이버 지식백과, 디자인 [design] (두산백과) 참고.

그림 9-3 일반적인 계획과정을 보여주는 그림[3]

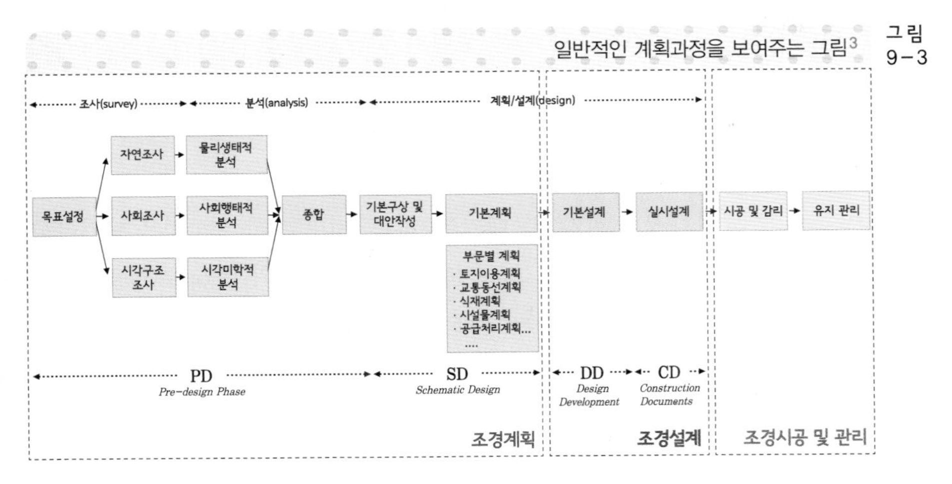

따라서 조경디자인은 문제를 해결하기 위한 과정으로 주관적·종합적·구체적이며 삼차원적이다. 디자인과정은 "문제해결과정(problem solving process)"이라고도 말하며 반드시 그렇지는 않지만 대개 연속적인 일련의 단계를 따른다. 이는 건축가나 산업디자이너, 엔지니어 혹은 과학자들이 문제해결을 위해 사용하는 것과 동일한 단계라고 생각하면 된다.

그러나 계획과 디자인의 이러한 차이는 절대적인 것은 아니다. 만약 계획과정에서 분석적인 면만 강조된다면 그것은 잘못된 것이며, 디자인과정에서 분석적인 면을 강조하지 않는다고 해도 그것도 잘못된 것이다.

이 책에서는 문제해결을 위한 디자인과정에서 자료수집과 분석·예측단계를 계획이라고 본다. 일반적인 조경계획부터 시공까지의 과정은 그림과 같다(그림 9-3).

9.1 조경계획과정: P·P·T분석

조경은 이용자인 다수의 시민을 항상 염두에 두어야하는 이용자중심디자인(User centered design)이어야 한다. 따라서 조경의 경우 이러한 이용자의

3 http://terms.naver.com/entry.nhn?docId=2117568&cid=44417&categoryId=44417 학문명백과 : 농수해양, 조경 계획/설계, 〈네이버지식백과〉

욕구를 만족시킴과 아울러 그 대지의 생태적 요구사항을 동시에 만족시키기 위해 디자인프로세스의 초기 단계로 사이트의 분석과정 즉 계획과정을 거친다. 여기서는 저자가 학생들과 어떤 조경 디자인의 첫 단계로 사이트의 문제를 찾아낼 때 주로 사용하는 분석방법인 P · P · T에 대해서 알아본다.

대부분의 조경의 대상지는 땅, 즉 대지로 이루어지며 우리는 이것을 단지라고 부르기도 한다.[4] PPT(People, Place, Time)분석이란 대상지의 People(이용자), 즉 대상지주변에 거주하는 사람들 혹은 장래 이 공원을 이용하게 될 이용자들의 사회 · 생리 · 심리적인특성분석을 의미한다. Place(장소), 즉 대상지의 물리적, 생태적 그리고 역사적 특성, 즉 기후 · 식생 · 지질 · 토양 · 야생동물 · 역사적인 배경 · 사회구성요소와 전통 · 지방정부의 규칙 · 역사적인 배경 · 공원과 어린이 놀이터에 대한 근린규정 그리고 상하수도와 다른 서비스 시설물의 특성을 분석하는 것을 말한다. 마지막으로 Time(시간)이란 시대정신이나 랜드스케이프디자인과 같은 현재 조경디자인 분야의 트렌드나 안전 혹은 CPTED 같은 사회적 이슈를 말한다.

단지분석은 프로젝트과정에서 적절한 대지와 주어진 시설물의 내용을 결합시키는 것이다. 대지의 선택은 미리 정해진 프로그램에 여러 개의 유용한 대지를 비교 · 분석함으로써 결정된다. 계획가에 따라 지역 내 대지의 위치와 접근성, 상가와의 관련성, 공장 그리고 교통 등이 중요한 요소로 작용된다. 다른 요소들은 제안된 프로그램을 수용할 수 있는 토지 수용력과 관련이 있다. 어떠한 대지가 요구조건을 가장 잘 만족시키는가에 대한 답을 계획가는 분석을 통하여 제시하여야 한다.

때로 대지의 분석은 토지의 일부분이 무엇에 가장 적절한가를 결정하는 과정이 된다. 이러한 경우에 있어 프로그램은 그 대상지의 지역적 · 사회적 · 생태적 맥락 속에서 대지의 쾌적성과 잠재성에 대한 직접적인 반영이 이루어져야 한다.

---

4 Michael Laurie, 1975, An introduction to landscape architecture, American Elsevier Pub. Co. Landscape Planning 참고.

9.2 People: 이용자 특성

바람직한 조경설계 혹은 계획은 인간의 본질과 자연의 본질이라는 두 가지 중요한 과정의 산물이라고 생각한다. 여기서 People(이용자), 즉 인간의 본질에 대한 분석을 하는 것이 이용자분석일 것이고 자연의 본질에 대한 분석이 다음에 다룰 Place, 즉 자연의 본질을 다루는 것이다.

이용자특성을 조사하는 이유는 계획가나 설계가에게 중요한 문제는 누가 이 공간 혹은 장소의 고객이며 사용자인가 하는 문제이다. 조경디자인에 있어서 고객은 설계의 형태나 내용의 주요한 자료이다. 왜냐하면 우리는 잘 팔리는 공원이라는 상품을 만들어야 하는 조경디자이너이기 때문이다. 정원을 만드는 것처럼 고객이 한 명인 일대일 관계이면 최상의 관계일 것이다. 그러나 우리가 만들고자 하는 것은 모든 사람들이 이용하는 공원이다. 이럴 경우 그 고객은 익명의 대중일 것이다. 이러한 익명의 고객을 상대로 그들의 요구사항을 파악할 때 우리는 그 대상지의 직접적인 이용자가 될 가능성이 큰 그룹 혹은 지역 공동체의 구성원들과의 직접적인 토론이나 그 사람들의 행태를 관찰함으로써 자료를 얻을 수 있다. 또 다른 방법은 인간의 행태나 지각의 일반적인 원리 혹은 보편성에 익숙해지는 것이다.

1) 사회적 분석: 설문조사법(Questionnaires)

사회적 분석방법에는 설문지를 만들어 이용자의 요구를 파악하는 설문조사법, 특별한 이용이나 활동적인 지역에서 이용자 행태를 직접적으로 관찰하는 관찰법, 그리고 설계와 계획과정에 지역주민을 직접 참여시켜 이용자의 욕구와 만족도를 설계에 부합시키는 지역주민참여와 연구집회 등이 있으나 여기서는 설문지법에 대하여 살펴보겠다.

디자이너들에게는 여러 가지 방법으로 고객들의 요구와 태도를 조사하고 분석할 수 있는 방법들이 있다. 그 중에서 이용자 행태에 관한 정보를 수집하는데 가장 일반적으로 많이 쓰는 방법 중의 하나가 설문지 법이다. 이 설문조사법의 성공의 여부는 어떤 설문으로 설문지를 만드는지와 설문에 사용하는 단어에 달려 있다. "당신은 이러한 것에 대해 어떻게 생각하는가?" 혹은 "당신은 어떤

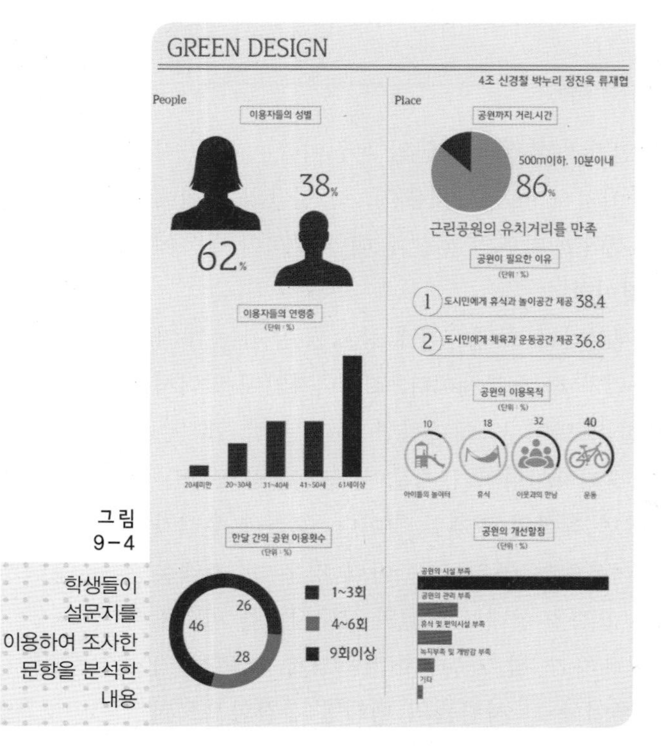

그림 9－4 학생들이 설문지를 이용하여 조사한 문항을 분석한 내용

종류의 환경을 좋아하는가?" 등과 같은 질문은 피해야 한다. 고객의 답변이 과거의 경험과 상상에 의해 제한되거나 질문에 주어진 항목의 선택을 강요받는 그러한 설문은 피해야 하는 것이다.

한편 시설물이나 공원 그리고 놀이터의 실제적인 이용의 지침을 제시하는 사실적인 설문조사는 그 가치가 매우 높다고 하겠다. 적어도 이러한 설문을 통한 결과는 기존의 시설물이 어떻게 이용되고 있으며, 다양한 연령층의 사람들이 여러 가지 위락 활동과 경험을 얻기 위해서 어떠한 방법으로 이용하는가를 우리에게 알려준다.

설문지의 경우 기존의 연구자들이 비슷한 대상지에서 연구를 수행한 것을 잘 이용하여 지금 상황에 맞게 바꾸어 쓰는 것도 아주 좋은 방법일 것이다. 그리고 사회과학연구방법론과 같은 책을 참고하면 좋은 설문지 만드는 방법을 쉽게 터득할 수도 있다. (그림 9－4)는 어린이공원의 이용자를 대상으로 설문지를 통한 분석한 내용을 보여주고 있다.

2) 이용자행태와 환경의 상호작용 분석(User's Behaviour)

사회적인 요소와 디자인의 관련성에 관한 연구와 조사는 행태와 지각에 숙련된 과학적인 분석 작업을 필요로 한다. 이것은 디자인과 계획의 결정과정에 사회학과 환경심리학의 기본적인 원칙들을 관련시킴으로써 새로운 지식의 틀을 개발하는 것이다. 이러한 관계를 설명하기 위한 시도방법으로 단지계획과 환경적인 문제의 다양성과 관련된 최소한의 지표와 요구사항 및 공통적인 기초사항과 관련된 일반적인 성질의 설문방법을 쓸 수 있다.

인간행태와 자연환경 사이의 상호작용은 양방향적인 과정이 있는데 그 첫 번째는 개인에게 있어서 환경은 제한적인 영향을 끼치며 인간의 반응은 부과된 상황에 적응된다는 것이다. 둘째로 인간은 육체적이고 정신적인 삶을 보다 안락하게 만들기 위한 시도로 물리적인 환경의 계속 조절하고 선택하고 있다는 것이다. 인간의 행태는 개인을 둘러싼 환경이라는 변수와 인간의 두 부분, 즉 생리학적인 것과 심리학적인 것이 변수들의 복잡한 상호작용의 결과다. 그래서 디자인의 경우도 이 세 가지 범주와 관련이 있다. 특히 인간의 심리적인 욕구와 환경이 지각은 연령·사회적인 계급·문화적인 배경·과거의 경험·동기 그리고 개인의 일상생활을 포함하는 다양한 변수들에 따라 달라진다. 이러한 요소들은 개인과 단체의 욕구구조에 따라 영향을 받으며 또한 구별된다. 이런 점에서 어린이들의 욕구는 어른들과 명백하게 다르며, 만일 욕구가 동일하다 할지라도 나타나는 행태는 다르다. 항상 모든 욕구를 동시에 갖는 경우란 없다. 때때로 어떤 욕구는 다른 것보다 강하며 우리의 욕구구조는 특수한 상황에 따라 변한다.

그 예로 조경디자이너는 매슬로우(A. Maslow)가 주장한 인간욕구의 5단계를 잘 이해하고 이용자들의 욕구를 만족시켜주는 공간을 제공해야 한다. 매슬로우의 5단계 욕구설(Maslow's hierarchy of needs, 그림 9-5)은 인간의 욕구가 그 중요도별로 단계 일련을 형성한다는 동기 이론의 일종이다. 먼저 생리 욕구는 허기를 면하고 생명을 유지하려는 욕구로서 가장 기본인 의복, 음식, 가택을 향한 욕구에서 성욕까지를 포함한다. 다음은 안전 욕구다. 생리 욕구가 충족되고서 나타나는 욕구로서 위험, 위협, 박탈(剝奪)에서 자신을 보호하고 불안을

그림 9-5 매슬로의 5단계 욕구설(Maslow's hierarchy of needs)의 피라미드

회피하려는 욕구이다. 세 번째로 애정·소속 욕구는 가족, 친구, 친척 등과 친교를 맺고 원하는 집단에 귀속되고 싶어 하는 욕구이다. 그리고 존경 욕구는 사람들과 친하게 지내고 싶은 인간의 기초가 되는 욕구이다. 마지막이자 최고 높은 단계의 욕구로서 자아실현 욕구가 있다. 자기를 계속 발전하게 하고자 자신의 잠재력을 최대한 발휘하려는 욕구이다. 다른 욕구와 달리 욕구가 충족될수록 더욱 증대되는 경향을 보여 '성장 욕구'라고 하기도 한다. 알고 이해하려는 인지 욕구나 심미 욕구 등이 여기에 포함 된다. 하나의 욕구가 충족되면 위계상 다음 단계에 있는 다른 욕구가 나타나서 그 충족을 요구하는 식으로 체계를 이룬다. 가장 먼저 요구되는 욕구는 다음 단계에서 달성하려는 욕구보다 강하고 그 욕구가 만족되었을 때만 다음 단계의 욕구로 전이된다. 디자이너는 클라이언트의 이러한 욕구를 잘 읽어서 설계 안에 반영해야 한다.

9.3 Place: 대상지의 물리적, 생태적 그리고 역사적 특성

대상지의 물리적, 생태적 그리고 역사적 특성을 분석함에 있어서 자료의 조사를 통해 얻은 정보는 상세하여야 하고 제안된 계획내용과 관련되어야 한다. 자료의 조사 범위는 지질·토양·지형과 경사 배수로·식생·야생동물·미기후·기존 토지이용·법적규제 그리고 대상지의 특성 등과 같은 일반적인 조사사항이다.

1) 지질(Geology)

심토층의 지질 형태는 눈에 보이는 토지형태, 즉 지형과 밀접한 관계가 있다. 건물의 기초가 된다는 점에서, 지표에서 가까운 지질의 지내력은 한 대지의 장소 내에서도 차이가 있고 대지와 대지 사이에서도 상당한 차이가 있다.

지질형태의 안전성은 매우 중요하며 지질학적인 등급은 토지의 안전성을 평가하는데 있어서 중요하다. 심한 경사, 암석의 유무, 지형의 경사와 다른 지층과의 관계가 지반의 슬라이딩이나 혹은 함몰이 되기 쉬운 지역이 될지도

모른다. 이러한 지역은 건설하기에 적합하지 않다.

2) 토양(Soil)

토양의 형태는 식물의 성장여부를 결정한다. 버드나무와 포플러는 축축한 점토질에서 잘 자라며, 철쭉과의 식물은 산성토양에서 잘 자란다. 표토는 식물의 성장에 있어서 가장 중요한 것으로, 유기질을 포함하고 뿌리의 발달 수분과 광물질의 흡수력 · 호흡작용에 도움이 되도록 개방된 구조를 가지고 있어야 한다.

3) 지형(Topography)

대지의 표면인 지형은 대지의 가장 중요한 요소로 평가받고 있다. 건물의 경제적인 배치와 위치는 경사방향에 영향을 받는다. 일반적으로 건축비용은 경사가 급할수록 증가한다. 경사도에 따라 분류된 토지를 나타낸 부지의 지도는 경사도 하나만을 고려한 경우 빠른 시간에 단지의 계획을 수립할 수 있는 좋은 자료이다. 예를 들면 4% 이하의 경사는 아주 평탄한 지형으로 건축물이나 체육시설 그리고 운동장 등과 같은 다목적 용도로 적합하며 자연배수가 된다. 4%와 10% 사이의 경사는 약간의 수정을 통하여 도로와 산책로를 설치할 수 있다. 경제적인 이유로 6% 정도의 경사도는 고밀도주택을 위한 최대의 경사로 선택해야 한다. 10% 이상인 경사는 도로와 산책로로는 부적당하나, 자유롭게 놀 수 있는 놀이공간이나 배식을 위한 장소로는 좋다. 15% 경사는 차량이 움직일 수 있는 최대의 경사이며, 25%의 경사는 지형의 변경이 시급한 지형을 가진 대지다. 지형은 부지의 자연적인 배수패턴을 결정한다. 부지 내 자연 상태의 습지대는 가능하면 그대로 남겨두는 것이 좋다.

4) 식생(Vegetation)

대상지의 특성을 조사할 때 기존의 토지에서 자라고 있는 식물과 그들의 성장정도 및 건강상태를 조사하는 것은 필수사항이다. 이것은 특수한 교목이나 관목의 구입여부를 결정짓는 데 중요한 요소가 된다. 기존의 식생은 인근의 개발행위로 인한 토지이용으로부터 보호되어야 하고, 이의 보전은 소음, 대기오염 혹은 불량한 시계로부터의 완충작용을 하는 데 매우 유용하다. 그리고 기존 식생의

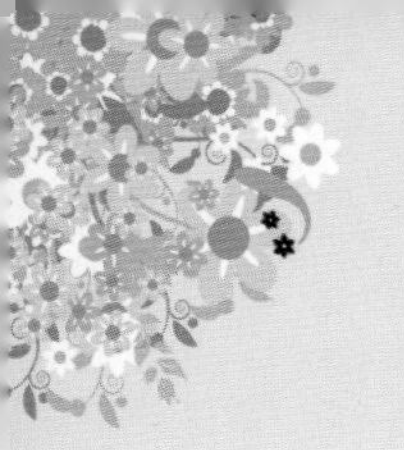

그림 9-6 Place 물리적 특성의 예(학생 작품)

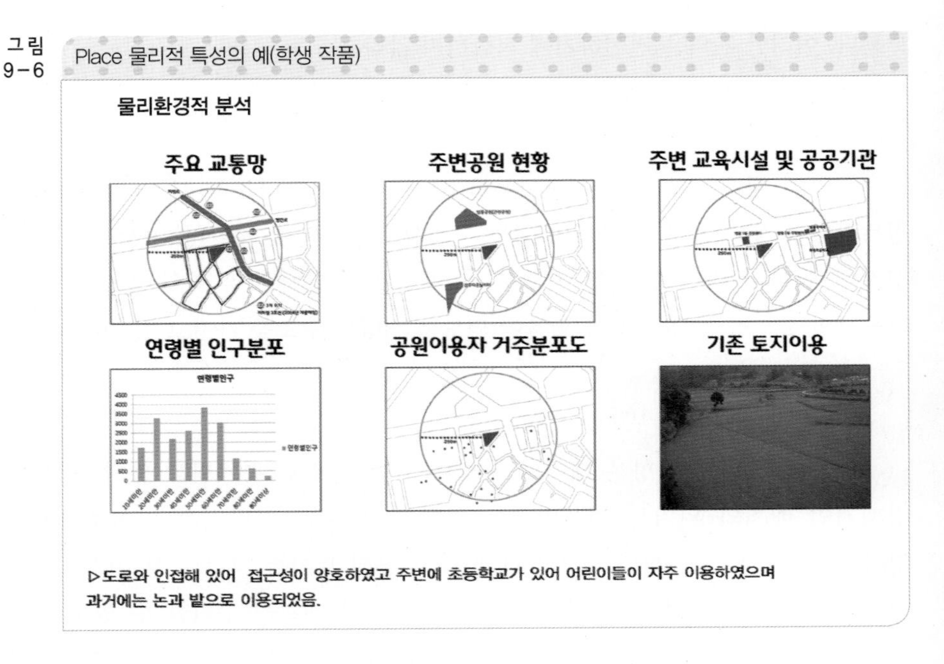

침식조절능력은 토지의 표면안정성을 유지하는 데 있어 상당히 요긴하다. 식생조사 또한 토양의 성질과 대기의 미기후 파악의 실마리를 제공한다. 넓은 대지 속에서의 식생변화는 경사지의 방향에 영향을 받는다. 즉 이것은 그 지역의 습도·온도·태양 복사열과 바람 등의 영향이라고 할 수 있다. 대상지 내에서 잘 자라고 있는 기존의 식생들은 대상지를 계획하고 설계할 때 식물선택의 지침을 제공해 준다.

5) 야생동물(Wildlife)

우리나라에서는 도시 내에서는 잘 발견할 수 없지만 식생과 관련된 사항으로 야생동물의 무리를 들 수 있다. 대상지 내 곤충·조류와 포유동물의 광범위한 위치를 파악하고 이 들을 잘 보전하기 위해 기존의 식생을 제거하거나 변화를 주지 말고 지역적인 맥락 속에서 조심스럽게 고려하면 좋다.

6) 대상지의 특성(Existing Features)

대상지는 기존의 특질 혹은 건물을 가지고 있으며 혹은 이미 사용 중에 있다. 건물·도로·하수체계·하수관거와 지하전선·공공도로 등은 대상지로의 접근성과 과거와 현재의 이용에 영향을 주고 미래를 위한 계획의 일부로서 대상지 내의 무생물 모두가 필요한 자료가 된다.

7) 시각적인 질(Visual Quality)

마지막으로 대상지 분석과정 중 매력적인 시계나 전망과 차폐시켜야 할 주위지역들을 기록하는 시각적인 분석을 들 수 있다. 토양의 색채와 기존 식생 음지와 양지의 전형적인 패턴 · 하늘과 구름 · 햇볕의 강도와 경관의 공간적인 특성들은 기록해둘 가치가 있는 시각적인 요소들이다. 따라서 가장 성공적인 디자인이란 이러한 시각적인 질에 민감한 것이라고 할 수 있다.

8) 기후(Climate)

각 대상지는 지역에 따라 일반적인 기후의 특성을 가지고 있다. 이러한 기후요소는 대상지의 계획과 디자인에 영향을 미친다. 예를 들면 강수량이 지나치게 많을 경우와 높은 기온과 일사량이 길 경우에는 식물로 피복된 보도나 그늘의 필요성을 암시하고, 서리나 눈이 온 상태에서는 도로나 보도의 경사가 최소가 되도록 계획되어야 한다. 대상지 내의 특수한 미기후는 일반적인 기후 변화로 인하여 생긴다. 이는 지형 · 식물 · 지피식물 · 바람에의 노출정도 ·

그림 9-7 Place 생태적 특성의 예 (학생 작품)

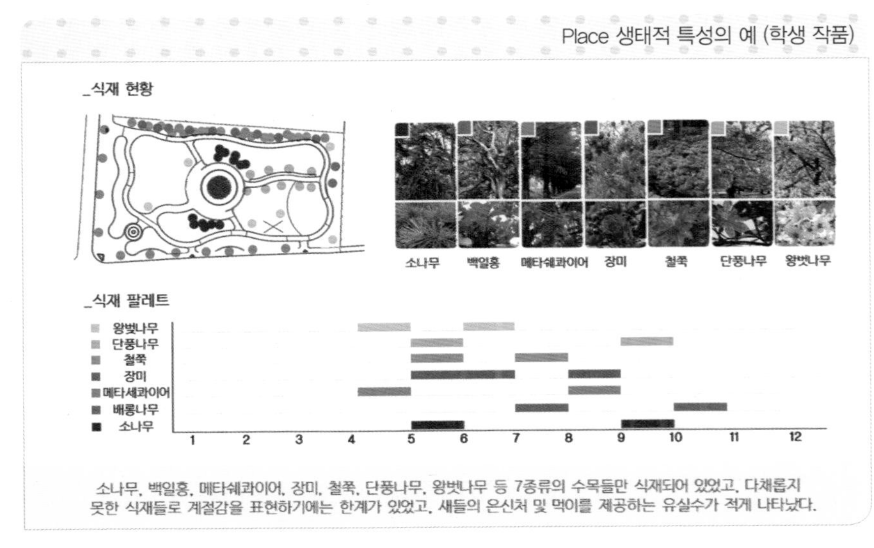

수면표고와 넓은 수면과 대상지와의 관계에서 발생하는 것이다. 미기후의 경우 1년 정도 측정해야 정확한 데이터를 얻을 수 있다고 한다. 시간이 여의치 않을 경우 식물(바람)이나 경사의 노출 정도와 방향(복사량과 일조량) 같은 관찰을 통하여 미기후 관련 데이터를 얻어 내기도 한다. 산업공해, 비산먼지농도 그리고 음향 등은 관련 환경관련 사이트에서 정보를 얻을 수 있다.

9.4 Time: 시대적 특성

Time은 그 시대의 사회적 이슈나 디자인 트렌드와 관련된 세부사항들로 지금 사회가 주목하고 있는 어떤 보이지 않는 특성으로 비가시적인 요소라고 말 할 수 있다. 이러한 요소는 도시와 도시, 지방과 지방마다 다른 건축법규와 개발규칙도 포함된다고 할 수 있다. 그리고 그 대지 자체만으로도 지역적인 중요성을 가질 경우도 있다. 예를 들면 대구의 두류정수지 이전 부지의 개발을 그 예로 들 수 있겠다. 단지계획 시 제안된 내용에 의하여 영향을 주는 주민들의 관심사항과 생활태도 또한 고려해야 할 사항이다. 주민은 기존의 주민들이거나

그림 9-8 사회적 이슈의 예 (학생작품)

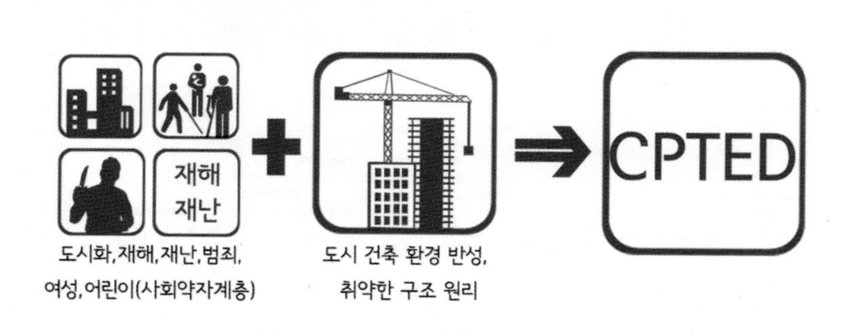

새로운 계획 때문에 새롭게 이주해 올 주민일 수도 있다.

각 경우에 경제학자에 의해 개발된 프로그램의 목표가 일반인들의 욕구와 희망사항과 일치하지 않을 경우도 있다. 단지 내의 어린이 공원의 계획을 예로 들면 최근 도시공원에서 발생하는 범죄를 예방하기 위하여 사회적 약자인 어린이와 여성 그리고 노약자를 보호하겠다는 것이 주요 주제인 범죄예방설계 즉, CPTED는 Time의 좋은 예이다. 이처럼 Time은 그 지역과 사회를 아우르는 비가시적인 특성을 말한다.

이러한 철저하고 과학적인 P · P · T분석을 통해 찾은 부지의 여러 문제들은 토지이용, 교통동선, 식재, 시설물, 공급처리와 같은 기본계획수립과 기본설계의 전략과 디자인 컨셉을 정하는 큰 밑거름이 된다. 그리고 이를 바탕으로 조경디자이너의 주관적 생각을 객관화 · 종합화 · 구체화시킬 수 있다.

9.5 조경디자인 요소: 4E[5]

대부분의 조경디자이너들은 공원을 디자인할 때 디자인과정이라는 분석적이고 창조적인 일련의 사고단계를 도입하는데 이것이야 말로 공공성을 띤 조경디자인이 정원예술과 구별되는 가장 큰 차이점이라고 할 수 있다. 그래서 어떤 유명한 조경전문가는 '디자인은 프로세스에 의해 주도'가 된다고 주장했다. 디자인 프로세스는 조경가로 하여금 모든 설계요소들이 프로젝트의 요구사항에 종합적이고 효과적으로 합치하도록 하며, 미적으로도 만족할 수 있는 하나의 완성된 조경디자인에 이르도록 한다. 한편 자연을 매개로하는 조경디자이너는 4E(Elements, 요소)라고 불리는 조경디자인요소들을 개별적으로 설계하지는 않으며, 이러한 개별 요소들은 철저하게 파악하여 클라이언트의 요구사항을 잘 배려하고 객관적인 사고와 디자이너의 감각을 동원하여 이 요소들을 어떻게 잘 조화시키는가에 프로젝트의 성공여부가 달려 있다. 즉, 부지의 지형의 특징에 따라 식물재료, 물 혹은 돌 요소의 사용이 어떻게 다를 것인가에 대한 고려 없이는

5 김수봉, 2012, 그린디자인 참고.

바람직한 결과를 기대하기는 어렵다. 각각의 디자인요소는 서로에게 영향을 준다는 것이다.

자연은 조경의 매우 중요한 주제이며 자연미를 얻기 위해 물, 돌, 식물 등을 사용하는 것이 다른 건설업과 구분되는 특징이다. 자연의 재료를 사용하고 그것을 아름답게 표현하여 인간과 자연이 만족하는 조경공간에 자연미를 창조하는 것이 조경의 큰 목적이다.

조경(경관)디자인이라는 말을 처음 사용한 허바드는 그의 저서에서 "새로운 타입의 조경디자이너… 그의 수단은 건축가와는 다르다. 조경디자이너는 식물과 그것의 효과, 자연수목의 갱신과 보호뿐만 아니라, 자연적 소재와 그 아름다움에 대해서도 알고 있어야 한다. 자연미는 예술미와는 다르다"[6]라고 주장하였다. 그는 조경을 예술적·과학적 측면에서 고찰하고 조경디자인이란 조경재료의 디자인을 의미한다고 제안하였다.

조경공간을 구체화하기 위한 매개 혹은 인터페이스에는 어떤 요소들이 있을까? 그것은 부스 교수(1983)[7]의 제안처럼 지형, 식물재료, 건축물, 포장면, 시설물, 물 등 6가지 요소일 수도 있고, 진양교(2013)[8]가 제시한 조경공간의 중요 공간요소인 지형, 물 그리고 수목일 수도 있다. 이 요소들은 고유의 특성과 역할을 가지고 있으며 디자인을 통하여 공간을 창조하고 그 공간에 생명을 부여한다. 조경가가 풍경화가와 같다면 이러한 디자인 요소들을 매개로 마치 화가가 물감으로 캔버스에 풍경화를 그리듯 공간을 만들고 그 공간에서의 분위기를 연출한다. 나는 조경의 주목적인 자연미의 획득을 위하여 대상과 관계의 축소를 제시한 나카무라 교수의 의견에 동의하며[9] 특히 조경디자인을 위한 관계의 축소에 주목하였다. 나카무라 교수의 주장처럼 조경가가 자연미를 얻기 위한 관계의 축소에는 매개가 필요하다. 나는 그 매개가 바로, 즉 조경디자인 요소, 특히 지형, 식물재료, 물 그리고 돌과 같은 4요소라고 생각 한다. 나는 이 4가지 조경디자인 요소(Landscape Design Elements)를 4E라고 부르기로

6 Hubbard, H. & Kimball, T, 1917, An Introduction to the study of Landscape Design, p.2
7 Booth, N, 1983, Basic Elements of Landscape Architectural Design, Elsevier Science Publishing. N.Y.
8 진양교, 2013, 건축의 바깥, 도서출판 조경.
9 김수봉, 2012, 그린디자인의 이해, 계명대학교 출판부.

조경공간은 포장면과 녹지면으로 구성되어 있다. (NUS, 싱가포르 국립대학) 그림 9-9

했다. 따라서 포장면과 녹지면으로 이루어진 조경공간을 조경가들은 조경디자인요소, 즉 4E를 이용하여 자연미를 가진 외부공간으로 창조하는 과정이 조경디자인일 것이다(그림 9-9).

다음은 조경디자인요소인 지형, 식물재료, 물 그리고 돌에 대한 설명이다.

1) 지형

부스 교수(N. K. Booth, 1983)[10]에 따르면 땅의 특징인 지형(그림 9-10)은 경관의 바닥면을 말하며, 환경 내의 서로 다른 여러 모든 요소들을 지지해주고 하나로 엮어주는 역할을 하며, 공간의 특성을 나타내주고 공간을 한정시키는 역할도 한다. 아울러 외부환경의 틀, 토지이용, 조망, 배수, 미기후 등과 같은 다양한 인자들에게도 영향을 미친다. 그리고 지형은 여러 가지 수단으로써 지면에 고형체(solid)와 공동(void)을 만들어 낼 수 있는 조형성을 가지기도 한다.

즉, 지형은 땅의 상태를 말하며 지역적 스케일은 계곡, 산맥, 구릉, 초원,

10 Booth, N. 1983, Basic Elements of Landscape Architectural Design, Elsevier Science Publishing. N.Y.

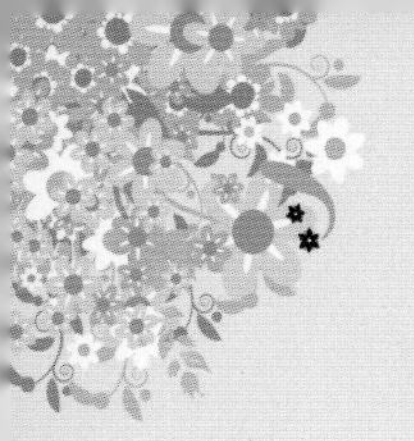

그림 9-10 옥외환경의 지표면인 지형 (landform)

평야 등을 포함하고, 그보다 작은 지형의 경우에는 제방, 경사지, 평탄지, 계단이나 램프를 통과하는 고저의 변화 등이 포함되고 더 미세한 지형에는 보행로 주변의 작은 돌과 암석의 질감 변화, 혹은 모래언덕의 미묘한 굴곡 따위가 포함된다. 어느 경우이든 지형은 옥외환경의 지표면 요소를 나타낸다.

지형은 다른 요소들과 직접적인 연관을 갖고 있으며 특히 그 지역의 미적 특성, 공간의 한정과 지각, 조망, 배수, 미기후, 토지이용, 특정대상지에 대한 기능의 체계화 등에 영향을 준다. 그리고 지형은 또한 식물재료, 포장, 물, 건물과 같은 물리적 경관요소의 기능이나 우수함에 영향을 미친다. 지형은 여러 디자인요소와 기능의 배치를 위한 환경 또는 무대, 즉 모든 옥외공간과 토지이용에 대한 기반이 된다. 건축이란 말이 "건물을 짓는 과학 혹은 예술"이라고 정의된다면 조경은 토지 위에 혹은 토지로써 무엇인가를 짓고자 하는 예술 또는 과학이기 때문에 지형요소는 중요한 조경디자인 요소다. 르네상스 시대에 이탈리아인들은 경사지에 노단식 정원(그림 9-12)을, 프랑스사람들은 평탄지에 평면기하학식 정원을 그리고 영국국민들은 영국이라는 나라의 부드럽고 기복이 있는 지형을 잘 이용하여 풍경식 정원을 탄생시켰다.

영국은 부드럽고 기복이 있는 지형을 잘 이용하여 풍경식 정원을 탄생시켰다. (이유정 그림) 그림 9-11

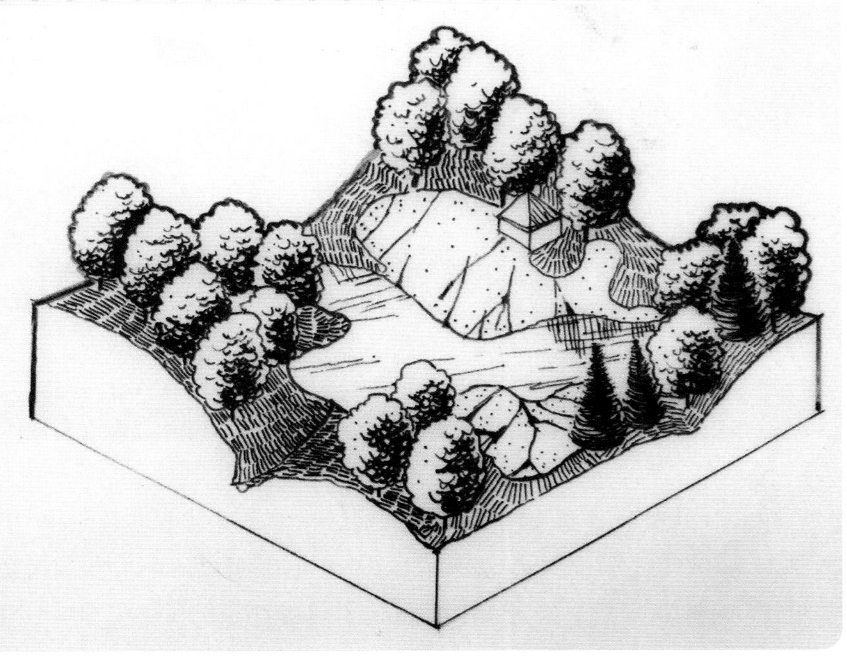

이탈리아의 지형을 잘 이용하여 만든 이탈리아 정원 (빌라 란테, Villa Lante) 그림 9-12

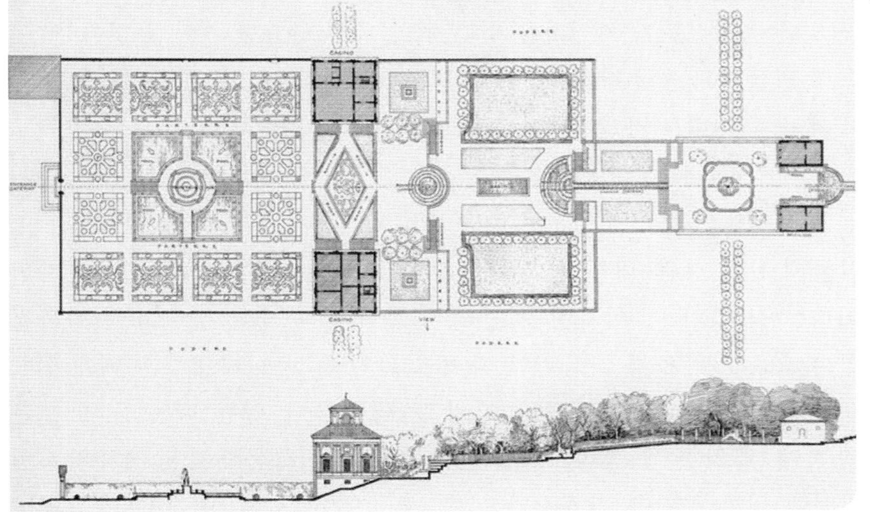

그림 9-13 지형의 조작으로 만들어진 지형 (골프장)

한편 진양교(2013)는 조경공간의 바닥면 나누기가 조경설계의 시작이라면 지형의 조작은 바닥면에 숨결을 불어넣는 일이라고 했다. 따라서 지형을 조작 작업들, 예컨대 바닥면의 올리기(lifting), 내리기(dropping), 언덕이나 동산두기(mounding), 기울이기(sloping), 접기(floding), 펴기(unfolding), 튀어나오게 하기(jumping), 들어가게 하기(denting), 파동두기(undulating)와 같은 작업은 조경공간이 자연미를 얻기 위한 매우 중요한 수단일 것이다. 이 작업으로 만들어지는 수평적 지형, 오목(凸)형 지형, 능선, 볼록(凹)형 지형 그리고 계곡 등은 바로 자연미를 만드는 기초 작업일 것이다(그림 9-13).

2) 식물재료

식물재료는 경관 내에 생명력을 부여하는 매우 중요한 조경디자인 요소이다(그림 9-14). 이들은 시간이 경과함에 따라 성장하고 변화하는 살아있는 요소로서 조경의 목적인 자연미를 가장 잘 나타내주는 매개이다. 부드러우면서 때로는 불규칙한 모양과 생동감이 있는 푸르른 모습은 외부환경에 쾌적한 느낌이 나게 한다. 아울러 식물재료는 3차원적인 둘러싸임에 의한 공간을 한정시키고 아울러 미기후조절, 대기정화, 그리고 토양을 안정화시키는 역할을 하며, 이들의 크기, 형태, 색깔, 질감 등에 의해

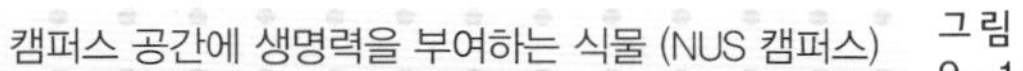
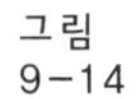

캠퍼스 공간에 생명력을 부여하는 식물 (NUS 캠퍼스) 그림 9-14

도시의 삭막함에 시각적인 신선함과 부드러움을 제공하는 식물 (싱가포르 오차드로드) 그림 9-15

중요한 시각적 요소로도 작용한다.

식물재료는 다른 조경디자인 요소와 구별되는 많은 특성이 있는데 그 중에서 가장 중요한 특성은 바로 살아있는 생명체라는 점이다. 이것은 다른 분야에서는 찾아볼 수 없는 조경의 고유특성으로 식물재료는 동적이다. 즉 색채, 질감, 시각적 투과성, 기타 여러 특성이 계절이나 생장에 따라 계속 변화하는 특성이 있다.

우리나라의 경우 낙엽교목은 봄에는 개화와 함께 연록색의 잎과 형형색색의 꽃이 피고, 여름에는 짙는 녹음을 주는 짙은 녹색의 잎, 가을에는 현란한 색채의 단풍 마지막으로 겨울에는 나뭇가지의 모습을 관찰할 수 있는 나목 등과 같은 시각적인 특성을 가지고 있다. 그리고 식물재료는 관리비가 적게 드는 수종을 선택하고 이를 위해서는 향토수종을 선정하는 것이 좋다. 그리고 도시 환경 내에서 이러한 식물재료는 도시의 삭막함에 시각적인 신선함과 부드러움을 제공한다(그림 9－15).

한편 조경디자인이 다른 디자인과 다른 점은 디자인에 시간개념을 담는다는 것이다. 즉 조경디자인은 식물재료가 그 주요 소재로 사용하기 때문에 조경공간은 매일, 계절에 따라 변화하며 5년, 10년, 15년, 혹은 30년 후의 모습이 다르다. 시간은 자연처럼 끝없는 생성과정에 있는 것이고

그림 9－16 조경은 시간개념을 담은 디자인이다.

사계절처럼 순환하는 것이기 때문이다. 그래서 조경이 시간과 자연을 함께 담은 디자인이다. 자연은 스스로 그러한 것이기 때문이다(그림 9-16).

3) 물

조경디자인 요소 중 물(그림 9-17)은 경관에 강한 흥미를 부여하는 아주 특별한 요소로서 마치 식물재료처럼 생명력과 활기를 주는 생동감이 있는 디자인매개이다. 물은 변화와 유동성이 높은 액체로 이루어져 있으므로 이용자들에게 시각 혹은 청각적으로 고요함을 주는 정적인 매개체로 사용되고 또한, 사람을 재미있게 하는 자극적인 효과를 위한 동적인 요소로도 사용된다. 그러나 어떻게 표현되든지 물은 사람들의 관심을 쉽게 끌 수 있는 특별한 요소임에는 분명하다. 물은 모든 디자인 요소에서 가장 매혹적이고 가장 흥미를 유발시키는 요소 중의 하나이다. 인간은 물을 만지거나 느끼고자 하는 깊은 욕구, 또는 유희나 레크레이션을 위해서 물에 푹 빠져들고 싶은 욕구를 지니고 있다. 따라서 물요소로 만들어지는 수공간은 물과 주변의 생물과 접촉을 가능하게 해주며, 낚시나 물놀이를 할 수 있고, 주민의 휴식이나 소통 공간으로 역할을 하며, 주변의 미기후를 조절해주며, 빛 공기의 통로, 소음의 흡수, 방재의 역할과 수공간 주변의 경관을 향상시키는 등 다양한 역할을 한다. 한편 이러한 수공간의 공공적인 역할[11]을 개선하기 위해서는 먼저 수공간 경계부의 시각적 개방성을 높이며, 입체적이며 동적인 느낌을 주는 단면적 수공간 형태를 계획하여 심리적 개방성을 확보하는 것이 필요하다. 다음으로 수공간까지 접근성을 향상시키기 위해서는 접근길이가 짧고 접근로 폭이 적정하게 계획되어야 하며, 광장과 같은 외부 요소에서 수공간으로 자연스럽게 접근할 수 있는 접근유도장치가

그림 9-17
조경디자인 요소에서 가장 매혹적이고 가장 흥미를 유발시키는 수공간은 접근성을 향상시켜 공공성을 증진시켜야 한다.

11 이춘복, 2011, 공기업 건축물의 공공성 구현을 위한 수공간 도입에 관한 연구 : 한국수자원공사 공공건축물을 중심으로, 한양대학교 석사학위논문.

필요하다. 셋째로는 주변 외부 시설과 수공간과의 자연스러운 동선계획이 필요하며, 담과 옹벽 그리고 밀도 있는 수목식재 등은 지역민의 접근을 현저히 떨어뜨리므로 주의해서 계획한다. 넷째, 수공간의 어메니티를 높이기 위해서는 다양한 편의시설, 조경, 조형물 등의 휴게공간을 조성하여 편리성을 개선하며, 시설물의 청결도와 유지관리를 향상시켜야 한다. 또한, 조형물 등의 설치로 상징성을 부각하고 다양한 요소를 유기적으로 연계 계획하여 장소의 아이덴티티를 향상시켜 공공성을 증대시켜야 한다.

한편 조경디자인에 있어서 자연을 표현하는 요소의 하나인 물은 조형성(Plasticity), 움직임(Motion), 음향(sound) 그리고 반영(Reflectivity) 등과 같은 특성이 있다. 조형성이라 함은 물의 성격을 살리기 위한 물을 담는 용기를 설계하는 것이다. 물은 정적이거나 동적인 물 두 가지 모습의 움직임을 보여 준다. 물은 움직이거나 물체의 면에 부딪칠 때 소리를 낸다. 그리고 물의 또 다른 특성은 주위 환경을 사실 그대로든, 꾸미든 투영할 수 있다. 물은 조용하고 정적인 상태에서 지형, 식생, 건물, 하늘, 사람 등과 같은 주위 환경의 모습을 재현하는 거울과 같은 역할을 한다. 공간디자인에 있어서 물은 사람의 눈과 같다.

그림 9-18 주위 환경의 모습을 재현하는 거울과 같은 역할을 하는 물

4) 돌

우리나라의 조경디자인에서 자연을 가까이 하기 위해 특별히 중요하게 여겼던 조경디자인 요소는 돌(암석)이었다(그림 9-19). 서양 사람들은 바위를 감상의 대상으로 여기지 않았으나 동양에서는 그 평범한 바위에서 특별한 의미를 찾으려고 애썼다. 중국의 화가 곽희는 "암석은 천지의 뼈"라고 하면서 돌의 불변하는 형질을 칭송했다. 고려 말의 선비 이곡은 "암석은 견고 불변하여 천지와 함께 종식되는 것, 두터운 땅에 우뚝하게 박히고 위엄 있게 솟아서 진압하며, 만 길의 높이에 서서 흔들어 움직일 수 없는 것, 깊은 땅 속에 깊숙이 잠겨서 아무도 침노하거나 제압할 수 없는 존재"라고 그의 〈석문, 石問〉에서 바위의 덕을 칭송하였다.[12]

돌은 자연적으로 존재하는 소재 중 가장 견고하고 내구성(耐久的)이 강하며, 그 무게나 압축강도가 흙이나 나무 등 다른 천연재료에서 볼 수 없는 성질을 가지고 있다. 이러한 특성으로 인하여 돌(쌓기)은 다른 자연적 조경디자인 요소인 나무나 물에 어떤 형태와 운동과 공간을 부여한다. 그리고

돌은 자연을 가까이 하기 위해 특별히 중요하게 여겼던 조경디자인 요소 그림 9-19

12 허균, 2003, 한국의 정원, 다른세상, pp.72-73.

그림 9-20 월지에는 직선 호안만이 아니라 곡선 호안도 네모난 모양으로 가공된 돌을 사용해서 마치 벽돌을 쌓아올린 것처럼 줄을 맞춰 정연하게 축조했다.

자라는 나무와 흐르는 물이 사람의 피부나 살과 같은 것이라면 돌(쌓기)은 마치 뼈에 해당하는 것이다. "돌의 골격에 의해서 비로소 자연은 축소될 수 있고, 좁은 공간 속으로 그 전체의 구조를 집어넣을 수가 있다."[13] 우리식 돌쌓기는 바른층 쌓기라고 하여 돌의 면 높이를 같게 하여 가로줄눈이 일직선이 되도록 쌓는 방법을 말하고 일본정원에서 주로 사용하는 돌쌓기는 계단식의 들여쌓기라고 한다. 한편 안압지의 돌쌓기 방식은 우리의 바른층 쌓기로 되어있다. 월지(안압지)에는 이전 시대의 유적에서는 보지 못했던 정교한 축대가 처음으로 나타난다. 성곽을 쌓은 것 같은 높이 6m의 축대는 지면과 완전한 수직을 이루고 있다. 직선 호안만이 아니라 곡선 호안도 네모난 모양으로 가공된 돌을 사용해서 마치 벽돌을 쌓아올린 것처럼 줄을 맞춰 정연하게 축조했다(그림 9-20). 이러한 돌쌓기 양식은 천년이라는 세월이 흐른 뒤에도 흐트러짐 없이 그 견고한 모습을 유지하고 있다. 단양의 온달산성에는 돌을 수직으로 정연하게 쌓아올린 돌쌓기 방식이 적용되었는데, 안압지의 석축 방식도 이와 동일하다. 성벽의

13 이어령, 2003, pp.139–140.

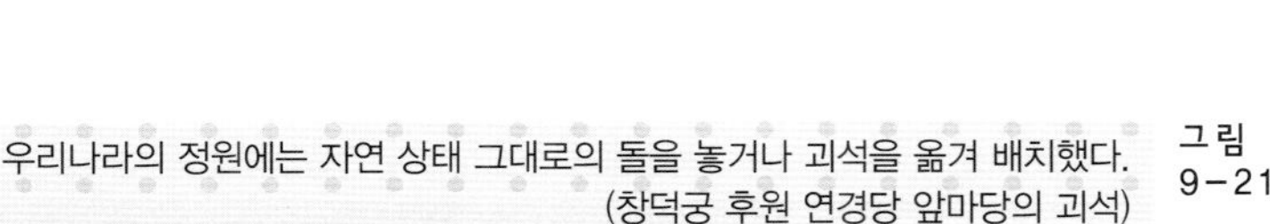

그림 9-21 우리나라의 정원에는 자연 상태 그대로의 돌을 놓거나 괴석을 옮겨 배치했다. (창덕궁 후원 연경당 앞마당의 괴석)

돌출된 모습까지도 같다.

한편 우리나라의 정원에는 자연 상태 그대로의 돌을 놓거나 괴석을 옮겨 배치했는데 창덕궁 후원 연경당 앞마당의 괴석(그림 9-21), 창경궁 양화당 뒤쪽 언덕 위의 여러 개의 괴석이 여기에 속한다.

괴석은 동아시아의 오랜 전통 속에서 애호된 물건이었는데, 조선중기 성리학적 분위기 속에서 완물(玩物)로 우려되고 경계시되다가, 임란 후 정원조성의 문화가 일어나면서 크게 애호되었다. 특히 연행록 기록에서 소개된 북경의 화려한 태호석(太湖石)의 존재는 괴석문화 및 이미지구상에 큰 영향을 주었고, 18세기 문인들과 왕실에서 괴석의 최고품종인 태호석을 가지고자 하는 욕망이 일었다. 그런 가운데 괴석의 이미지에 대한 환상이 만들어졌고, 이것이 18세기 정원의 이미지에 중요한 요소로 삽입되었다. 회화 속 괴석이미지의 구체상은 중국의 회화, 소설 삽도, 화보 등에서 취하였던 것이라 추정된다. 18세기 괴석을 애호한 주체 즉 문인들은, 괴석애호의 성격을 값비싼 물건이나 환상에 대한 집착으로 보기보다 고상한 정신의 표현으로 주장하고자 노력하였다. 그러나 문학적 묘사가 그러하듯이, 회화적 표현에서도 괴석이란

그림 9-22 선비들은 돌에서 교훈적인 가치관을 찾아내려 했다. (영양 서석지)

환상에 대한 구체적이고 감각적인 표현이 18세기 정원문화의 물질성과 감각성을 드러내 주고 있다.[14]

괴석은 궁궐뿐만 아니라 사대부의 정원에서도 발견된다. 이는 돌에 대한 애착심을 보여 주는 것으로 돌이 가지는 냉정하고 적막한 모습과 늘 그 자리에서 항구 불변의 안전 상태를 유지하기 위해 끊임없이 절차탁마하는 모습을 통해 옛 선비들은 유교적 가치관이나 자연관에서 무엇인가 교훈적인 가치관을 찾아내려 했던 것 같다.[15] (그림 9-22)

14 고연희, 2013, 18세기 회화(繪畵)의 정원이미지 고찰 -"괴석(怪石)"을 중심으로-, 경희대학교 인문학연구소, 인문학연구 23권.

15 허균, 2003, 한국의 정원, 다른세상, pp.74-75.

CHAPTER

10

자연과 인간을 화해시키는 방법[1]

10.1 디자인과 환경의 특성

심 반 데린은 “환경의 위기는 여러 면에서 디자인의 위기이다. 디자인, 즉 설계는 자재를 어떻게 제조하고, 건물을 어떻게 지으며, 대지를 어떻게 이용하는가로 귀결된다. 또한 설계는 문화를 표명하며, 문화는 우리가 진실이라고 믿는 세상을 기초로 하여 견고하게 존재한다.”[2]라고 주장하면서 환경의 문제는 디자인의 문제라고 주장하였다. 즉 인간을 위해 만들어지는 각종 공업제품과 건축물에서부터 농수산물에 이르기까지 이 모든 것은 디자인제품이며 이것으로 인해 환경문제가 발생한다는 말씀이다. 인간의 요구를 충족시키기 위해 디자인으로 인해 만들어지는 모든 원자재의 구입, 운반 제조에 쓰이는 에너지부터 제품제조과정과 상품수송에서 판매까지 그리고 소비자에 의해 이용되고 폐기되는 모든 과정에서 엔트로피, 즉 쓰레기가 발생한다. 이 엔트로피 중 요즘 급속하게 진행되는 지구온난화의 주범이 있는데 화석연료를 사용하면 발생하는 이산화탄소다.

1 김수봉, 그린디자인의 이해, 계명대학교출판부, pp.33-37 내용을 새로운 내용으로 재구성함.

2 제이슨 맥레넌 지음, 정옥희 옮김, 2009, 지속가능한 설계철학.

그림 10-1

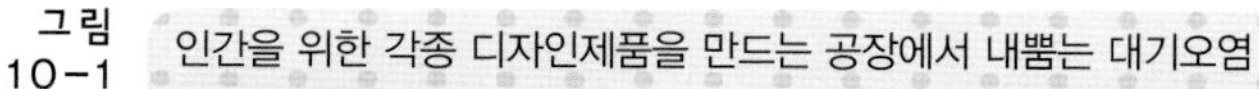

인간을 위한 각종 디자인제품을 만드는 공장에서 내뿜는 대기오염

근대 디자인이 탄생했던 19세기 산업혁명 이후 20세기 이후 급속한 과학기술의 발달과 함께 인구의 급증, 도시화 그리고 공업화 등으로 인류의 생활터전인 환경이 크게 위협받고 있다. 또한 환경을 외면한 경제개발 정책은 미래에 인류의 생존기반 자체를 허물어 버릴 것이라는 환경위기의식이 점차 고조되고 있으며, 환경문제는 지구적인 관심으로 등장했다.

환경문제는 별개 문제들의 단순한 혼합물이 아니라 문제 간에 상호 연결된 복합체로 파악될 수 있으며, 그 구조의 특징을 살펴보면 대체로 다음과 같은 몇 가지의 특성을 지니고 있다. 이러한 환경의 특성에 관한 이해는 미래세대를 위한 지속가능한 개발을 위하여 조경에서 반드시 숙지해야 할 내용이라고 생각한다. 특성이라 함은 일정한 사물에만 있는 특수한 성질을 말한다. 환경의 특성에는 다음과 같은 5가지가 있다.

1) 상호관련성

상호관련이란 세상의 모든 만물이나 현상이 일정하게 서론 관계를 맺고 있다는 말이다. 환경문제는 상호작용하는 여러 환경변수들에 의해 발생하므로 상호간에 인과관계가 성립되어 문제해결을 더욱 어렵게 하고, 또한 이러한

그림 10-2 산성비의 사이클은 상호관련성을 잘 보여주는 예

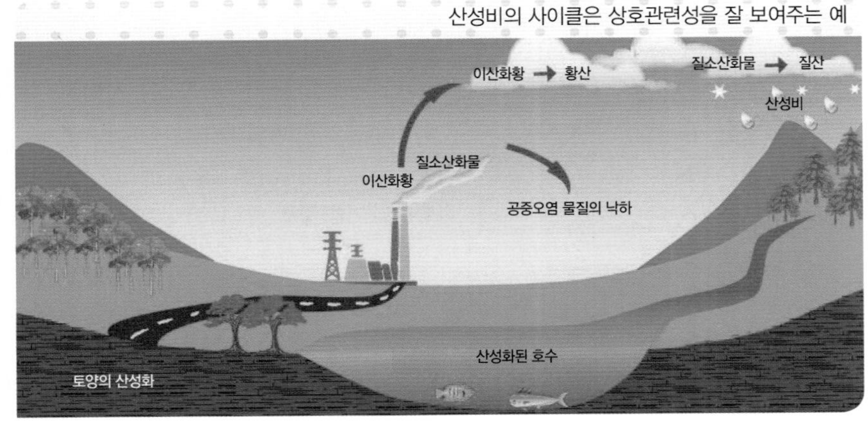

문제들끼리 상승작용을 일으켜 그 심각성을 더해 가며, 상승작용은 오염의 경우에 뚜렷하게 나타나는데, 각 오염물질은 서로 화학반응을 일으켜 더 큰 문제를 유발하기도 한다.

상호관련성의 예로 산성비를 들 수 있는데 산성 물질은 사람을 위한 디자인제품인 자동차, 그것을 생산하는 공장, 공장에 전력을 공급하는 발전소 등에서 석탄이나 석유 같은 화석 연료를 태울 때 나오는 이산화황과 질소산화물이 공기 중의 수증기에 녹아 만들어진다. 이렇게 만들어진 산성 물질이 빗물이 되어 땅으로 떨어지는 것을 우리는 산성비라고 부른다(그림 10-2). 이러한 이산화황과 질소산화물은 비나 눈에 섞여 호수나 강 속의 물고기들에게 피해를 주며 특히 농작물이나 삼림에 심각한 피해를 준다. 그리고 수도관을 부식시켜 중금속 오염을 유발하고 철근 콘크리트 건물에 나쁜 영향을 끼쳐 건물의 수명이 단축되거나 호수로 흘러들어 호수 생태계를 파괴하고 농지를 산성화시켜 농작물의 수확량도 줄어든다. 이러한 토양의 산성화로 인한 식물과 생태계의 오염은 피해는 결국 인간에게 피해를 가져다 줄 수 있다.

2) 광역성

영국의 대기오염물질의 이동으로 노르웨이 토양 산성화 및 대기를 오염시키고, 알사스에 있는 프랑스 석탄광산의 배출물은 벨기에와 네덜란드에 있는 라인강 하류의 물고기를 죽이며, 미국 서부의 공업단지에서 배출되는

그림 10-3 광역성의 대표적인 예인 황사의 이동경로를 보여 주는 그림[3]

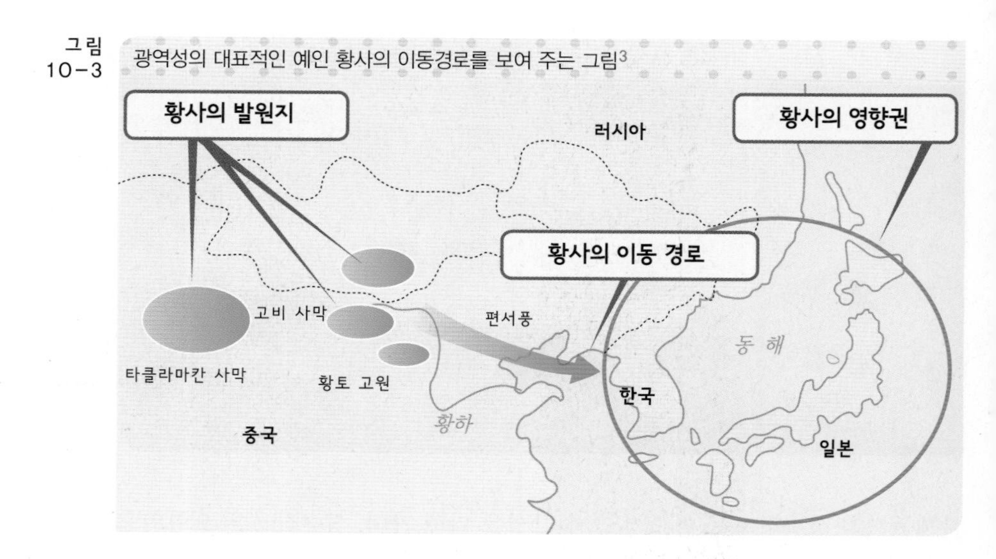

대기오염물질 이동으로 인한 캐나다 산림파괴와 호소의 산성화 등을 일으키기도 한다. 이처럼 오늘날 환경문제는 어느 한 지역, 한 국가만의 문제가 아니라 범지구적, 국제간의 문제이며 "개방체계"적인 환경의 특성에 따라 공간적으로 광범위한 영향권을 형성한다. 한편, 고비사막에서 발원한 황사는 황하를 타고 중국 동남연해까지 내려와 황해를 건너 한반도에 황화를 안겨준 뒤 태평양 너머 미국까지 날아간다. 특히 한반도의 황사가 무서운 것은 중국의 공업지대인 동남연해의 각종 오염물질을 포함하고 있기 때문이다. 정작 원인제공자인 중국인은 모래바람만 쐬면 그만이지만 한국인은 오염물질까지 뒤집어써야 한다(그림 10-3).

이런 점에서 환경문제의 논의는 불특정 다수와의 관계를 광범위하게 다루게 하며, 경우에 따라서는 어느 지역의 문제에서부터 국가 간의 문제까지 포함한다. 따라서, 환경문제는 하나뿐인 지구의 보호를 대전제로 하는 지구보전과 광역적인 통제를 필요로 하며, 인접국가간의 환경문제의 해결과 관리를 위한 국제협약 등 국가 간의 협력 없이는 소기의 목적을 달성할 수 없다고 하겠다. 국가 간 영토는 그 영역이 분명하지만 환경오염물질의 이동은 그 영역이 따로 정해져 있지 않음을 알아야 한다.

---

3 http://blog.daum.net/kcgpr/8807034 그림 자료.

3) 시차성

미국의 러브커넬사건은 유해폐기물을 매립한 후 30~40년이 지난 후에 그 피해가 발생하였으며, 일본의 공해병으로 알려진 미나마따병과 이따이이따이병도 오랜 기간 동안 배출된 오염물질의 영향이었다. 이처럼 환경문제는 문제의 발생과 이로 인한 영향이 현실적으로 나타나게 되는 데는 상당한 시차가 존재하게 되는 경우가 많다. 이를 우리는 환경의 특성 중 시차성이라고 부른다. 환경문제는 일단 표면화된 후에 규제를 해도 유해한 영향이 최종적으로 감소할 때까지는 긴 시간이 소요되며, 어떤 경우에는 회복조차 거의 불가능한 경우도 있다. 그렇기 때문에 이미 문제가 표면화된 경우에 제어를 시도하면 그때는 이미 문제가 심각해져 제어할 수 없는 상태가 되므로 환경문제는 절대적인 사전예방적 행동이 무엇보다도 중요하다고 하겠다. 그리고 인간의 인체는 오염을 반응하는 시간이 느리기 때문에 심한 경우에는 원상태로 회복될 수 없을 정도로 악화된 연후에 영향을 발견하는 일이 허다하다. 특히 1942년부터 10년 동안 미국의 후커 화학회사(Hooker Chemical Company, 현재는 Occidental Petroleum Corporation로 이름을 바꿈)는 나이아가라폭포 인근에 위치한 러브 커넬(Love Canal)에 2만 2천 톤의

그림 10-4 러브 커넬의 당시 모습[4]

4 http://79480005.weebly.com/context.html 사진 자료.

클로로벤젠, 염소, 다이옥신 같은 유독성 물질을 포함한 산업 폐기물을 매립하고 그곳을 나이아가라폭포 학교위원회에 1달러에 그곳을 팔고 떠났다. 그 뒤 학교위원회는 그곳에 학교와 마을을 만들었다. 1970년대가 되자 마을 사람들이 피부병과 호흡기 질환에 걸리거나 아기를 유산하자 1976년 그곳 신문사가 산업폐기물 매립에 대한 사실을 보도했다. 1978년 매립된 폐기물을 걷어내자 사람들은 모두 다른 곳으로 이주를 하고, 러브 커넬은 아무도 살지 않는 황폐한 땅으로 남았는데 이 사건은 미래세대를 전혀 고려하지 않은 미국의 대표적인 오점으로 남은 사건이 되었다.

4) 탄력성과 비가역성

탄력성이란 물체(物體), 특히 용수철처럼 외부의 힘으로 당겼을 때 원래대로 돌아가려는 성질(性質)을 말하며 비가역성이란 용수철을 너무 자주 잡아당기면 변화를 일으킨 용수철이 본래의 상태로 돌아오지 아니하는 성질이다. 이처럼 환경문제는 일종의 용수철과도 같다. 어느 정도의 환경악화는 환경이 갖는 자체정화 능력 즉, 자정작용에 의하여 쉽게 원상으로 회복된다. 그러나 환경의 자정능력을 초과하는 많은 오염물질량이 유입되면 자정능력 범위를 초과하여 충분한 자정작용이 불가능해진다. 물의 경우, 수중에 오염물질이 축적되면 부영양화 현상과 같은 수질오염현상이 일어나서 플랑크톤이 과도하게 번식하여

그림 10-5 용수철처럼 환경문제는 탄력성과 비가역성의 특성이 있다.

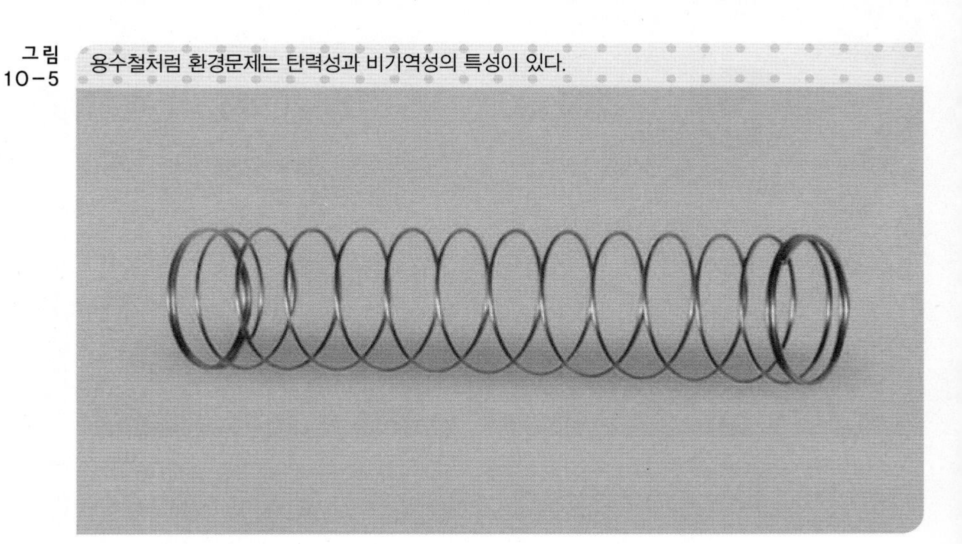

정화기능을 저하시킨다. 이런 경우 생태계의 부(Negative)의 기능이 강화되고, 정(Positive)의 기능이 약화됨으로써 환경악화가 가속화되고 심한 경우 원상회복이 어렵거나 불가능하게 된다. 자연자원은 많을수록 회복탄력성이 좋지만 파괴될수록 복원력이 떨어진다. 이것을 환경의 탄력성과 비가역성이라고 한다.

5) 엔트로피 증가

열역학 제1법칙은 에너지 보존의 법칙으로 에너지는 형태가 변할 수 있을 뿐 새로 만들어지거나 없어질 수 없다는 이론이다. 이 법칙으로는 환경의 특성을 설명하기가 곤란하다. 그러나 열역학 제2법칙은 우주의 전체 에너지의 양은 일정하고 전체 엔트로피는 항상 증가한다는 법칙이다. 즉, 엔트로피 증가의 법칙을 말한다. 자연계에는 한쪽 방향으로는 일어나지만 반대 방향으로는 절대 일어나지 않는 사건들이 많다. 사회학자 '제레미 레프킨'은 특히 엔트로피에 대해 깊은 관심을 가지고 있었다. 그의 저서 '엔트로피'에서 그는 엔트로피에 대해 여러 현상들이 어떤 방향으로 진행되겠는가를 우리에게 알려준다. 어떤 현상이든 간에 그것은 질서가 있는 것에서 무질서한 것으로, 간단한 것에서 복잡한 것으로, 사용가능한 것에서 사용불가능한 것으로, 차이가 있는 것에서 차이가 없는 것으로, 분류된 것에서 혼합된 것으로 진행된다고 했다. 간단히 엔트로피의 증가라 함은 '사용가능한 에너지(Available energy)'가 '사용 불가능한 에너지(Unavailable energy)'의 상태로 변하는 현상을 말한다. 그러므로 엔트로피 증가는 사용 가능한 에너지, 즉 자원의 감소를 뜻하며, 환경에서 무슨 일이 일어날 때마다 얼마간의 에너지는 사용 불가능한 에너지로 끝이 난다. 이런 사용 불가능한 에너지가 바로 '환경오염'을 뜻한다고 할 수 있다. 대기오염, 수질오염,

그림 10-6 엔트로피의 증가로 인하여 지구는 큰 위험에 처해 있다.[5]

5 http://www.kma.go.kr/kma15/2004/contents/200409_03.htm

쓰레기의 발생은 모두 엔트로피증가를 뜻한다. 환경오염은 엔트로피증가에 대한 또 다른 이름이라고도 할 수 있으며 사용 불가능한 에너지에 대한 척도가 될 수 있다. 지구에 살고 있는 인간들은 매년 더 많은 에너지를 사용하고 있으며 에너지를 사용할 때마다 엔트로피는 항상 증가한다. 더 많은 에너지를 사용한다는 것은 더 많은 엔트로피가 증가하고 있다는 것이다. 엔트로피가 증가하고 있다는 말은 사용가능한 에너지의 감소를 뜻하며 환경오염의 증가를 말한다. 우리가 디자인제품을 쓰면 쓸수록 우리의 환경은 더 많은 대가를 지불해야 하며 그 대가가 기후변화다(그림 10-6).

10.2 기후변화와 조경디자인

기후는 식재디자인의 형태를 결정짓는 주요한 요소다. 기후는 온도 · 수증기 · 바람 · 복사열과 강우를 포함한 여러 인자들 간의 상호작용으로 생기는 결과다. 지형 · 식생 · 물과 같이 기후는 환경의 주요 구성요소이다. 따라서 사람들이 일반적으로 쾌적함을 느낄 수 있는 이상적인 기후라 함은 맑은 공기, 10~26.5°C 범위의 온도, 40~75% 정도의 습도, 심하게 부는 바람이나 정체되어 있는 바람의 상태가 아닌 대기, 강우로부터 보호받는 상태 등을 말한다. 역사적으로 보아도 인간들은 이러한 쾌적한 기후환경을 가진 지역을 만들기에 노력해 왔으며 건축이나 조경디자인 양식에도 이러한 기후환경상태가 중요한 변수로 작용해왔다.[6]

우리나라는 지난 100년간 1.5°C 상승하였으며, 이는 지구 평균 온도상승의 2배이다. 또한 제주지역 해수면은 지난 40년간 22cm 상승하였고, 이는 세계 평균의 3배 높은 수치이다. 이렇게 우리나라의 기후변화 진행속도는 세계 평균보다 높다. 이러한 영향으로 최근 몇 년 우리나라는 지금까지와는 다른 기후변화의 양상을 보이고 있다. 즉 스콜을 연상시키는 국지성 집중호우와

6 윤국병 교수는 조경양식의 탄생에 영향을 준 요소로서 기후환경요인과 더불어 국민성과 시대사조를 거론했다(윤국병, 조경사, p.22).

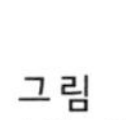
그림 10-7

기후변화로 인하여 대구에서는 더 이상 사과나무를 볼 수 없게 되었다.

아열대성 고온다습과 같은 아열대성 기후를 나타내고 있다는 것이다. 2010년 어느 주간지[7]의 커버스토리 〈아열대기후가 한국인 삶을 바꾼다〉[8]에 따르면 2070년에 이르면 한반도 남녘에서 겨울이 사라진다고 주장하면서 지금 같은 속도로 온난화가 지속되면 고산지대를 제외한 한반도 남녘 대부분이 아열대기후로 변하면서 우리의 자녀들이 노인이 되는 즈음에 동남아와 비슷한 환경에서 삶을 영위해야 한다는 우리들의 심기를 불편하게 하는 보도를 했다. 이러한 기후변화는 생태계에서 먼저 감지되고 있다. 주요 작물의 재배지가 점차 북상하고 있다는데. 농촌진흥청이 공개한 지난 10년간 주요 농작물의 재배면적 변화 추이에 따르면 특히 사과의 경우도 겨울철 기온이 상승하면서 주재배지는 대구에서 예산으로, 안동 및 충주에서 강원도 평창, 정선, 영월로 북상했다(그림 10-7). 바다도 빠른 속도로 변하고 있는데 명태가 사라진 동해바다에는 난류성 어종인 오징어가 대신하고 있으며, 최근에는 희귀한 아열대성 생물들이 종종 출현하고 있다고 한다.

한편, 이러한 자연의 변화는 사람들의 삶에도 변화를 가져온다. 우리나라 기후의 특징인 사계절에 대한 의식주와 체질의 변화는 물론이고 슈퍼폭풍, 집중호우와 이상가뭄, 물부족 사태 등에 직면할 것으로 예견된다. 특히 강수량의

7 http://weekly.khan.co.kr/khnm.html?mode=view&artid=201009081820011&code=115
8 http://weekly.khan.co.kr/khnm.html?mode=view&artid=201009081820011&code=115

그림 10-8 옥상녹화는 기후변화 시대에 대비하는 적극적인 에너지 절감형 주택문화다.

증가는 주거환경에 큰 변화를 줄 것으로 보여 제습기능의 가전제품 구비는 물론이고 습기가 많이 올라오는 1층은 필로티 등으로 대부분 비워둘 것이다. 또한 고지대에 부촌이 형성될 가능성도 있는데, 습기가 많은 홍콩의 경우 지대가 높은 쪽에 고급주택가가 형성되어 있다. 옥상정원 등 에너지 절감형 주택문화는 이미 많은 관심을 받고 있다(그림 10-8).

한편 조경디자인에 사용되는 식물은 자연경관 내에서는 온도를 일정하게 유지시켜 주며, 극단의 온도차를 줄여준다. 식물은 경관 내에서 열과 빛뿐만 아니라 소리를 완화시켜주는 흡수원으로서의 역할도 하며, 온도를 낮추거나 온도를 안정시키기 위해 대기로 수증기를 뿜어 증산작용을 한다. 따라서 이러한 식물재료의 역할을 극대화시키기 위해서는 공사현장의 기후상태를 기록한 일반적인 기후자료를 반드시 확보해야 한다. 기상학자와의 관점과는 달리 디자이너의 관심은 최고온도와 최저온도, 강우량, 강우의 분포, 풍향, 풍속 그리고 청정일수, 안개, 눈 그리고 서리 등에 있다. 일반적으로 어느 지역의 홍수나 다른 재해의 원인이 되는 극단적인 기후의 상태는 지속적으로 기록해 왔기 때문에 어떤 특정 지역의 재해기록과 일반적인 데이터를 통하여 정확한 자료를 수집할 수가 있다. 즉, 조경디자인은 그 지역의 미기후적 특성을 충분히 고려하여야 한다는 것이다.

예를 들면 LA는 사막에 건설한 도시이다. 그러나 곳곳에 나무숲과 풀밭이 들어선 이 사막도시는 삭막하지 않다. 다만 건조한 사막성 기후가 이곳이 사막임을 알려줄 뿐이다. 그래서 LA에 살면서도 사람들은 여기가 사막임을 잊고 살 수가 있다. 그래서 시내의 모든 나무들 밑에는 스프링클러가 달려 있어서 매일 아침저녁으로 물을 뿌려준다. 왜냐하면 연중 비가 거의 오지 않기 때문에, 콜로라도 강에서 물을 끌어다가 인공적으로 스프링클러를 통해 시내 전체의 나무와 화초를 가꾼다.

나무뿐 아니라 길가의 잡초들에게도 이 스프링클러의 혜택은 어김없이 제공된다. 고급주택의 정원에 있는 정원수며, 대학 캠퍼스의 숲을 이루는 나무 한 그루 그리고 고속도로변의 잡초에 이르기까지 모두가 인공적인 급수에 의해 자라고 있음을 생각하면 이들이 환경을 가꾸는 데 얼마나 많은 투자를 하고, 또 환경을 얼마나 소중히 여기는가를 알 수 있다. LA의 시민들은 잡초에 뿌려지는 물 값을 위해서 많은 세금을 내면서도 그에 대해서 불평하지 않는다.

역사적으로 보아 이집트 정원 같은 경우도 강우량이 적은 이 지역에는 큰 숲이 형성되지 않았으며 열대성기후를 가진 이집트에서 수목은 시원한 녹음을 제공해주는 안식처였다. 따라서 그들의 정원양식에는 이러한 기후적인 요인으로 인하여 그늘시렁이나 장방형의 연못 그리고 수로와 정자 등이 배치되었으며 무화과나무, 아카시나무 그리고 시커모어를 주로 심었다. 한편 불모의 사막을 주 거주지로 삼았던 페르시아 사람들의 정원에서 물은 가장 중요한 요소였으며 따라서 저수지, 커낼, 그리고 분수 등의 시설이 정원의 구조를 지배하였다. 그들은 정원을 일상의 빈곤과 여름의 혹서, 가뭄과 같은 사막의 가혹함을 벗어나는 피난처 혹은 낙원의 개념으로 바라보았으며 낙원의 상징으로 그늘과 물이 필수적인 요소로 인용되었다. 그들의 낙원인 정원은 네 개의 강으로 분할되며 이를 四分園이라고도 불렀다. 이러한 정원양식도 모두 기후의 영향이라고 생각된다.

이러하듯 조경디자인은 온도, 바람, 강우와 햇빛과 같은 기후조건을 충분히 고려해야 하며 우리나라의 경우 사계가 있고 연중 강우가 여름철에 집중되기 때문에 배수와 관수에 대한 특별한 고려가 있어야 한다.

조경가나 건축가들은 앞서 언급한 기후 및 식생환경의 특성을 충분히

이해하는 것이 녹지의 조성과 관리에 있어서도 매우 중요하다. 아울러 기후조건이 비슷한 다른 나라에서 발달된 조경디자인 혹은 녹지조성 방법을 적절하게 잘 도입하여 이용하는 것도 매우 중요하다고 하겠다.

10.3 조경디자인을 위한 기초 생태학과 생태계

조경디자인을 통하여 도시에 녹지를 조성할 때 우리가 알아야 할 중요한 개념인 생태학의 내용 중에 천이와 군집은 반드시 이해해야 한다.

아시다시피 생태학은 생물학의 한 분야이다. 그런데 어떤 이는 생태학이 사회과학에 속하는 것으로 오해를 한다. 생태학은 영어로 ecology(에콜로지)라고 하고, 이 말은 그리스어의 oikos(오이코스)와 logos(로고스)에서 유래한다. oikos는 가정(家政)이나 가사(家事)을 의미하고, logos는 학문을 뜻한다. 즉 생태학은 자연의 가정(家政)을 연구하는 학문으로서, 가정의 모든 생물체와 그 생물체가 살 수 있도록 가정을 이끄는 모든 기능적인 과정을 포함한다. 즉 자연이라는 가정의 구성원과 가정의 살림살이를 연구하는 학문이다. 〈집안 살림 관리〉를 뜻하는 경제학(Economy)과 그 어원이 같다.

이 생태학이란 용어는 1866년 독일 생물학자 에른스트 헤켈(Ernst Haeckel)에 의해 생물체의 일반 형태론(Generelle Morphologie der Organismus, 1866 Berlin)에서 처음 사용되었다. 1869년 헤켈은 예나신문(Jenaische Zeitung)에 기고한 글에서 이 낱말을 다음과 같이 설명하였다.

"생태학이라는 낱말을 우리는 자연계의 질서와 조직에 관한 전체 지식으로 이해하면 된다. 즉 (생태학은) 동물과 생물적인 그리고 비생물적인 외부세계와의 전반적인 관계에 대한 연구이며, 한걸음 더 나가서는 외부세계와 동물 그리고 식물이 직접 또는 간접적으로 갖는 친화적 혹은 적대적 관계에 대한 연구라고 볼 수 있다."[9]

---

9 http://ko.wikipedia.org/wiki/%EC%83%9D%ED%83%9C%ED%95%99 에른스트 헤켈(Ernst Haeckel), 동물학의 진화 과정과 그 문제점에 관하여, Über die Entwicklungsgang und Aufgabe der Zoologie, Jenaische Zeitung 5, 1869, pp.353–370.

최근 생태학은 육지 · 해양 · 담수역의 생물군의 기능적인 문제, 특히 자연의 구조와 기능에 관한 학문으로 보다 현대적으로 정의되고 있으며, 인간도 자연의 일부라는 생각이 바탕이 되어 인간생태학에 관한 연구가 활발하게 전개되고 있다. 또, 《웹스터 사전》에서는 생태학을 "생물과 그 환경 사이의 관계의 전체성, 또는 그 유형을 연구하는 분야"라고 설명하고 있다. 즉 생태학에서는 한 생물 개체(organism)보다 작은 범주인 유전자(genes) – 세포(cells) – 기관(organs)을 연구하는 생물학의 다른 분야와는 달리 개체 이상의 큰 범주에서 생명현상을 탐구한다.

우선 개체(Organisms)는 소나무 각 한 그루, 산토끼 각 한 마리 등을 의미한다. 그리고 개체는 일반적으로 홀로 살지 않는다. 즉 한 지역에 있는 소나무, 산토끼 등은 같은 소나무끼리, 같은 산토끼끼리 한 무리, 즉 개체군(populations)을 이룬다. 그러면서도 개체군은 다른 개체군과 함께 살고 있다. 즉, 소나무개체군은 꽃며느리밥풀개체군과 같이 살고 있고, 산토끼개체군은 청설모개체군과 함께 살고 있다. 이렇게 여러 다른 개체군들은 다시 군집(communities)을 이룬다. 소나무개체군과 신갈나무개체군 등은 서로 모여서 식물군집을 이루고, 멧토끼개체군과 청설모개체군 등은 동물군집을 형성한다. 그리고 각 생물군집을 한데 묶고 여기에 외부의 환경요소를 관련지으면, 이것은 통틀어 생태계(ecosystems)가 된다(그림 10–9).

생태계라는 것은 생물만이 아니라 온갖 환경요소를 포함하고 있고, 생물도 한 생물종만을 이야기하는 것이 아니기 때문에 조경분야에서 이야기하는 '생태환경'이니, '환경생태학'은 옳은 말이 아니다. 두꺼비나 느릅나무 한 종의 생물만을 이야기하면서 '두꺼비생태계' 혹은 '느릅나무생태계'라고 말하는 것은 맞지 않다. 두꺼비 한 종만을 이야기할 때는 두꺼비개체군, 한 지역에 살고 있는 양서류들을 통틀어 이야기할 경우 두꺼비가 그 지역을 대표할 정도로 많고 중요할 때는 두꺼비군집이라고 해야 한다. 한 생물 개체군만 가지고 생태계가 어떻다고 말하는 것은 논리 비약이다.

"생태학은 개체 수준에서, 개체군 수준에서, 군집 수준에서, 생태계 수준에서 한 생물종과 같은 생물종이나 다른 생물종과의 상호관계와 생물과 환경과의

그림 10-9 생태학과 생태계의 범주[10]

상호작용을 모두 다룬다."[11]

한편 생태학과 생태계의 개념을 이해하였다면 군집(communities)과 천이(succession)에 대하여 주목할 필요가 있다.

위에서 언급했던 생물 군집은 태양 에너지로부터 직접 에너지를 생산하는 녹색식물과 같은 생산자, 초식 · 육식 동물과 같은 소비자, 토양이나 수중의 무기물을 환원시키는 미생물과 같은 분해자로 분류된다. 한편, 생물과 무생물 요인의 동적인 특성에 의해 군집이 변화하기도 하는데, 이것을 천이라고 한다. 즉 어떤 지역의 생물 군집에 새로운 환경에서 보다 잘 생활할 수 있는 생물이 침입하면서 식생이나 환경의 변화, 동물 군집과의 상호 작용을 통해 새로운 군집으로 변해가는 것을 천이라고 한다. 그리고 수차례에 걸친 천이의 결과 생물의 종류가 거의 일정해지고, 군락 구조가 크게 변하지 않는 안정된 상태를 이루게 되는데, 이것을 극상(climax, 極相)이라고 한다. 자연 상태에서 천이는 일정한 방향성을 가지고 이루어지는데, 이러한 변천 과정을 천이 계열이라 한다. 천이 계열은 식물이 서식하지 않은 환경에서 시작되는 1차 천이와 삼림에 산사태나 산불이 나면서 기존의 식생이 파괴되고 다시 안정된 군집이 될 때까지의 천이 과정인 2차 천이, 바위나 용암과 같이 물기가 없는 곳에서 시작되는 건성 천이, 호소와 같이 물이 많은 곳에서 시작되는 습성 천이로 구분한다. 또한 천이의 방향성에 따라 진행 천이, 퇴행 천이로 분류하기도 한다. 한편, 식물의 경우 천이의 마지막 단계에서는 활엽수림의 상태로 극상을 이루게 된다. 극상은 환경의 변화로 인해 파괴될 수 있는데, 화재 등으로 인해

10 http://www.eoearth.org/view/article/152248/

11 http://www.namunet.co.kr/gardeninfo/view.html?id=138&code=t_ecol

천이의 모습 그림 10-10

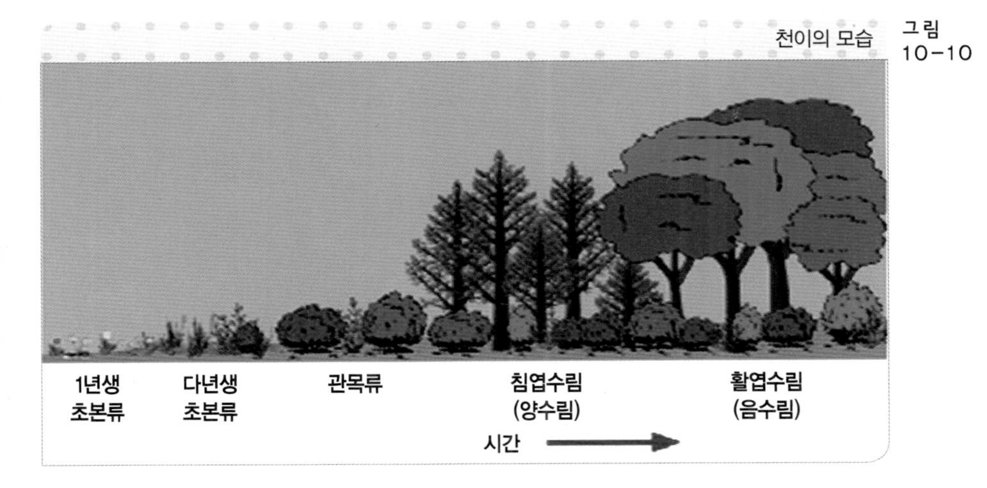

삼림이 파괴되면 아주 오랜 세월 동안의 천이 과정을 거쳐야만 다시 안정된 상태로 회복될 수 있게 된다(그림 10-10). 조경디자이너는 이러한 천이과정의 특성을 잘 이해하여 어떤 공간에 식재를 할 때 그 천이시기에 적합한 수종을 선정하여 식재 계획을 수립하여야 한다. 조경은 시간개념을 담은 디자인이기 때문이다.

10.4 도시생태계

앞에서 생태학이란 그 연구 대상을 어느 한 단위 지역 내에서 함께 살고 있는 모든 생물체 간의 상호 영향 관계로 했다. 그러므로 우리는 도시 자체를 하나의 거대한 도시생태계로 볼 수 있다. 우리의 대도시는 인간을 포함한 주거, 교통, 상업 등과 같이 인간이 그동안 개발한 과학기술에 의존하여 창출한 인공시스템(technical system)과 산림 및 녹지, 토양, 대기, 물 등의 자연시스템(natural system)이라 불리는 큰 부분 시스템으로 구성되어 있다. 결국 서로 상호간의 물질 및 에너지의 교환에 의해 그 기능이 유지되는 하나의 거대한 영향 조직체라 정의할 수 있다.

한편, 도시생태계는 이를 구성하는 두 부분 시스템인 자연시스템과

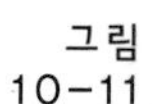

그림 10-11 도시생태계는 인위시스템(주거)과 자연시스템(녹지)으로 나누어진다.

인공시스템 상호간의 에너지 및 물질의 교환에 의해 그 기능이 유지되고 있다. 그러나 이 시스템들은 지극히 다른 특성을 갖고 있다. 자연시스템은 산림, 녹지, 대기, 물 그리고 토양 등으로 이루어지며, 자연생태계[12]처럼 태양의 도움을 받아 광합성 작용에 의해 스스로 에너지를 생산해 내고 그 부산물을 처리할 수 있는 능력을 갖추고 있다. 이와 반대로, 인공시스템은 인간 생활의 복합체라 할 수 있는 기능을 유지하기 위하여 자연시스템으로부터 주로 화석연료에 의존하는 많은 양의 에너지와 물질을 조달받고 있다. 이와 같은 두 시스템의 관계는 곧 인공시스템이 자연시스템에 종속되어 있다는 사실을 말해 준다. 실제로 경제, 상업, 기술, 문화, 정보 등의 주된 활동 공간으로서의 대도시는 매일 엄청난 양의 에너지와 원자재를 인공시스템의 원활한 유지를 위해 자연시스템으로부터 수입하고 있으며, 이러한 원자재와 에너지 등은 일생 생활에서 소비되어 마침내는

12 자연생태계는 식물 · 동물 · 미생물로 이루어진 생물군집과 햇빛 · 온도 · 물 · 흙 등으로 이루어진 비생물환경 사이에서 물질과 에너지의 순환을 통해 상호작용이 일어남으로써 항상성이 유지되는 체계이다.

도시환경오염의 대표적인 예인 교통체증은 환경의 질을 저해한다. 그림 10-12

열, 가스, 배기가스, 쓰레기 등 더 이상 쓸모없는 에너지의 형태로 변환된다.[13] 도시에서 만들어진 엔트로피, 즉 쓰레기와 토양오염, 교통체증 및 대기오염, 하수 및 산업폐수, 소음 등 우리가 늘 일상생활에서 접하는 환경문제는 결국 이러한 유형과 무형의 결정체로서 대도시의 환경의 질을 저해하고 자연시스템의 기능을 파괴시키는 원인이 된다(그림 10-12).

이와 같은 현상은 근본적으로 위의 두 시스템 상호간의 에너지 및 물질순환 관계의 불균형에 기인한다고 하겠다. 특히 생태계 내의 인간 활동에 의한 생태계의 구성 요소인 유기, 무기물질(미네랄이나 물 등)의 무분별한 채취, 화학비료, 쓰레기 등 유해물질의 무제한 방출과 축적, 화학 및 독성물질의 과다한 사용과 남용, 건설 및 개발을 위한 산림 및 녹지의 무분별한 이용과 훼손, 하 · 폐수의 과다 방출 등이 그 주요 원인이다.

이러한 여러 원인들에 의해 대도시의 생태계의 특징은 인간의 영향력과

---

13 녹색연합은 지난(2010년) 4월부터 9월까지 16개 지자체의 최종 에너지 사용량에 따른 이산화탄소 배출량을 계산한 결과, 경기도가 가장 많은 양인 6,781만 202톤의 이산화탄소를 배출했다고 1일 밝혔다. 이어 서울시가 4,237만 3,505톤을 배출해 2위를 차지했고, 경상북도(2,749만 3,301톤), 인천광역시(2,585만 7,267톤), 울산광역시(2,338만 737톤), 경남(2,307만 1,360톤) 순으로 나타났다. 전체 배출량 중 경기도가 차지하는 비율은 약 20%이며, 서울시가 차지하는 비율은 12%다.

그림 10-13 도시생태계는 자연시스템에서 공급되는 에너지에 크게 의존한다.

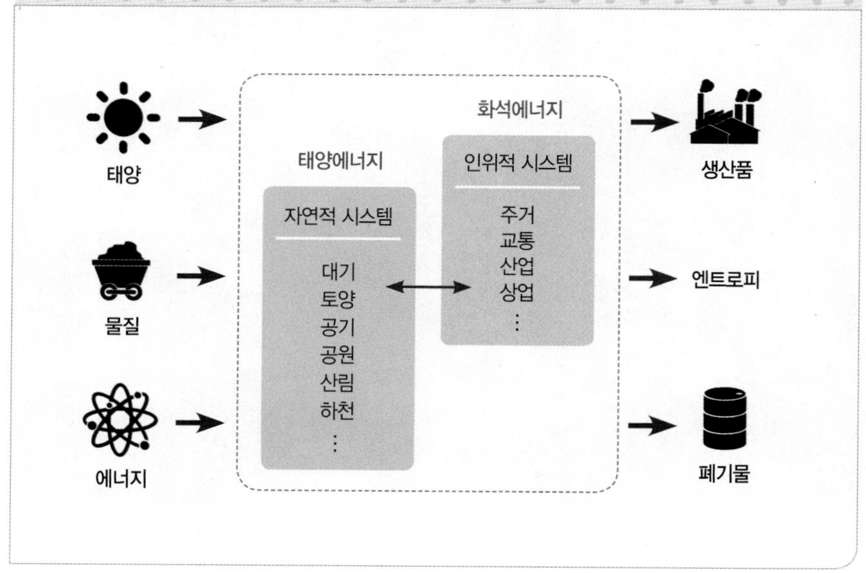

역할, 즉 인공시스템의 활동이 두드러져 자연생태계와 뚜렷하게 구별되는 특성을 보인다. 과거 수년간 계속된 경제성장 우선 정책은 우리의 대도시를 산업 및 공업중심도시로 변모시켰고, 이로 말미암아 대도시의 자연시스템 영역은 흔적조차 발견하기 힘들 정도로 파괴되고 말았다. 이러한 현상은 날로 증가하는 개발 수요를 충족하기 위한 토지의 무절제한 사용, 건설 및 건축물의 밀집, 그리고 토양의 비투수성 포장에 따른 당연한 결과로서 오늘날 대도시의 생태계를 구성하는 자연시스템의 요소인 대기 및 기후, 토양, 지하수, 녹지 등에 막대한 악영향을 초래하고 있다(그림 10-13).

현재 우리나라의 대도시가 공통적으로 당면하고 있는 대기오염, 폐기물, 녹지파괴 등 여러 가지 유형의 환경문제는 결국 생태계의 기본원리에 상반되는 그동안의 도시계획과 디자인, 그리고 환경정책에 그 근본원인이 있다. 지속적인 도시로의 인구집중은 도시생태계 기본구조의 불균형을 자초하고 있으며, 에너지원 역시 무한한 태양에너지가 아닌 유한한 그리고 매장량이 급속도로 감소되고 있는 재생불능 화석연료를 사용하고 있다. 이러한 위기를 극복하고 도시민 모두에게 쾌적한 환경공간과 안락한 삶의 조건을 보장하기 위해서는 도시생태계 상호 기능의 적절한 조절과 개선에 역점을 둔 지속가능한 도시의 개발을 위한 효과적인 통합적 도시환경계획 및 정책, 그리고 조경디자인에 있어서는 재생이나 재활용 그리고 재이용에 기반을 둔 자연과 화해를 시도하려는 그린디자인, 즉 랜드스케이프어바니즘과 같은 융합적 접근방법이 요구된다.

10.5 도시열섬현상과 지속가능한 디자인

1) 도시열섬현상

세계 대부분의 도시들은 주변의 외곽지역보다 보통 1~4 정도 더 높다. 또한 인구가 밀집되어 있으며 고층건물이 빽빽하게 들어선 도시 중심지는 인접한 교외지역에 비하여 평균기온이 최소 0.3°C, 최대 10°C 정도 더 높은 이상기후현상을 나타내는데 이것이 바로 도시열섬현상(Urban Heat Island)이라고 부른다. 대구의 경우도 여름철 중구의 온도는 두류공원, 금호강이나 팔공산 등과 같은 공원녹지에 비하여 8°C 이상 높다(그림 10-14). 대구에서도 심한 도시열섬현상이 감지된다.

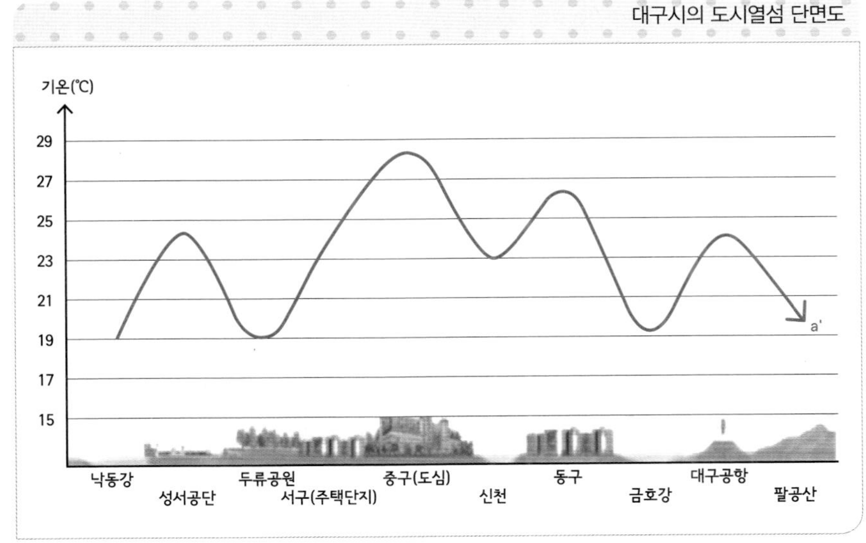

그림 10-14 대구시의 도시열섬 단면도

도시열섬현상의 영향으로 우리는 더운 여름에 도시 한복판에 서 있으면 도로와 건물에서 뿜어져 나오는 열을 쉽게 느낄 수 있다. 또한 야간에 도시외곽 지역에서는 기온이 빠르게 내려가는 반면 도시의 내부에서는 도로와 건물 등에 축적된 열이 지속적으로 뿜어져 나옴으로써 기온이 내려가지 않아 열대야 현상이 일어난다.

포장도로가 많은 도심지역은 열을 보유할 수 있는 비율이 높아 낮에는 교외지역보다 태양에너지를 더 많이 흡수하고 밤에는 교외지역보다 열의 배출량이 더 많기 때문에 도시의 대기기온이 교외지역보다 높아진다. 반면에 교외지역은 식물과 포장이 되지 않은 토양에 의해 태양에너지의 대부분이 물의 증산작용에 사용되기 때문에 공기의 온도가 상승하지 않는다.

즉 도심은 고층건물과 도로들이 일몰 후 지표복사에너지의 대기방출을 방해함으로써 기온을 계속 높은 상태로 유지시킨다. 난방열에 의한 인공열이 더해지는 겨울철의 밤에는 주변 교외지역보다 더 큰 기온차가 발생한다. 이러한 도시열섬현상은 특히 여름철에 그 피해가 심각하게 발생하며 야간에 심한 불쾌감을 유발시키고, 이로 인하여 에어컨의 사용이 급증하며 도시 스모그현상을 가중시킨다.

그림 10-15 각종 개발로 인해 대구의 도심은 고온역인 붉은색이다.

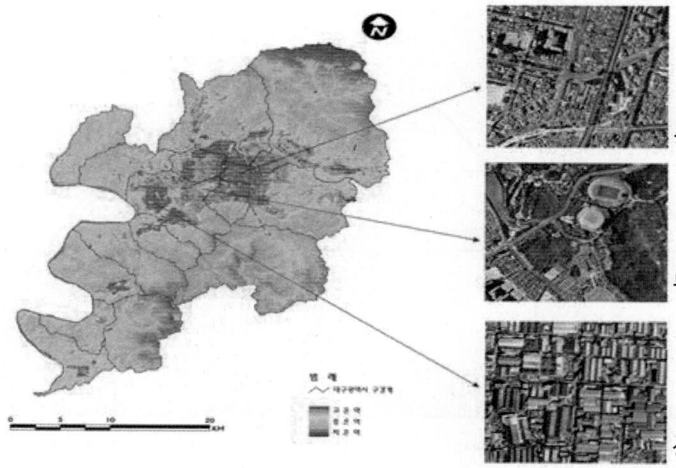

일반적으로 도시열섬현상의 원인은 자동차 배기가스 등에 의한 대기오염과 도시 내 인공열의 발생, 건축물의 건설이나 지표면의 포장 등에 의한 지표 피복의 상태 변화, 그리고 인간생활이나 생산 활동과 수반된 복잡한 요인 등을 들 수 있다(그림 10-15).

그리고 이러한 도시열섬현상으로 인한 문제는 도시 내의 전력소비를 증가시키고, 스모그현상을 가중시키며 인간의 건강에 심각한 피해를 끼친다. 이러한 피해를 줄이기 위한 최선책은 인위적인 시스템으로 이루어진 도시 내에 자연시스템의 근간인 공원녹지를 도입하는 것이다.

환경은 우리 생활과 불가분의 관계에 있으므로 도시환경개선을 위한 조경의 역할은 앞으로 점점 더 증대할 것이다. 도시 내의 녹지가 감소할수록 자연에 대한 시민들의 동경심은 더 커질 것이다. 이러한 시민들의 욕구를 충족시키는 것이 바로 조경가의 몫이므로 이에 대한 시대의 흐름에 맞는 준비가 있어야 할 것이다. 그 시대의 흐름이란 바로 조경이 지속가능한 개발에 동참하는 것이다. 그리고 도시열섬현상은 조경이 지속가능한 개발의 관점에서 반드시 해결해야 할 도전이고 숙제이다.

2) 지속가능한 개발(Sustainable Development)

'지속가능한 개발'이란 용어는 1968년 로마클럽이 결성된 뒤, 1972년 이 클럽의 경제학자들과 기업인들이 경제성장과 과학에 대한 비판의 일환으로 발표한 보고서인 <성장의 한계, The Limits to Growth>에서 처음 사용되었다. 그들은 보고서에서 "재생 불가능한 자원의 사용 속도는 인구나 공업성장 속도보다 빠르게 증가해 마침내는 고갈될 수밖에 없다"와 같은 지구의 경제성장과 자원의 고갈문제와 같은 5가지 비판적 분석을 제안하고 다음과 같은 말로 지구환경의 심각성을 경고했다.

"연못에 수련(水蓮)이 자라고 있다. 수련은 매일 배로 늘어나는데 29일째 되는 날 연못의 반이 수련으로 덮였다. 아직 반이 남았다고 태연할 수 있을까? 연못이 완전히 수련으로 덮이는 날은 바로 다음날이다."

그리고 같은 해 1972년에 열렸던 스톡홀름 '유엔인간환경회의' 10주년을 기념하는 유엔환경계획(UNEP)회의에서 채택된 '나이로비선언'은 '환경과 개발에

그림 10-16 지속가능한 개발의 범주[14]

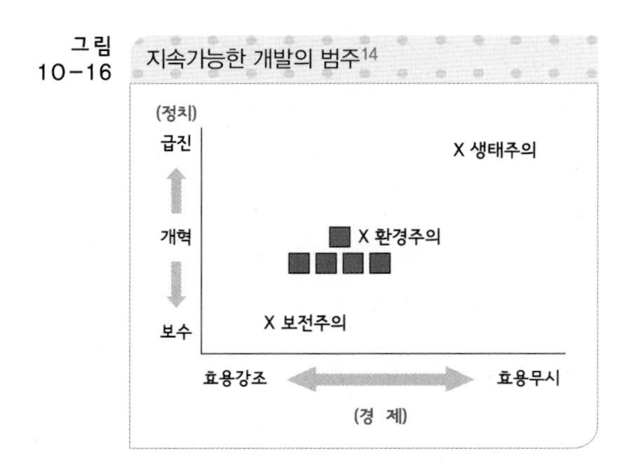

관한 세계위원회(WCED)'의 설치를 결의하였다. 그리고 1987년 WCED의 위원장이자 전 노르웨이 수상이었던 브룬트란트여사 등 일련의 연구진이 작성한 '우리공동의 미래(Our Common Future)'라는 보고서(브룬트란트 보고서라고도 한다)에서 지속가능한 개발에 관한 정의 및 대처방안을 기술하였다. 이 보고서에 따르면 지속가능한 개발이란 '미래세대의 욕구를 충족시키기 위하여 그들의 능력을 훼손하지 않는 범위에서 현세대의 욕구를 충족시키는 개발(Sustainable development that meets the needs of the present without compromising the ability of future generations to meet their own needs)'로 정의했다. 지속가능한 개발은 이 보고서를 통하여 전 세계적으로 알려졌다.

'지속가능함'은 지구가 버틸 수 있다는 뜻이며, 개발 혹은 발전은 단순한 성장의 개념이 아닌 생활의 질의 향상이 포함된 개념으로 사용되고 있다. 이는 과도한 인구증가의 억제와 자원의 고갈을 막으면서 지구 생태계를 보전하고 선진국과 후진국이 협력하여 세계 각 지역이 균형있고 공평하게 발전하는 것으로서 세계가 이러한 지속가능한 개발에 따라 발전한다면 미래에도 안정적인 성장을 할 수 있을 것이다.

그러므로 지속가능한 개발은 환경문제의 관점에서 볼 때 생태주의처럼 과격하지도 않고 보전주의처럼 보수적이지도 않은, 그 범위가 상당히 넓은 환경주의와 맥을 같이 한다. 즉, 환경주의란 현 체제에 근본적으로 변화가 없더라도 개혁 차원의 접근 방법을 통해 환경 문제를 해결할 수 있다고 믿는 시각이다(그림 10-16).

한편, 이창우 박사는[15] 지속가능한 도시개발을 이루기 위해서는 미래, 자연, 참여, 형평, 자급의 다섯 가지 대원칙(또는 기준)을 가져야 하며 각 요소는 세

14 이창우, 1995, 도시농업과 지속가능한 개발, 도시계획학회 제83회 학술발표대회 논문집.
15 이창우, 1995, 도시농업과 지속가능한 개발, 도시계획학회 제83회 학술발표대회 논문집.

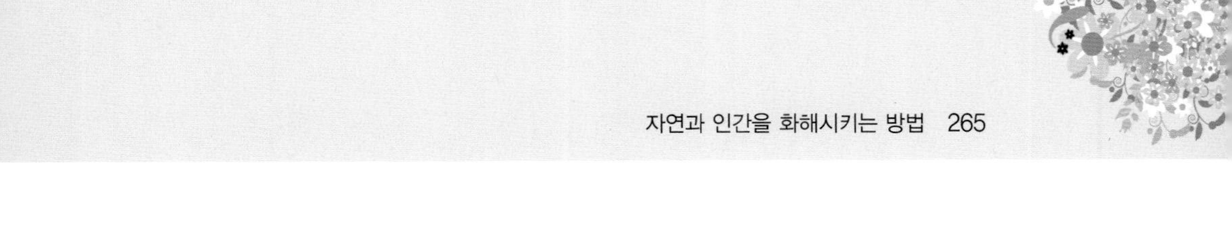

가지의 기준(또는 소원칙)을 가진다고 주장했다. 그 내용은 다음과 같다.

첫째, 미래세대의 원칙

- 도시 내에서 어떤 활동도 미래세대의 이익을 손상시켜서는 안 된다.
- 현 세대의 안전도 확보되어야 한다.
- 전통이 존중되며 노령 인력이 가치가 있는 인적 자원으로서 인식되어야 한다.

둘째, 자연보호의 원칙

- 생명 유지 장치로서의 도시 생태계는 보호되어야 한다.
- 도시녹지와 야생 동식물은 보전되어야 한다.
- 유해 오염물질의 배출은 통제되어야 한다.

셋째, 시민참여의 원칙

- 지역사회가 개발의 중심이 되어야 하며 지역사회 주민이 의사결정 과정에 반드시 참여해야 한다.
- 정보 · 기술의 교환을 증진 시킬 자유로운 정보 유통 체계가 확보되어야 한다.
- 지방정부와 지역사회 주민 간의 효과적이고도 밀접한 관계가 구축되어야 한다.

넷째, 사회형평의 원칙

- 공공재에 대한 공평한 접근 기회가 부여되어야 한다.
- 분배적 정의가 실현되어야 한다.
- 부당한 도시개발 정책에 대해 항의할 권리가 시민에게 부여되어야 한다.

다섯째, 자급경제의 원칙

- 도시 내의 생산적 자원은 시민의 필요에 부응하는 데 우선적으로 사용되어야 한다.

– 도시 내의 모든 활동은 에너지효율을 추구하며 에너지 절약적이어야 한다.
– 도시 내의 경제 · 사회 활동에 참여하는 참여자의 수는 수용 능력의 한계 내에서 통제되어야 한다.

지속가능한 도시는 토지의 공공성을 최대한 살리고 이를 도시생태계와 조화를 이루는 방향으로 토지 이용계획을 수립하고, 토지자원의 절약을 극대화해야 할 것이다. 교통에서도 지하철이나 대중 교통시스템을 확대하고 자전거 등을 위한 에너지 절약형 교통시설도 적극 도입해야 한다. 또한 공원과 오픈스페이스 등 적정 규모의 녹지 공간을 확보하려 관리하는 것은 도시환경의 쾌적성 유지와 도시 생태계 보존을 위해 필수적이다. 구체적으로 보면 도시내부에서 기존의 녹지나 공원을 연계하는 녹지망을 조성하고, 도심지의 자투리땅을 녹지공간으로 개발해야 한다. 동시에 고밀도로 개발되는 도심지에서는 시민들이 쉽게 녹지공간에 다가갈 수 있도록 고층건물의 옥상이나 테라스를 녹화하는 것도 필요하다. 뿐만 아니라 미래세대를 위한 녹지의 감소를 방지하기 위하여 주택지 개발과정에서 일정규모 이상의 녹지 조성을 의무화하고 바람길 같은 친환경 '탄소제로도시'로 나가기 위한 정책방안들이 적극 검토되어야 할 것이다. '탄소제로도시'란 지구온난화의 주범으로 지목되는 이산화탄소 배출량이 '0'인 도시를 말한다. 조경디자인이 지향하는 도시가 바로 탄소 배출량 '0'인 지속가능한 도시다.

10.6 그린디자인

1) 인간과 자연을 화해시키는 방법

조경이 탄생하던 19세기에는 새로운 기술(technology)인 기계가 산업 안에 파고드는 소위 산업화의 영향으로 정치, 경제적인 면에서뿐만 아니라 사회적이고 문화적인 면에서도 과거 유럽 사회가 지녀온 방식과는 전혀 다른 차원의 삶의 양식을 출현시켰다. 즉 산업사회의 진전은 당연히 생활환경의 변화를 촉진시키고 정신공간과 사고감각의 양식을 변용시켰다. 그리고 왕족과 귀족을 대신하여 새롭게 사회의 주역으로 등장한 부르주아 계층은 시민사회를 형성해 가면서 과거의 전통들과 단절된 그들 고유의 새로운 미학을 확립하고자 하였으며 이를 뒷받침한 것이 바로 기계화된 대량생산방식이었다. 당시 유럽 내에서 진보적인 아방가르드 미술가들과 예술가들은 사회변화에 부응하면서 새로운 사회에 적합한 예술형식을 탐색하기 시작하였고 이러한 과정에서 모던 디자인이 탄생하게 되었다. 이러한 변화들 중 영국의 미술공예운동 등을 비롯하여 19세기에 시작된 모던 디자인은 한마디로 말해 디자인이라고 하는 언어를 통하여 사람들의 생활이나 환경을 어떻게 변혁하고, 어떠한 사회를 실현할 것인가라는 문제의식을 가진 프로젝트였다.[16] 근대 디자인이 탄생했던 19세기 산업혁명이 지난 20세기 이후 급속한 과학기술의 발달과 함께 인구의 급증, 도시화 그리고 공업화 등으로 인류의 생활터전인 환경이 크게 위협받고 있다. 또한 환경을 외면한 경제개발정책은 미래에 인류의 생존기반 자체를 허물어 버릴 것이라는 환경 위기의식이 점차 고조되고 있으며, 환경문제는 지구적인 관심으로 등장했다. 왜냐하면 오염물질과 에너지의 방출로 인한 오염의 규모와 패턴, 그리고 규칙적인 흐름, 기상학·수문학적인 리듬 등을 고려했을 때 국가적인 차원의 정치문제를 넘어 세계화되고 있기 때문이다. 예컨대 대기 중에 이산화탄소와 염화불화탄소 그리고 메탄 등을 증가시킴으로써 성층권의 오존층이 파괴되고 지구온난화현상을 발생시키는가 하면, 발전소와 제련소에서 발생되는 황산, 질산 등과 같은 산화물질이 용해되어서 대기로 증발해 산성비가 되어 국경을 넘어 다른 곳에 뿌려지고 있으며, 원유 유출로 인해 해양으로 오염이 이동하는 등 기존의 국지적이던 환경문제가 지구 전체의 문제로 확대되어 가고 있다.

따라서 환경문제는 별개의 문제들의 단순한 혼합물이 아니라 문제 간에 상호 연결된 복합체로 파악될 수 있으며, 그 구조의 특징을 살펴보면 대체로 다음과 같은 몇 가지의 특성을 지니고 있다. 이러한 환경의 특성에 관한 이해는 미래세대를 위한 지속가능한 개발을 위하여 조경 및 건축 관련 디자이너가 반드시 숙지해야 할 내용이라고 생각한다. 나는 디자이너들이 이 환경의 특성을

16 카와사키 히로시 지음, 강현주 · 최선녀 옮김, 20세기의 디자인, 서울하우스, p.16.

잘 이해하는 것이 그린디자인의 출발점이라고 본다.

그린디자인은 자원절약과 엔트로피를 줄이기 위한 디자인이며 동시에 오늘을 살아가는 디자이너의 윤리이다. 이는 근대 프로젝트였던 디자인의 탄생에서는 전혀 고려되지 않았던 문제이며, 그로 인하여 야기된 도시와 지구의 환경문제를 우리는 눈으로 보고 몸으로 체험하고 있다. 그래서 그린디자인은 인간과 자연을 화해시켜 지속가능한 공동체를 만드는 데 그 목적이 있다.

2) 3R : 재생, 재활용, 재사용

지난 이명박정부의 주요정책 목표의 하나가 녹색성장이었다. 흔히 녹색성장은 그린디자인과 마찬가지도 이질적인 두 단어, 즉 환경을 의미하는 그린과 개발을 상징하는 성장이 하나로 융합된 조어다.

그린디자인(Green Design) 이라고 하면, 우리는 흔히 제품디자인분야에서 재활용 소재로 만든 제품이나 자연소재를 활용한 제품을 생각한다. 그러나 넓은 의미에서 그린디자인은 친환경적이면서도 지속가능한 디자인(ESSD: environmentally sound and sustainable design)을 의미한다. 이 지속가능, 즉 그린은 3R 혹은 5R 등으로 대표되는데 Reduce(절약), Recycling(재활용), Reuse(재사용), Renewable Energy(재생에너지), Revitalization(재생) 등을 말한다. 이것은 단순히

그림 10-17 5R로 요약되는 그린디자인의 개념을 보여 주는 그림[17]

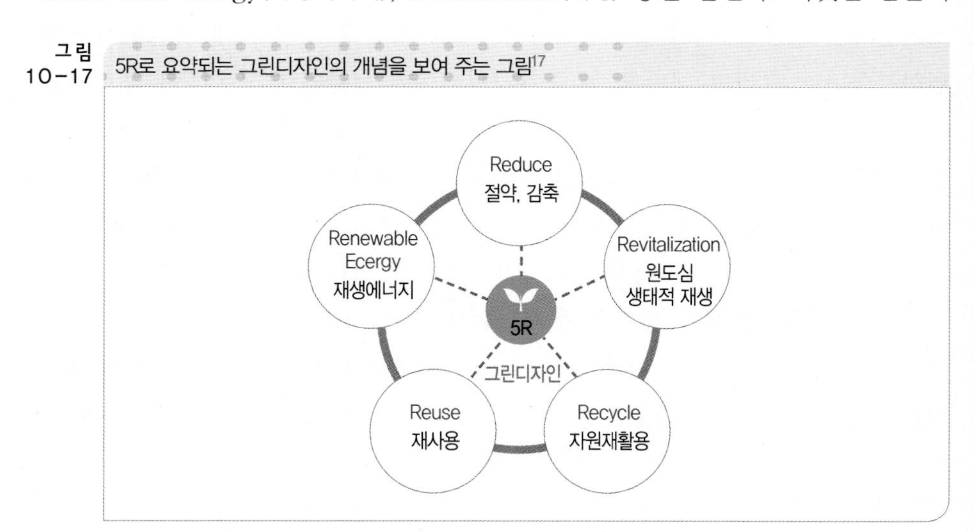

17 http://field.incheon.go.kr/posts/185/645?curPage=1를 참고하여 재작성.

재활용을 넘어서서 오랜 기간을 사용하고, 최소한의 쓰레기로 버려질 수 있도록 효용성을 최대화하는 기술적인 발전도 그린디자인의 개념 안에 포함된다. 한편 산업디자인에서는 재활용 제품이나 자연소재의 제품, 대안에너지를 활용한 제품 등을 그린디자인의 범주에 포함시키고 있다.

하지만 실제로 도시공간이나 강의시간에 학생들이나 일반시민이 만나는 그린디자인 제품은 LED나 자연에너지를 활용한 조명기구와 투수기능이 향상된 바닥포장재 등으로 인식하고 있다. 그나마 조경공사 할 때 바닥포장재로 자주 쓰이는 투수블록은 세월이 흐르면 각종 먼지와 오염물로 투수기능을 상실한다.

그렇다면 도시공간에서 조경이 만나는 그린디자인은 쓰다 버린 정수장과 도축장을 공원으로 변모시키고, 산업시대 유산인 공장이전적지나 폐철도 등을 자연을 공급하여 공원으로 만들기도 하고 덮여있던 하천을 새롭게 생명이 흐르는 강으로 탈바꿈 시키거나 버려진 쓰레기 매립장으로 만든다. 죽어가는 도시를 되살리고 치유시켜 도시를 건강하고 조화롭게 만들어 도시민을 행복하게 만드는 조경을 저자는 간단히 "그린디자인"이라고 부르기로 한다. 그 예로서 조경 분야에서 많이 회자되는 것이 폐철도를 재활용한 뉴욕의 하이라인, 파리의 라빌레트공원 그리고 서울의 선유도공원 등등이다. 이처럼 조경에서의 그린디자인은 완제품을 여기저기에 조성함으로써 얻어지는 것이 아니라 버려지고 황폐해진 도시환경을 재활용과 재이용이라는 그린디자인적 관점에서 최적의 해결방안을 제시하는 것이다. 즉 도시 내에서 시간 개념을 담고 자연을 품은 그린 환경을 조성하여 도시와 시민을 치유하여 인간과 자연이 서로 건강하고 조화로운 관계를 만들어 행복을 추구하게 하는 것이 그린디자인의 궁극적인 모습이다. 그래서 조경을 통한 그린디자인의 방법은 5R(Reduce, Recycling, Reuse, Renewable Energy, Revitalization)이며 그 목적은 4H(healing－healthy－harmony－happiness)다. 뉴욕의 하이라인에 투입된 5천만 달러는 죽어가던 철도변의 부동산 가치를 상승시켜 늘어난 세수로 충당되었다고 한다. 그린디자인으로 인한 그린투입의 효과와 도시화에 미치는 긍정정인 영향력을 보여 준 좋은 사례이다.

이러한 조경의 그린디자인을 통한 왕성한 활동은 도시를 살리고 지구를 살리는 데 크게 기여할 것이다.

3) 지속가능한 조경디자인: 그린디자인[18]

조경과 같은 건설 분야에는 건축과 도시계획 그리고 토목 등이 있다. 오늘날, 조경디자인은 점점 건축과 토목분야의 관심분야와 차이가 점점 줄어들어 가고 있다. 우리는 이러한 융합과 통합의 움직임을 '랜드스케이프어바니즘'이라고 부른다. 그럼에도 건축과 토목을 구체화하는 감성과 조경디자인의 감성은 근본적으로 다르다. 예를 들면 건축은 어디까지나 인간의 일상생활(자고, 먹고, 일하고 배우는 등)을 수용하는 물리적이고 정적인 거점조성이 그 주요 목적이라면 토목 혹은 도시계획은 거점의 기반(인프라스트럭처)을 조성하는 것이며 물론 그 주요 소재는 인공물이다. 반면 조경디자인은 인간, 자연 그리고 환경과의 관계를 현재화시키는 공간조성에 있으며 그 주요 소재는 대부분 살아있는 자연 소재이다. 그리고 건축과 토목의 작품이 완성되는 순간 그 성장을 멈추는 3차원적인 것이라면 조경디자인의 작품은 완성되는 순간 시간이라는 개념을 탑재하여 지속적으로 성장을 하는 4차원적인 것이다. 이러하듯 조경디자인은 어쩌면 현재의 세대뿐만 아니라 미래세대의 삶에 가장 많은 영향을 줄 수 있는 인간과

그림 10-18 조지 하그리브스(George Hargreaves)가 디자인 포르투갈의 테호 트랑카오

18 아래의 사이트에 접속하면 미국의 최신 지속가능한 조경디자인 사례 20작품을 볼 수 있다. (2011. 08.18) http://www.asla.org/sustainablelandscapes/

자연과의 관계를 재구축해주는 지속가능한 디자인(설계)[19] 분야, 즉 그린디자인의 키워드라고 생각된다.

한편 지속가능한 조경디자인을 위한 가장 기본적인 원칙 혹은 철학은 바로 장소 혹은 생태계에 대한 존중과 배려라고 제이슨 맥레넌(2009)은 그의 책 〈지속가능한 설계철학〉에서 다음과 같이 제안했다. 그에 따르면 "조경을 설계할 때에도 주변 환경을 고려해야 한다. 우리가 거주할 곳에 대해 낱낱이 파악해야 거주자의 삶의 질을 극대화할 수 있다. 대지, 기후, 생태를 파악하는 과정에서 설계의 목적이 한 단계 상승하게 된다. 지속가능한 설계를 꿈꾸는 설계자는 모든 장소를 존중하고 공경해야 한다. 그 장소가 얼마나 훼손되었건 볼품없건 변함없이 존중하는 마음으로 대해야 한다. 유능한 설계자는 제아무리 심하게 훼손된 지역도 원래대로 회복시킬 수 있다. 그것이 바로 설계자의 의무이기도 하다. 그렇기 때문에 설계자는 먼저 이 부지에 필요한 것이 무엇인지, 어떻게 해야 가장 잘 어울릴지 생각해야 한다."(제이슨 맥레넌, 2009, p.94). 지속가능한 디자인을

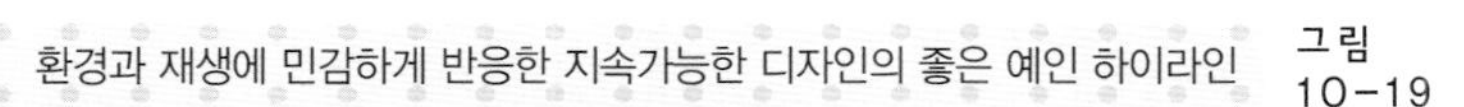

그림 10-19 환경과 재생에 민감하게 반응한 지속가능한 디자인의 좋은 예인 하이라인

19 건축분야에서는 지속가능한 디자인(설계)에 대하여 "지속가능한 설계란 건축 환경의 기능과 효용은 극대화하면서, 건축 환경이 자연 환경에 미치는 악영향은 전혀 없거나 최소화하기 위한 철학이다"(제이슨 맥레넌, 2009, p.29)라고 주장하고 있다.

추구하는 조경디자이너는 반드시 모든 장소의 고유한 특성을 발견해내고 존중해야 한다. 이러한 존중을 바탕으로 하는 지속가능한 조경디자인이 과거와 다른 점은 비록 사용하는 소재와 토양이나 수질, 식물 등은 동일하다고 할지라도 그들이 창조하는 공간의 환경을 '생각하는 정원'으로 조성하여 그곳을 방문하는 이용자들에게 끊임없이 질문을 던지는 디자인에 가장 큰 핵심이 있다. 미국의 조경가 조지 하그리브스(George Hargreaves)가 디자인한 포르투갈의 테호 트랑카오(parque do tejo e trancao) 조성계획(그림 10－18)을 예로 들 수 있다.

이 프로젝트는 포르투갈의 워터프론트 공원의 설계공모 당선작으로 정부가 Expo '98을 유치하기 위하여 엑스포 예정 부지의 인근에 장기간 방치되어 있던 장방형의 공업용지를 재활용하여 레크리에이션과 교육적인 환경을 조성하였다.

미국조경가협회(ASLA)의 홈페이지에서 발견되는 현직 조경디자이너들과 미래의 디자이너인 학생들 간의 작품을 통한 소통은 미래의 지속가능한 조경디자인을 위하여 매우 바람직한 시도라고 할 수 있겠다. 홈페이지에는 지속가능한 조경디자인에 대한 최근 작품의 소개를 하면서 다음과 같은 설명을 해놓았다.[20]

"지속가능한 조경디자인은 건강한 공동체의 발전에 적극적으로 기여하기 위하여 환경과 재생에 민감하게 반응하는 것이다. 지속가능한 조경디자인은 이산화탄소를 줄이고, 대기와 수질을 개선하고 에너지효율을 증대하고 생태계를 보호하고 아울러 주목할 만한 경제적, 사회적 환경적 편익에 의한 가치를 창출한다(그림 10－19).

이 홈페이지를 통하여 조경가들이 대규모의 지속가능한 주택단지의 마스터플랜에서부터 아주 작은 규모의 녹도나 주차장 그리고 사유지 등의 디자인 프로젝트를 통하여 어떻게 세상을 변화시키고 있는지 배우게 될 것이다. 그리고 동시에 조경가, 계획가, 건축가, 엔지니어 그리고 원예가와 기타 기술자들이 한 팀을 이루어지속가능한 미래로 향하는 길의 외형을 갖춘 혁신적인 모델을 어떻게 창조했는지도 배우게 될 것이다.

뿐만 아니라 조경가들이 지속가능한 경관을 디자인하고 창조하기 위해 사용했던 기술적인 디테일들을 배울 수 있을 것이다.

---

20 http://www.asla.org/sustainablelandscapes/about.html

CHAPTER

11

자연을 담는 방식

조경식재의 궁극적인 목적은 인간의 오감(五感) 중 시각, 청각, 미각 그리고 후각을 증대시키기 위함이며 이를 위하여 기능성(시선차단, 침식방지, 방풍 등), 생태적(미기후 조절, 생물서식처제공, 생물의 먹이원 등) 그리고 건축의 공간구성 요소로서의 목적을 가지고 있다.[1]

국토교통부의 조경기준에 따르면 조경이라 함은 생태적, 기능적, 심미적으로 조경시설을 배치하고 수목을 식재하는 것을 말한다. 또 식재라 함은 조경면적에 수목이나 잔디·초화류 등의 식물을 배치하여 심는 것이라고 되어 있다. 이처럼 식재는 조경에 있어서 매우 중요한 역할을 담당하고 있다.

조경식재 디자인을 위하여 조경디자이너가 가장 먼저 알아야 하는 사항은 식재디자인 원리나 식재할 식물의 종류나 그 수목의 다양한 생육특성 등과 같은 기본지식이다. 즉 조경디자이너는 식재할 식물을 실제로 접한 경험이 있어야만 자신 있게 자신의 식재팔레트에서 디자인에 쓸 수목을 선정할 수 있다(그림 11-1).

만약 식재디자이너가 사무실에서 책을 뒤져서 식물을 선정한 경우에는 시공 후 예상하지 못한 경관을 경험하게 될 것이다. 따라서 대상지에 이용할 식물은 반드시 식재디자이너가 직접 눈으로 사계절을 통하여 생육상태를 관찰하는 것이

1 김혜주, 2012, 경관 및 기능성 식재의 실제, 도서출판 조경, pp.11-18 참조.

그림 11-1 수목식재팔레트의 예

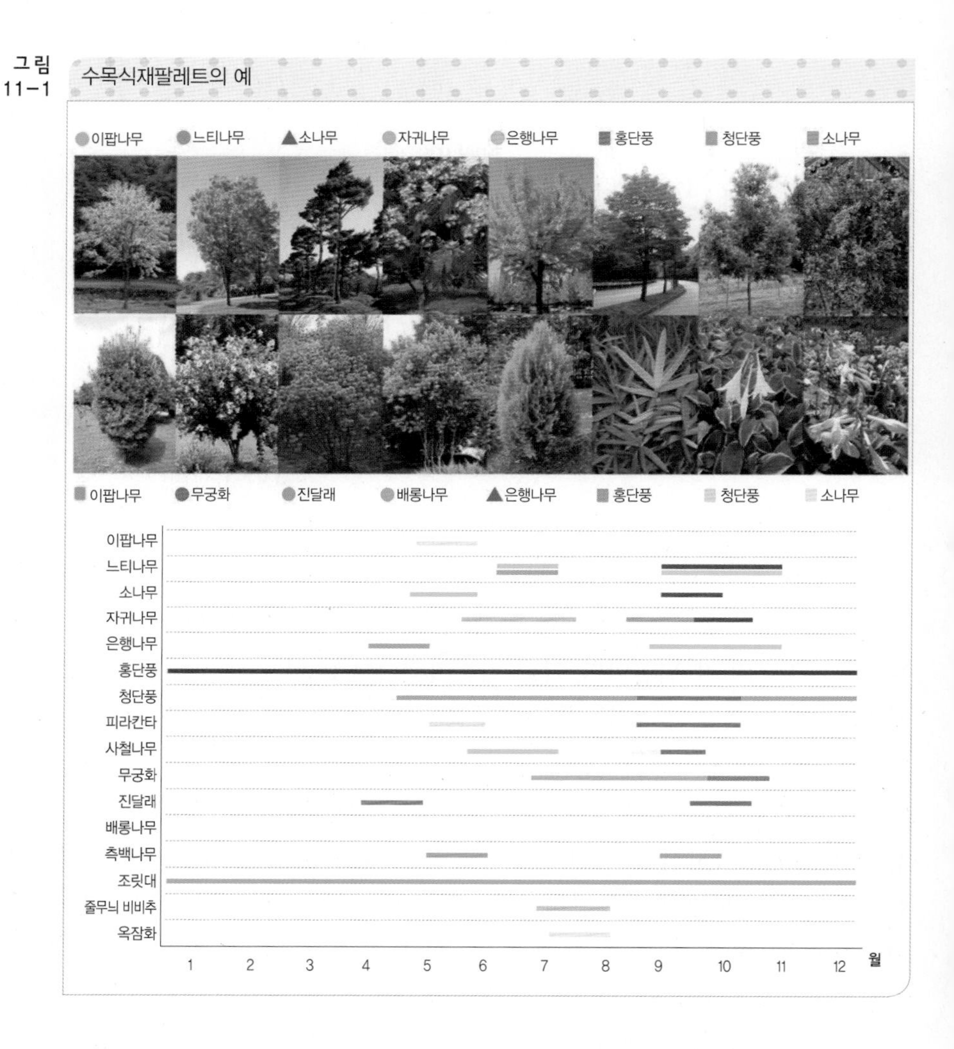

원칙이다. 그래서 식재디자이너는 식재계획에 이용할 수종을 자신만의 식재 목록으로 작성해 두어야 한다. 개인적으로 다음 장에 소개할 나만의 수목일기를 쓸 것을 제안한다. 조경디자이너에게 식물이란 화가의 물감이다. 조경용 식물을 직접 생산하지는 않더라도 그 쓰임에 대해서는 잘 알고 있어야 한다. 이것은 단지 조경디자이너에게만 국한된 문제가 아니라 조경을 공부하는 모든 사람들에게 해당되는 말이다.

11.1 식재디자인 원리[2]

사사키 어소시에이츠(Sasaki Associates)의 창립자 히데오 사사키는 “디자인은 모든 조작 가능한 인자들을 하나의 포괄적인 전체로 연관시키는 과정”이라고 어려운 말을 했는데 이는 식재디자인의 경우 수목이 가진 아름다움과 수목 원래의 특성을 잘 파악하여 사람들에게 쾌적한 녹지 환경을 제공하는 과정이라는 말일 것이다.

식재디자인은 수목이 가진 기능과 생태적 의미를 포함하여 초본류나 목본류와 같은 조경식물을 식재함으로써 미시각적, 생태적 의미를 부여하고, 식물을 이용하여 경관을 디자인하려는 사람이라면 누구나 몇몇 기본적인 디자인 원리를 적용한다. 이 원리는 건축, 인테리어 디자인, 그리고 다른 예술을 포함하여 모든 전문 디자인에 공통된 것이다. 아울러 이 디자인 원리는 균형, 균제, 반복, 통일, 대비, 축, 질감, 리듬 그리고 점진 등을 다양하게 사용하여 구성된다. 아울러 이 용어들은 모든 예술 작품의 미학적인 구성에 적용된다. 식재디자인에 있어서도 몇몇 특별한 기능 역시 미학적 전개와 함께 고려되어야만 한다.[3] 한편 배식(配植)이란 각종 조경식물 재료가 가지고 있는 고유의 아름다움, 형태에 따라 표현하고 디자인 원리에 따라 공간에 배치하는 기술을 말한다. 식재디자인은 대상공간의 규모, 특성 혹은 현황에 따라 조경식물을 적절하게 계획, 설계하는 하나의 과정으로서 식물이 가지고 있는 물리적 요소인 형태 · 선 · 질감 · 색채와 함께 미적 요소인 통일 · 대비 · 축 · 질감 · 리듬 · 균형 · 균제 · 반복 그리고 점진 등을 복합적으로 고려하여 공간의 완성도를 높이는 과정이다.

이러한 식재디자인은 조경식물 소재의 생태적 · 미적 · 기능적 특성에 대해 완벽하게 이해하는 것이 매우 중요하다. 아울러 대상공간의 기초적인 환경 분석 결과와 식재디자인이 잘 맞아야 대상지와 클리이언트가 만족하는 수목 디자인 도면을 완성할 수 있다. 식재 양식은 정형식재 · 자연풍경식재 · 자유형식재로 구분할 수 있다.

---

2 이현택, 1997, 조경미학, 택림문화사 참고.

3 Theodore D. Walker, 1991, Planting Design, 강호철 역, 식재디자인, 도서출판 국제.

그림 11-2 루빈의 컵

1) 통일(Unity)

통일이란 여러 디자인 요소를 서로 같거나 일치되게 맞추는 것을 말한다. 통일에서 중요한 점의 하나는 전체가 부분보다 두드러져 보여야 한다는 것이다. 부분들은 상호 아무런 연관이 없는 것들의 집합체가 아닌 전체로서 지각될 수 있는 것이어야 한다. 시각적 통일감을 주는 방법에는 게슈탈트 심리학에서 말하는 형태의 통합이 있다. 게슈탈트(Gestalt)[4] 이론은 독일의 어느 학자가 기차여행 중에 창밖 풍경을 보고 생각해낸 이론으로 실제로는 차창을 보았는데 자신은 풍경을 보았다고 지각한다는 것이다. 학자는 유리창을 통해 창밖의 풍경을 보았다. 실제로는 유리창을 보았는데, 자신은 풍경을 보았다고 지각하는 것이다. 즉 사람은 심리적으로 더 중요한 것을 인지한다는 이론이다. 게슈탈트 이론을 설명할 때 먼저 나오는 예가 '루빈의 컵'이다(그림 11-2).

이 컵을 볼 때 검은 색을 배경으로 하고 흰색을 주로 본다면 컵으로 보이고, 흰 색을 배경으로 검은 색을 주로 본다면 마주보는 두 사람의 얼굴로 인식된다. 동일한 시각적 정보지만 뇌가 처리하기에 따라 해석이 달라질 수 있다는 게슈탈트 이론에는 다음과 같은 5가지 법칙들이 있다. 먼저 통폐합의 법칙(Law of Closure)으로 기존의 지식을 토대로 완성되지 않은 형태를 완성시켜 인지하는 경향을 말한다. 다음으로 유사성의 법칙(Law of Similarity)인데 유사한 요소끼리 그룹지어 하나의 패턴으로 보려는 경향을 말하며, 세 번째로 근접성의 법칙(Law of Proximity)은 시공간적으로 서로 가까이 있는 것들을 함께 집단화해서 보는 경향, 네 번째로 단순성의 법칙(Law of Simplicity)은 주어진 조건하에서 최대한

4 Gestalt는 형태(Form, Shape)의 뜻을 가진 독일어다. 그래서 게슈탈트라고 읽는다.

가장 단순한 쪽으로 인식하는 것을 말한다. 마지막으로 연속성의 법칙(Law of Continuity) 요소들이 부드러운 연속을 따라 함께 묶여 지각된다는 법칙이다. 이러한 법칙을 잘 적용한 식재디자인이 아래의 두 그림이다.

계명대학교 동산의료원 의료선교 박물관 앞 정원에 식재된 누운 향나무와 갤러리 건물 벽 쪽에 줄지어 심은 자작나무는 시공간적으로 서로 가까이 있는 것들을 함께 집단화해서 보는 경향, 즉 근접성의 법칙(Law of Proximity)을 작 적용시켜 통일감을 준 식재디자인으로 보인다(그림 11－3).

그림 11－3 게슈탈트 이론 중 근접성의 법칙(Law of Proximity): 시공간적으로 서로 가까이 있는 것들을 함께 집단화해서 보는 경향을 적용시킨 식재디자인

그림 11－4 유사성의 법칙(Law of Similarity): 유사한 요소끼리 그룹지어 하나의 패턴으로 보려는 경향을 잘 적용한 식재디자인

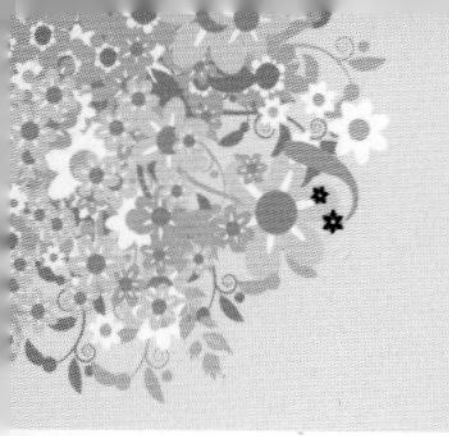

한편 가로수를 식재할 때에도 가로변의 건축물이 큰 경우에는 주변에 식재되는 수목도 거기에 지지 않을 만큼 큰 수목(느티나무, 은행나무, 플라타너스 등)으로 하고 주택지 등과 같이 비교적 작은 건물일 경우에는 다소 작은 수목(단풍나무, 목련, 배롱나무 등)을 택해야 한다. 또한 가로변의 건물형태에 따라서 가로수를 선정하는 것도 가로경관을 향상하는 방안이 될 수 있다. 즉 가로변 건축물의 높이가 달라 통일감이 없고 산만할 경우에는 동일 수종의 가로수를 식재하여 수목에 의한 통일감을 주고 반대로 가로가 너무 통일되어 단조로운 경관이 되었을 때는 가로수의 수고에 변화를 주어 스카이라인에 변화를 줄 수도 있다. 아름다운 조형의 기본은 다양함 속의 통일이라는 것이 원칙이라 해도 좋을 것이다. 아래의 그림의 가로수는 게슈탈트법칙 중 유사성의 법칙(Law of Similarity), 즉 유사한 요소끼리 그룹지어 하나의 패턴으로 보려는 경향을 잘 적용하여 통일감을 느끼게 하는 식재디자인으로 보인다(그림 11－4).

2) 대비(Contrast)

대비란 성질 혹은 분량을 달리하는 둘 이상의 요소가 공간적으로 또는 시간적으로 근접할 때 나타나는 현상이다. 예를 들면 크기의 대소, 길이의 장단, 강도의 강약 등이 있다.

대비는 반대, 대립, 다양함 등으로 우리의 흥미를 자극하고 흥분시키는 다이나믹한 효과를 지닌다. 흥미는 변화에 의해 생기고 변화는 균등치 않는 불균등에 의해 생긴다. 인간의 마음은 대조(대비)나 사물 사이의 상이점에 민간하게 반응한다. 이와 같이 다양한 상이가 아름다움을 증대시키는 것을 대비라 한다. 다시 말하면 서로 반대되는 요소가 개재되어 전체적으로 조화를 이루고 있는 형식이다. 이 경우 특정의 반대요소는 형이나 색상이나 방향 어느 것이라도 무방하다. 큰 것과 작은 것, 밝음과 어두움 등 상호 반대되는 요소가 가까이 있음으로 해서 서로의 성질을 더욱 강하게 부각시킨다(그림 11－6).

이와 같이 대비는 서로 다른 요소가 근접함으로써 시각을 강하게 유인하는 효과가 있기 때문에 동적이고 신선한 감을 주며 초점을 만들 수 있으나 자칫 잘못 사용되었을 때에는 오히려 역효과를 가져와 경관을 산만하게 깨뜨려 이해하기 어렵게 만드는 경우도 있다.

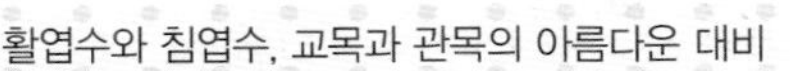

그림 11-5 활엽수와 침엽수, 교목과 관목의 아름다운 대비

그림 11-6 반대되는 요소가 개재되어 전체적으로 조화를 이루고 있는 형식

3) 균형(Balance)

무의식중에도 우리는 우리가 바라보는 모든 것에서 균형을 찾고자 한다. 수목배식에서 비대칭적 균형은 형태와 색상, 질감의 차이에서 형태상으로 균형 잡힌 느낌을 줌으로써 실현된다(그림 11-7). 균형이라는 것은 보일 뿐만 아니라

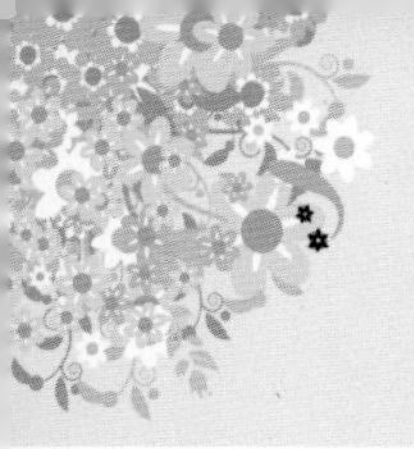

그림 11-7 왼쪽의 무거운 느낌의 집을 오른쪽의 식재가 균형을 잘 이루고 있다. (경관의 균형)

느껴지는 것이기도 하다. 상이라는 것은 풍경에 시각적인 중량감을 첨가함으로써 균형을 잡는 데 영향을 미칠 수도 있다. 색상 자체가 중량감에 영향을 주기도 하지만 동일 색상 내에서도 명도가 높은 색은 가벼워 보이고 낮은 색은 무거워 보이기 마련이다.

따라서 식재지의 한쪽 끝에 밝은 색상의 수목을 심었다면 다른 한쪽 끝에는 다소 작고 어두운 색상의 수목을 심음으로써 시각적으로 균형을 이룰 수 있다(그림 11-7).

질감 또한 거친 질감은 시각적으로 무거워 보이고 보드랍고 섬세한 질감은 가벼워 보인다. 동일한 공간 내에서 질감이 바뀔 때는 거친 질감을 나타내는 수목과 균형을 이루기 위해서는 보다 많은 양의 섬세한 질감을 주는 수목이 요구된다.

균형은 경관의 깊이에도 영향을 미치므로 전경, 중경, 원경의 경관에 있어서도 서로 간에 균형이 유지되어야 한다. 만약 경관이 균형을 잃게 되면 하나의 요소가 지배적이 되어서 전체적으로 구성을 깨뜨리게 된다.

4) 점진(Gradation)

점진은 단순히 동일한 단위가 규칙적으로 되풀이 되는 반복보다는 훨씬 동적인 것으로 하나의 성질이 조화적인 단계에 의해 일정한 질서를 가지고

그림 11-8 점진은 단순히 동일한 단위가 규칙적으로 되풀이 되는 반복보다는 훨씬 동적인 것이다.

증가하거나 감소하는 것을 말한다. 이때의 일정한 질서는 급수적인 성질을 가지기 때문에 단순한 반복보다는 훨씬 아름답고 복잡한 미를 표현하며 흥미를 가지게 한다(그림 11－8).

수목배식에 있어서도 특정한 형이 점차 커지거나 반대로 서서히 작아지는 형식으로 큰 나무에서 점차 작은 나무로 또는 반대의 형을 이루는 것도 점진에 해당한다.

그림 11-9 점진은 하나의 성질이 조화적인 단계에 의해 일정한 질서를 가지고 증가하거나 감소하는 것을 말한다.

우리나라의 사찰이나 고궁에서 볼 수 있는 석탑들도 기단에서부터 층층이 올라갈수록 폭과 높이에 일정한 비례(체감비례)를 적용하여 서서히 줄어드는 점진현상을 응용함으로써 안정감 있고 균형 있는 미를 느끼게 한다(그림 11-9).

앞서 설명한 반복과 점진은 어느 경우에도 특정의 인자가 단순히 복잡하든 간에 반복된다는 점에서 양자 모두 리듬을 낳게 된다. 따라서 크게 보면 점진도 리듬의 형식에 포함될 수 있는 것이다.

5) 반복(Repetition)

동일한 요소나 단위가 시간적, 공간적으로 되풀이 되어 일어날 때 이를 반복이라 한다. 반복의 원칙은 하나의 전체구성 속에서 반복되는 요소에 질서를 부여하기 위하여 이와 같은 두 가지 지각개념을 활용한 것이다.

반복의 가장 단순한 형태는 많은 요소들을 선형으로 배치하는 패턴이다. 각 요소들은 하나하나 완전한 개성을 갖지 않아도 되나 반복적인 양식으로 그룹이 형성되어야 한다. 다만 각 요소들은 각자의 독특함을 가지고 반면에 전체에 속하도록 공통의 특징과 성질만을 공유한다. 형태와 공간이 반복적인 양식 속에서 구성될 수 있도록 하는 특징으로서는 크기, 모양, 세부적 특성과 같은 것이 있다(그림 11-10).

조경배식에서 반복은 특정한 식물재료뿐만 아니라 형태, 질감 또는 색상에서

그림 11-10 반복의 효과는 대개 각각의 식물들을 단일 수종으로 무리지어 여러 개 위치시킴으로써 얻는다.

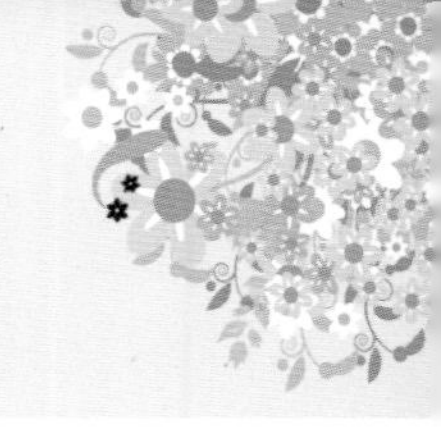

그림 11-11 반복의 가장 단순한 형태는 많은 요소들을 선형으로 배치하는 패턴이다.

보다 더 잘 나타날 수 있다. 같은 질감을 느끼게 하는 서로 다른 식물재료들을 부지 내에 반복 식재함으로써 동일 질감이 반복되어 단순미가 나타난다. 이와 같은 방법으로 같은 색상을 나타내는 식물재료는 설사 그 종류가 다르다 하더라도 단순미를 살려준다. 식물재료의 형태에 있어서의 반복성은 우리의 시선을 편안하게 유도하고 친숙한 경관을 만들어 준다(그림 11－11).

반복은 대개 각각의 식물들을 단일 수종으로 무리지어 여러 개 위치시킴으로써 얻어진다. 큰 규모의 경관에서 다양한 크기의 이들 무리들은 디자이너의 필요에 따라 반복된다. 동일한 식재형태를 반복하면 그 식물재료는 보다 강한 충격효과를 나타냄으로써 부지에 통일성을 더해준다.

6) 유사(Similarity)

어느 형태의 부분 상호간 또는 그 형태와 다른 형태 사이의 관계가 유사한가, 대비인가에 따라 아름답다고 느껴지기도 한다. 대비의 반대 개념이 유사라 생각해도 무방하다. 한편 대비는 앞서 살펴본 바와 같이 확실히 서로 다른 것을 표시하는 것이기 때문에 형태의 통합요인은 아니다. 그러나 복잡한 형태가 되면 통합적인 대비를 포함해야 한다. 건축과 같은 커다란 구조물이 모두 유사하게

그림 11-12 인종이건 어떤 수목의 종류이건 다수가 한곳에 모여서 동질적인 환경을 형성한다.

통합된다는 일은 없다. 지붕과 벽의 색채가 대비를 이루든지 저층의 주택단지나 또는 마을의 중심에 교회의 탑이 솟아서 대비를 이루는 것이다. 위에서 말한 유사는 형태의 통합상에서 유동 요인으로 나타날 때와 마찬가지이다. 유사물이 모여서 알맞은 집단을 만드는 것은 자연계의 동물이나 식물, 광물의 분포에 있어서 공통적인 경향이다. 인종이건 어떤 수목의 종류이건 다수가 한곳에 모여서 동질적인 환경을 형성한다.

7) 축(Axis)

축은 조경디자인에 있어 형태와 공간을 구성하는 가장 기본적인 수단일지도 모른다. 축은 공간 속의 두 점이 연결되어 이루어진 하나의 선이며, 형태와 공간은 그것을 중심으로 규칙적으로 또는 불규칙하게 배열될 수 있다. 비록 눈에 보이지 않는 상상에 의한 것이지만 축은 힘 있고 탁월한 규칙수단이다. 축은 곧 대칭선이 될 수도 있지만 대칭이라 함은 균형이 요구되므로 그것과는 다르다.

그래서 경관계획 시 경관축이라 함은 동질의 경관이 선의 형태로 연속하여 형성되거나 형성될 잠재성이 있는 산림, 녹지, 수계, 시가지, 도로, 가로

그림 11-13 축의 종착요소는 시각적인 초점을 주고받는 데 기여한다.

등의 지역을 말한다. 축이 시각적 힘을 가지기 위해서는 축의 양 끝부분이 종결되어야 한다. 축의 끝 부분에 목적물이 없다면 앞으로 진행함에 따라 공간의 질이 떨어지고 공간이 발산적으로 되어 박력이 생길 수 없다. 만일 공간의 끝에 목적물이라든지 무언가 사람을 긴장시키는 것이 있다면 진행하는 공간 내에도 박력이 생기기 쉽다. 이와 같이 외부 공간에 목표물 같은 것이 있으면 그만큼 공간에 매력이 생기며, 공간에 매력이 있으면 목표도 다시 강하게 되는 상호작용이 일어난다. 축선의 종점을 한 점으로써 축의 개념을 보다 강화시킬 수 있다. 이러한 종점은 평면상에서는 단순히 선일 수도 있고, 혹은 축과 일치하는 선형공간을 한정하는 수직면일 수도 있다. 또한 하나의 축은 형태와 공간의 대칭적인 배열로서도 이루어질 수 있다. 축의 종착요소는 시각적인 초점을 주고받는 데 기여한다(그림 11-13).

8) 질감(Texture)

디자인의 과정에서의 질감은 시각적 쾌감을 주고, 정서적인 성격을 제고하여 공간감을 창출함으로써 표현에서 감성을 자극하여 현실감을 제고하는 데

그림 11-14

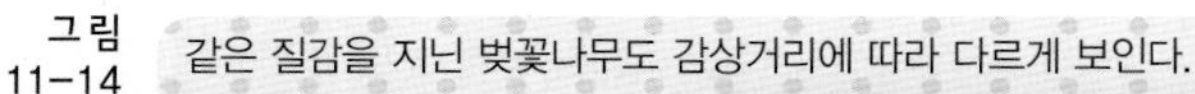
같은 질감을 지닌 벚꽃나무도 감상거리에 따라 다르게 보인다.

기여하는 조형요소이다.

조경소재 중 나무, 자연석, 자갈 등의 자연재료와 벽돌, 콘크리트 등의 인공재료는 각각 다른 감정을 전달한다. 자연재료는 수십 년에 걸쳐 풍상에 닳은 부드러운 이미지를 그대로 느끼게 하는 반면, 인공재료는 무언가 거칠고 비인간적인 감을 느끼게 한다. 금속재료는 금속이 지닌 무겁고 차가우며 매끈한 감을, 직물에서는 따뜻하고 보드라운 느낌을 받는다. 선에서 주는 감정과 같이 매끈하고 보드랍고 고운 질감에서는 섬세한 여성적인 느낌을 받고 거칠고 무거운 질감에서는 우직한 남성적인 느낌을 받는다.

같은 질감을 지닌 대상물도 감상거리에 따라 질감은 다르게 보인다. 때로는 가까이에서 보게 되면 아름다운 것도 상당한 거리를 두고 보면 제대로 효과를 나타내지 못하는 경우도 있다. 가까이에서 보면 거친 질감도 멀어지면 거친 감이 소실되고 고운 질감으로 느끼게 된다. 따라서 특수한 수종의 잎이나 꽃 또는 특수한 형태의 자연석 등의 질감을 감상자에게 제대로 전달하기 위해서는 주 감상 지점에서의 거리관계에 유의해야 한다.

질감이 섬세하고 형태가 단순한 잔디나, 생장력이 없는 작은 크기의 피복재를 넓게 분포시키면 공간이 넓어 보이는 통합된 효과를 얻을 수 있다. 좀 더 거친 질감을 많이 사용하면 공간감을 줄어드는, 즉 공간을 작아 보이게 한다. 낙엽이

지는 식물은 잎이 떨어지면 다른 질감을 보여 주는데 그 나무들은 여름에는 섬세한 질감을 보여 주지만, 겨울에는 그 나무의 가지가 거친 질감을 보여 준다.

디자인에 있어서 질감은 매우 큰 시각적 특징이지만, 식물에 가까이 접촉할 때 손끝의 피부로도 느낄 수 있는 것이다. 어떤 잎들은 부드럽게 느껴지고 또 어떤 잎들은 거칠게 느껴진다. 나무껍질 역시 만졌을 때 부드러운 것에서부터 거친 것까지 다양하다.

9) 리듬(Rhythm)

리듬의 어원은 '흐른다'는 뜻의 동사 rhein을 어원으로 하는 그리스어 rhythomos에서 유래한 것으로서 넓은 뜻으로는 시간예술, 공간예술을 불문하고 신체적 운동, 심리적, 생리적 작용, 나아가서는 존재일반과도 깊이 연관되어 있다. 디자인에서는 선, 모양, 형태 또는 색상 등이 규칙적이거나 조화 있는 반복을 이루는 것을 의미한다. 그것은 디자인에게 형태와 공간을 구성하기 위한 방법으로서의 반복과 기본개념이 동일하다.

거의 모든 조경양식에는 본질적으로 반복적인 요소가 혼합된다. 수목과 구조들도 일정한 차이를 두고 되풀이 되어 공간의 반복적 구조 모듈을 형성한다.

건축에서도 창과 문을 만들어 채광, 통풍이나 경관을 받아들이고 내부로 출입할 수 있도록 건물의 외벽에 반복적으로 구멍을 낸다. 공간은 건물 프로그램상 유사하거나 혹은 반복적인 기능적 요구를 수용하기 위해 되풀이 된다.

전체 경관이 한눈에 드러나는 경우보다 진입해 가면서 새로운 경관이 연속적으로 펼쳐질 때 훨씬 변화 있는 리듬감을 만들 수 있는 것이다.

그림 11-15

색상 등이 규칙적이거나 조화 있는 반복을 이루는 것을 리듬이라고 한다.

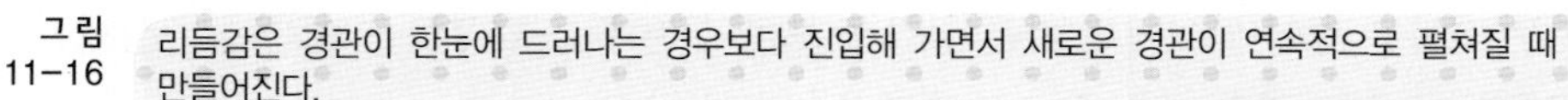

그림 11-16 리듬감은 경관이 한눈에 드러나는 경우보다 진입해 가면서 새로운 경관이 연속적으로 펼쳐질 때 만들어진다.

10) 균제(Symmetry)

균제의 어원은 'Symmetry'라는 그리스어로서 '자로 잴 수 있다'는 의미를 지닌다. 균형에서와 같이 설사 거리와 크기가 다르다 할지라도 시각적인 안정감만 주면 되는 것이 아니라 크기와 거리, 색상 등 모든 면에서 중심축을 기준으로 합동이 되는 것이기 때문에 시각적으로 안정되어 있는 균형의 가장 단순한 형태가 되는 것이다. 한 부분만 보아도 전체를 파악할 수 있기 때문에 이해도가 빠른 것이 균제의 특징이다. 그러나 무엇보다도 균제된 조형은 좌우가 균형이 잡혀있으므로 공평함과 엄숙함, 위엄의 초인적인 위력을 상징하게 되어 왕국이나 신전, 사찰 등에서 많이 사용되어 온 미적 요소이다(그림 11－17).

조경의 구성은 형태와 공간을 두 가지 방법으로 구성하기 위하여 대칭을 활용할 수 있다. 먼저 대칭으로 완전한 평면구성을 할 수 있다. 또 다른 방법은 대칭 조건을 부지 일부에만 만들고 그것을 중심으로 형태와 공간 패턴을 불규칙하게 구성할 수도 있다. 후자의 경우에는 건물을 대지나 프로그램상의 보기 드문 조건에도 적용할 수 있다. 규칙적이고 대칭적인 조건자체는 구성에 있어 보다 의미 있고 중요한 공간을 만들 수 있다.

규칙적이고 대칭적인 조건 자체는 구성에 있어 보다 의미 있고 중요한 공간을 만들 수 있다. 그림 11-17

11.2 식재디자인의 기본개념

앞서 설명한 식재디자인의 원리를 바탕으로 하여 식재디자인은 먼저 수목의 쓰임새에 따라 공간을 세부적으로 나누는 작업부터 진행한다. 그리고 디자인 개념에 따라 대략적인 수목의 배치가 결정된다. 구체적인 수목의 규격과 수종은 기본설계과정에서 이루어진다.

식재디자인은 기본적인 식재개념도를 작성하고 그것을 바탕으로 교목과 관목 그리고 상록수와 낙엽수의 구분, 대략적인 수목의 규격과 수형 그리고 식재할 수목의 기능 등을 개념적으로 표현한다. 그리고 수목은 많은 수목을 배치하기 보다는 적절히 비우고 적절히 모으면서 주변의 지형이나 물이나 돌 등 다른 공간 요소와 어우러지게 식재디자인을 한다. 수목은 홀수로 식재하는 것이 짝수로 식재하는 것보다 공간구성과 균형 잡기에 더 유리하다. 그리고 상록수는 통상 짙고 거친 질감 때문에 낙엽수보다 무겁고 단조로운 느낌을 준다. 따라서 상록수를 배경으로 사용하고 낙엽수와 적절하게 섞어주면 계절의 변화와 상응하는 멋지고 자연스러운 외부공간을 창조할 수 있다. 식재계획의 개념도에는

그림 11-18 식재디자인 개념도 (율하지구 선수촌 아파트)

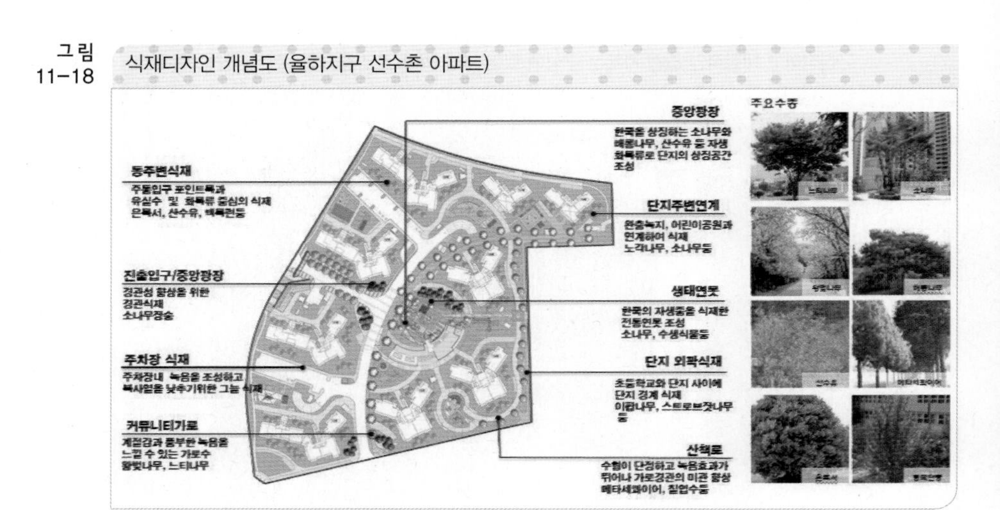

그 지역의 특성, 수목의 생태적 생리적 특성을 고려하여 다이어그램이나 표를 만들어 활용한다(그림 11-18).

그리고 식재디자인은 교목과 관목을 함께 고려하여 계획한다. 교목은 공간의 틀을 만들고 교목의 식재공간을 전체적, 부분적으로 연결하는 중요요소는 관목이나 지피식물이다(그림 11-19).

다이어그램의 기능과 목적은 전달에 있으며 이를 위하여 기호, 선, 점 등을

그림 11-19 수목디자인 식재기본계획도 (대구광역시 교육청 옥상조경)

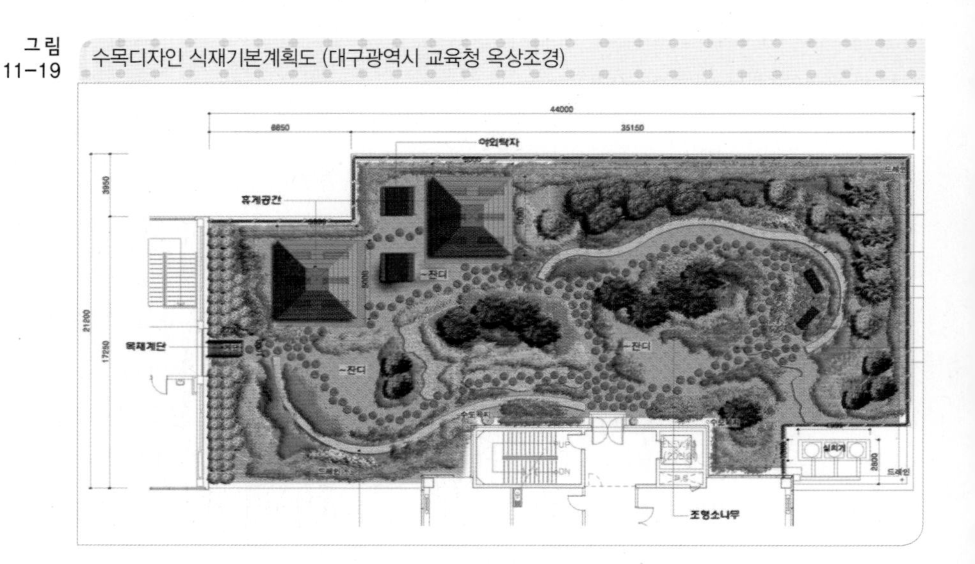

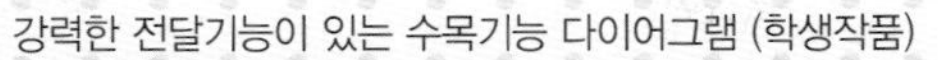
강력한 전달기능이 있는 수목기능 다이어그램 (학생작품) 그림 11-20

사용해 각종 사상의 상호관계나 과정, 구조 등을 이해시키는 시각 언어이다. 수목 기능다이어그램은 클라이언트에게 그 부지 내에 식재되는 수목들의 다양한 기능을 전달하기 위해 만들어진다(그림 11－20).

한편 식재의 기본패턴에는 단식(單植), 대식(對植), 열식(列植), 교호식재(交互植栽) 그리고 집단식재(集團植栽) 등이 있다. 단식은 현관 앞과 같은 가장 중요한 자리 혹은 광장의 중앙 등과 같은 포인트가 될 자리에 나무의 생김새가 우수하고 중량감이 있는 수목을 한 그루 식재하는 기법이다(그림 11－21).

그림 11-21 계명대 행소박물관 광장 중앙에 홀로 서있는 5월의 이팝나무 (단식)

대식은 축의 좌우에 같은 모양이나 같은 수종의 나무를 두 그루를 한 짝으로 식재하는 방법을 말한다(그림 11－22). 열식은 같은 모양, 같은 수종의 나무를 일정한 간격으로 직선상으로 길게 식재하는 방법으로

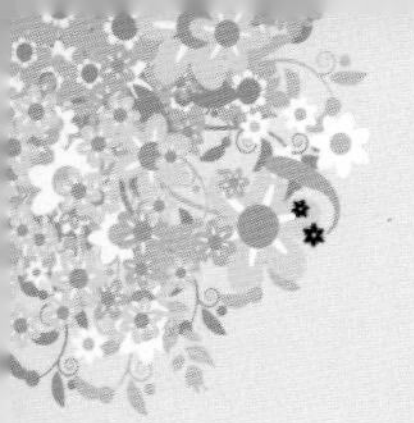

가로수를 심을 때의 방법이다(그림 11－23). 교호식재는 같은 간격으로 수목이 서로 어긋나게 식재하는 것으로 열식의 변형이다. 집단식재는 군식(群植)을 말한다. 나무를 집단적으로 심어서 일정한 면적을 완전히 수목으로 덮어 버리는

그림 11－22 대식은 같은 수종의 나무를 두 그루를 한 짝으로 식재하는 방법이다.

그림 11－23 열식은 동형, 동종의 나무를 일정한 간격으로 직선상으로 길게 식재하는 방법이다.

그림 11-24 교호식재는 같은 간격으로 수목이 서로 어긋나게 식재를 말한다.

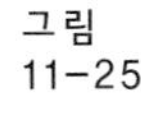

그림 11-25 관목인 영산홍 집단식재는 볼륨감을 느낄 수 있다.

수법으로 볼륨감을 필요로 할 때 쓴다(그림 11-25).

한편, 옥상조경의 경우에는 식재디자인과 병행하여 관수계획을 수립하는 것이 좋다. 왜냐하면 옥상조경의 선진국인 독일의 경우는 연중 비가 골고루 내려 특별하게 관수시설을 할 필요가 없지만 여름철에 강우가 집중되는 우리나라의

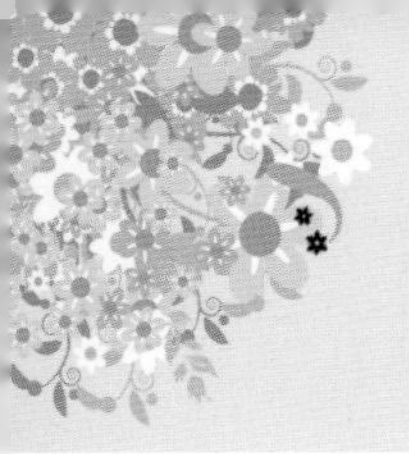

그림 11-26 교목인 소나무 군집식재에서도 볼륨감을 느낄 수 있다.

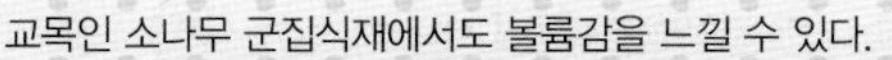

경우에는 반드시 관수계획을 수립하는 것이 좋다. 그렇지 않을 경우 힘들게 식재디자인을 하여 심어놓은 수목들이 말라 죽는 경우가 많기 때문이다.

아울러 지형의 특성에 따라 식재패턴이 달라질 수 있음을 우리는 역사를 통하여 배웠다(그림 11-28). 유럽의 세 나라 이탈리아, 프랑스 그리고 영국은 각각 그 나라의 지형특성을 잘 이용하여 정원을 만들고 그곳에 맞는 식재패턴을 개발했다. 각국의 정원 양식과 식재패턴을 서로 다른 나라에 이식하였다면 어색할 뿐더러 서로 맞지도 않았을 것이다.

규격이라 함은 제품이나 재료의 품질, 모양, 크기, 성능 따위의 일정한 표준을 말한다. 조경업도 건설업의 한 종류이기 때문에 도면을 그릴때 그 공간이나 기능에 맞는 수목을 선정하고 도면에 표시를 해야 공사를 할 때 그 규격에 맞는 수목을 찾아서 시공을 할 수가 있다. 그래서 디자이너는 식물규격에 대한 이해가 있어야 하며 이는 정밀한 시공을 위하여 매우 중요하다.

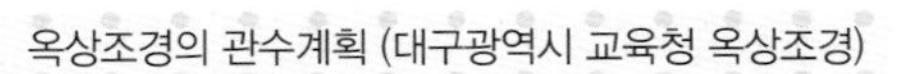
옥상조경의 관수계획 (대구광역시 교육청 옥상조경) 그림 11-27

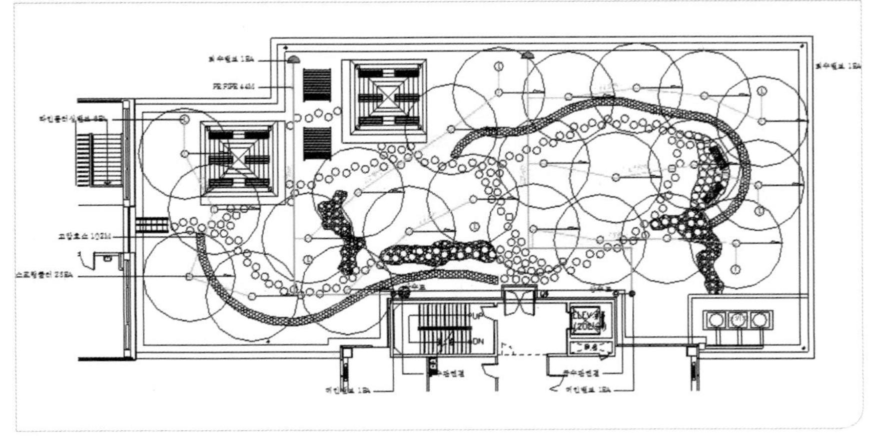

좌측부터 이탈리아 노단식, 프랑스 평면기하학식, 영국 풍경식 정원의 식재모습 (이유정 그림) 그림 11-28

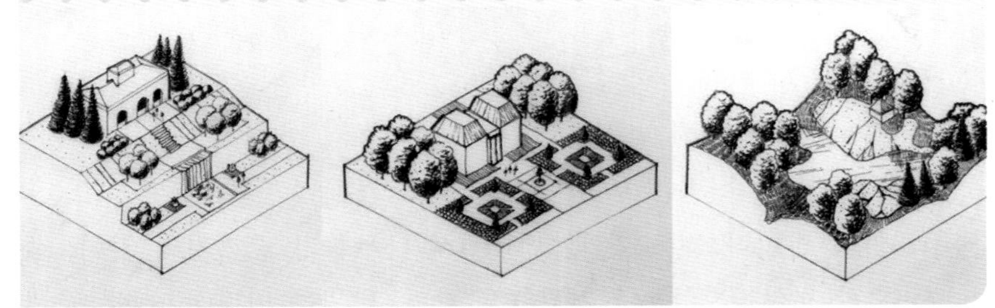

11.3 식물의 규격[6]

1) 측정 기준

수목 규격의 측정은 수목의 형상별로 구분하여 측정하며, 규격의 증감 한도는 설계상의 규격에 ±10% 이내로 한다.

---

5 https://www.housingnews.co.kr/news/articleView.html?idxno=20292와 강현경 외, 2013, 조경수목학, 향문사.

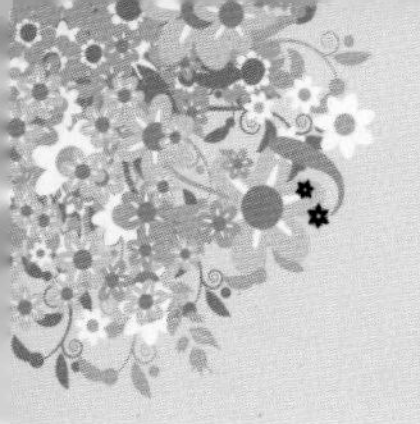

그림 11-29 수목의 규격[6]

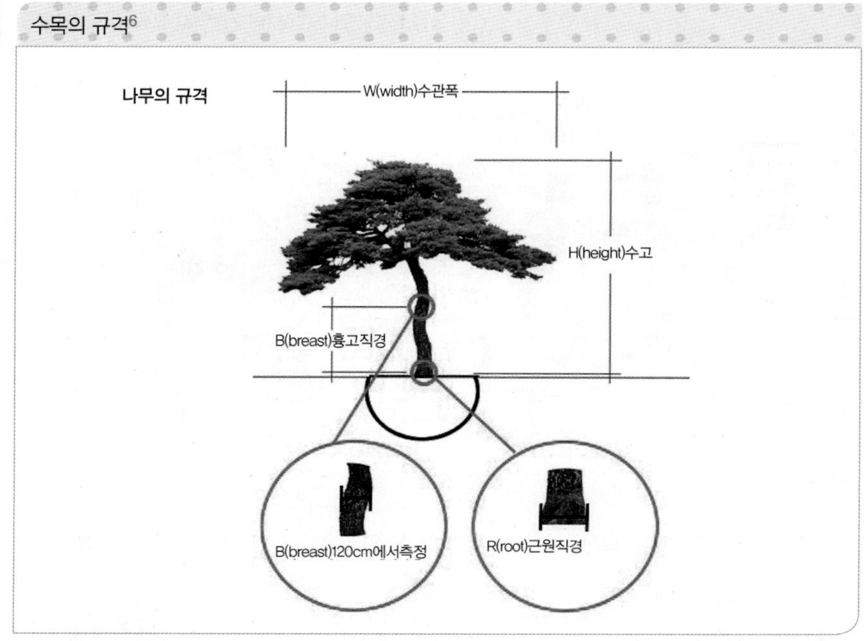

① 수고(H: Height, 단위: m)

나무의 키를 말한다. 지표면(地表面)에서 나무줄기 끝까지의 길이, 즉 지표면에서 수관 정상까지의 수직거리를 말하며, 단위는 미터(m)이다. 수관 꼭대기에서 돌출된 웃자람가지는 제외한다. 관목의 경우 수고보다 수관폭 또는 줄기의 길이가 더 클 때에는 그 크기를 나무 높이로 본다(그림 11-29).

② 수관폭(W: Width, 단위: m)

수관의 직경을 가리키는 말, 즉 줄기·가지·잎에 의해 형성된 수관직경의 최대너비를 수관폭(width/spread)이라고 하며, 단위는 미터(m)이다. 수관 투영면 양단의 직선거리를 측정하는 것이다. 수관이 타원형인 수관은 최소수관폭과 최대수관폭을 합하여 평균을 낸다.

③ 흉고직경(B: Breast, 단위: cm)

조경수목의 지표면에서 가슴높이 부위 줄기의 직경(diameter at breast

6 강현경 외. 2013. 조경수목학. 향문사. p.123.

height)을 말하며, 단위는 센티미터(cm)이다. 지면에서 가슴높이는 동양에서는 120cm, 서양에서는 130cm를 말하며 흉고직경을 측정하는 이유는 측정의 용이함 때문이다. 가슴높이 이하에서 곁가지가 없거나 적은 교목류의 규격측정에 많이 이용되고 있다. 한 그루에 두 갈래로 줄기가 갈라진 쌍간(雙幹)일 경우에는 각각의 흉고직경 합의 70% 당해 수목의 최대 흉고직경 중 최대치를 채택한다.

④ 근원직경(R: Root, 단위: m)

조경수목의 지상부와 지하부의 경계부 직경을 근원직경(root－collar calliper)이라고 하며, 단위는 센티미터(cm)이다. 일반적으로 근원직경은 지표면으로부터 30cm 이내의 줄기 지름을 말한다. 가슴높이 이하에서 여러 줄기가 발달하는 경우에는 교목류라 하더라도 흉고직경의 측정이 곤란 할 경우에 교목류와, 소교목, 화목류는 근원직경을 구격표시로 사용한다. 조경지표면 부위 수간의 직경 측정부위가 원형이 아닌 경우 최대치와 최소치를 합하여 평균한 치수를 사용한다.

⑤ 지하고(Branching Height, B.H 단위: m)

지면으로 부터 수관을 구성하는 가지 중 맨 아래쪽 가지까지의 수직높이를 지하고(Branching Height)라고 하며, 단위는 미터(m)이다. 지하고 규격표시는 통행이나 시선확보의 필요성이 요구되는 녹음수나 가로수 식재 설계 시 필요하다.

⑥ 줄기의 수(canes, CA)

총생, 즉 여러 개의 잎이 짤막한 줄기에 무더기로 붙어나는 관목류는 근원부에서 여러 개의 줄기가 발달하며 수관을 구성한다. 이러한 경우 근원직경, 흉고직경은 측정이 불가능하나 수고와 함께 수관형성에 중요한 줄기의 수(cenes)를 규격으로 사용한다.

2) 식물규격표시 방법

① 교목성 수목

수고와 흉고직경, 근원직경, 수관폭을 병행하여 사용한다.

수고(H: m) × 흉고직경(B: cm) : 은행나무, 왕벚나무, 히말라야시다.

수고(H: m) × 근원직경(R: cm) : 단풍나무, 감나무, 느티나무, 모과나무.

수고(H: m) × 수관폭(W :m) : 잣나무, 전나무, 오엽송, 독일가문비.

수고(H: m) × 수관폭(W: m) × 근원직경(R: cm) : 소나무, 눈향.

② 관목성 수목

수고와 수관폭 또는 수고와 주립수를 사용한다.

수고(H: m) × 수관폭(W: m) : 회양목, 수수꽃다리, 철쭉.

수고(H: m) × 주립수(지) : 개나리, 쥐똥나무 등.

수목수량과 수목규격의 표시방법을 종합하면 다음과 같다(그림 11-30).

그림 11-30 수목수량 및 식물규격 표시방법

구분	명칭	규격	단위	총수량	비고
교목	조형소나무	H2.0xR18	주	4	분재형
	조형소나무	H1.5xR15	주	6	분재형
	공작단풍	H1.5xR8	주	4	
	배롱나무	H2.5xR6	주	6	
	청단풍	H2.0xR6	주	5	
교 목 합 계			주	25	
관목	둥근소나무	H1.5xW2.0	주	5	
	은목서	H1.5xW0.6	주	3	
	남천	H0.8x2가지	주	1420	
	수수꽃다리	H1.2xW0.5	주	50	
	산철쭉	H0.3xW0.3	주	1100	
	황금조팝	H0.3xW0.3	주	730	
	영산홍	H0.3xW0.3	주	910	
교 목 합 계			주	4218	
세덤류	금강애기기린초	8cm	본	1080	
	분홍세덤	8cm	본	1360	
	비단세덤	8cm	본	1570	
	애기솔세덤	8cm	본	1320	
	애기홍옥(알붐)	8cm	본	1160	
	세덤류합계		본	6490	
초화 및 기타	맥문동	3~5분얼	본	1170	
	잔디	평떼	m^2	150	
	수목명패	지지대형	EA	17	

CHAPTER

12

나무를 이야기하다

조경하는 사람이 식재를 위하여 알아두어야 하는 사항 중의 한 가지는 식물의 외형 즉 윤곽, 색깔, 자라는 가지의 특징, 크기, 사계절의 변화 등이다. 그 이유는 이웃한 다른 식물의 수종과의 조화성 또는 부조화성을 따져서 식재를 해야 하기 때문이다. 이것은 조경디자이너가 알아야 할 기초이면서 매우 중요한 지식인데 조경이 바로 시간개념을 담은 디자인이기 때문이다(그림 12－1). 즉 준공 후 그 변화를 멈추는 건축과는 달리 조경은 식재디자인을 할 때 사계절에 대한 식물의 변화하는 모습 그리고 그 풍경의 10년 또는 20년 후의 모습까지 생각해야 하기 때문이다. 이를 위해서는 수목과 친해져야만 한다.

조경디자이너는 식재할 식물을 실제로 접한 경험이 있어야만 자신 있게 자신의 수목팔레트에서 디자인에 쓸 수목을 선정할 수 있다. 그리고 만약 식재디자이너가 책장을 뒤지면서 식물을 선정한 경우에는 시공 후 예상하지 못한 경관을 경험하게 될 것이라고 주장했다. 따라서 대상지에 이용할 식물은 반드시 식재디자이너가 직접 눈으로 사계절을 통하여 생육상태를 관찰하는 것이 원칙이다. 그래서 식재디자이너는 식재계획에 이용할 수종을 자신만의 식재 목록으로 작성해 두어야 한다.

개인적으로 나는 학생들에게 매일 나만의 수목일기를 쓸 것을 제안한다. 조경디자이너에게 식물이란 화가의 물감이다. 조경용 식물을 직접 생산하지는

그림 12-1 조경은 시간개념을 담은 디자인이다.[1]

않더라도 그 쓰임에 대해서는 잘 알고 있어야 하기 때문이다.

지금부터 나무가 가지는 과학적인 특성, 즉 팩트보다는 그 나무가 가지고 있는 이야기, 즉 에피소드를 중심으로 조경 수목을 소개한다.[2] 조경을 처음 공부하는 사람들은 나무의 팩트에 대한 접근도 중요하지만 나무와의 에피소드를 스스로 많이 만들다 보면 나무와 많이 친해지리라 믿는다. 이 장에서는 계명대학교 교정에 살고 있는 나무 몇 가지를 소개한다(그림 12-2). 독자들께서 나무와 친해지는 계기가 되기를 바란다.

---

1 생태조경학과 3학년 김성태 사진.

2 저자가 공저자로 참여한 계명대학교 설립 116주년을 맞이해 발간한 〈계명대학교 캠퍼스의 나무이야기〉도 참고하였다. 그리고 2015년 〈동양조경사〉 시간에 과제로 제출한 수목일기 김미진, 백두수 학생의 수목일기를 같이 참고하였다.

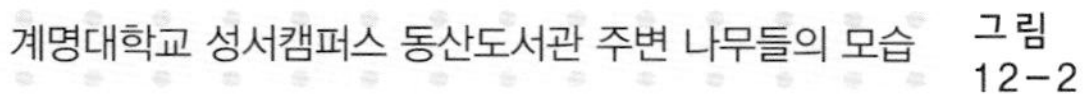

계명대학교 성서캠퍼스 동산도서관 주변 나무들의 모습 그림 12-2

12.1 소나무(Pinus densiflora Siebold et Zucc.)

소나무를 뜻하는 한자 松(송)은 나무'木'자와 공작을 뜻하는 '公'이 합쳐진 글자인데 여기에는 다음과 같은 사연이 있다.

진시황제가 길을 가다가 소나무를 만났는데 소나무 아래에서 비를 피하에 되자 보답의 뜻으로 '목공(木公)'이라 하였는데 이 두 글자가 합쳐져서 '松'자가 되었다는 이야기가 전해진다. 이 글자가 만들어진 시대는 소나무를 매우 좋아했다고 알려진 중국 최초의 황제 진시황제가 통치했던 진(秦)나라였다고 한다.

소나무에 대한 일기를 쓴 A학생은 소나무가 좋은 이유에 대하여 "피톤치드로 벌레들을 내쫓아주고, 향이 상쾌하고, 스트레스를 풀어주기 때문"이라고 제법 전문적인 언급을 했다. 실제 2013년 산림청의 조사에 따르면 대관령 지역의 소나무와 전남 장성 치유의 숲에 서식하는 편백나무를 비교 조사한 결과 대관령의 소나무 숲에서 피톤치드가 더 많이 나왔다고 한다. 그리고 피톤치드는

그림 12-3 소나무는 조선의 선비들이 지조와 의리의 상징으로 여겼다.

그림 12-4 A군의 소나무일기

소나무 (적송, 육송) <Pinus densiflora Siebold et Zucc.>

소나무과
개화 기: 5月
결실 기: 9月
분 포: 우리나라 전국 분포, 북부고산지대인 경우 해발 800m 이하/중국, 일본
생 태: 양수, 산성토양에서 잘 자라 내화성이 크며 고온건조 내성 강함.

소나무는 늘 푸르고, 견고함과 같은 뜻으로 우리나라에 많이 식재된 나무이다.
나는 소나무가 좋은 이유는 피톤치드로 벌레들을 내쫓아 주어서이다. 피톤치드 향은 상쾌하고 스트레스가 풀리는 기분이다.
소나무는 해송(곰솔), 백송, 반송(둥근소나무), 리기다소나무 등 종류도 다양하다
소나무는 예나 지금이나 사람들이 좋아하는 나무이고, 조경학도인 내가 반드시 잘 알아야 하는 녀석이라고 생각한다.
소나무는 나에게 '수목 공부의 근본' 같은 녀석이다.

집 먼지 진드기의 번식을 억제하는 효과가 있다고 한다.

이어 이 학생은 소나무는 "수목공부의 근본 같은" 나무라고도 했다. 소나무의 솔은 으뜸이라는 뜻이다. 조경을 공부하는 학생이라면 으뜸나무인 소나무를 공부의 근본으로 생각하는 것은 당연하겠다. 그리고 우리나라 옛 궁궐에서는 건축 재료로 오로지 소나무만 쓰도록 했다고 한다. 왜냐하면 바로 소나무가 우두머리나무라는 믿음 때문이었다. 식물도감에서의 소나무

학명(Pinus densiflora Siebold et Zucc.)은 독일의 식물학자였으며 뮌헨 대학교 식물학과 교수였던 주카리니((Joseph Gerhard Zuccarini, 1797~1848)와 의사이자 생물학자인 지볼트(Philipp Franz Balthasar von Siebold, 1796~1866)가 함께 붙였다. 속명 '피누스(Pinus)'는 산에서 사는 나무'라는 뜻으로 켈트어 '핀(Pin)'에서 유래했다. 덴시프로라(densiflora)는 "빽빽한 꽃이 있다"라는 뜻이다.

소나무 그림[3] 그림 12-5

우리나라가 원산인 나무인데도 우리나라에 대한 이야기는 하나도 없다. 학명을 볼 때마다 기분이 씁쓸하다. 조선의 선비들은 소나무를 지조와 의리의 상징으로 여겼다. 소나무는 과거도 그랬고 현재도 여전히 으뜸나무다. 우리 학생들도 소나무의 의미처럼 절의와 명분을 지킬줄 아는 겉보다는 속이 꽉 찬 으뜸가는 사람이 되기를 바란다.

12.2 메타세쿼이아(Metasequoia glyptostroboides Hu & W. C. heng)

수목일기의 두 번째 나무는 메타세쿼이아 나무다. 우리 대학 성서캠퍼스의 최고의 명소는 단연 동문을 지나 공대로 들어서는 길목에서 시작되는 메타세쿼이아길이다(그림 12-6). 메타세쿼이아는 중국 원산으로 호수나 강가에 심어 기르는 낙엽 교목이며 물을 매우 좋아하는 나무다. 그래서 이 나무의 한자이름은 수삼(水杉)이다 나무의 높이는 5~50m에 이르고 최고 61m까지도 자란다고 하며 가지는 옆으로 퍼진다. 수피는 적갈색이나 오래된 것은 회갈색이고 세로로 얇게 갈라져 벗겨진다. 이 나무는 원래 사라진 나무로 알려져 화석에서나 볼 수 있었던 나무로 여겨졌다.

3 생태조경학과 1학년 진성민 학생 작품.

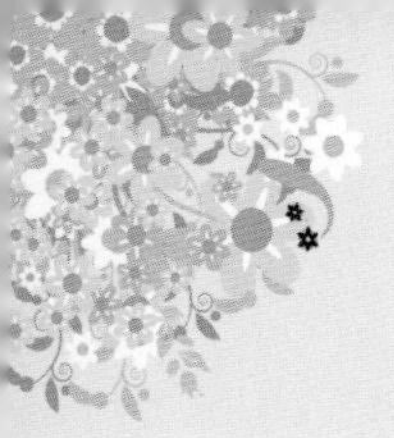

그림 12-6 계명대학교 성서캠퍼스 메타세쿼이아 가로수 길

멸종되었던 것으로 알려졌던 이 나무가 중국 사천성 산간지방에서 우연히 발견된 이후 1946년에 이르러 메타세쿼이아의 학명(Metasequoia glyptostroboides Hu & W. C. Cheng)을 붙인 사람은 중국 식물분류학의 창시자 중 한 명인 후센슈(Hu, Hsen Hsu)와 20세기 최고의 중국식물학자인 쳉완춘(Cheng, Wan-chun)이었다.

속명인 메타세쿼이아의 메타(Meta)는 '이후에, 뒤에, 넘어서' 등을 뜻하는 영어의 post에 해당되는 라틴어다. 즉 아메리카 원주민 체로키 부족출신의 언어학자 "세쿼이아"의 이름을 딴 나무 세쿼이아 이후에 나타난 나무라는 뜻이다. 종명 글립토스트로보이데스(glyptostroboides)는 중국삼나무(글립토스트로부스, Glyptostrobus)를 닮아 이름을 그렇게 붙였다고 한다. 이 특별한 나무는 세계 각지에서 공원수, 가로수로 식재되며 우리나라에서도 담양의 메타세쿼이아 가로수 길을 포함하여 많은 사람들에게도 사랑받는 나무다. A학생의 일기를 보면 이 나무의 이름이 발음하기 곤란하며 친구와 그 나무이름의 발음 때문에 재미있었던 이야기를 적고 있다(그림 12-7).

그리고 A학생은 일기 옆면에 조경기사 시험문제에 출제된 메타와 낙우송의 차이점이 무엇인지에 대해 조경학과 학생답게 수형과 잎 그리고 뿌리의 특성을 그림을 통해 알아보았다.

실제 낙우송은 잎이 어긋나고 메타세콰이어는 잎이 마주난다. 무엇보다도 낙우송은 뿌리 주변에 울퉁불퉁 숨을 쉬기 위해 튀어나온 기근이 많이 있어 쉽게 구분할 수 있다(그림 12−8). A학생은 등하교 길에 메타세쿼이아를 매일 만나서 인지 "친한 친구" 같다고 표현하고 있다. 사람처럼 나무도 친해지려면 매일 자주 만나야 한다.

그림 12−7 A군의 메타세쿼이아에 관한 일기

그림 12−8 낙우송(落雨松)은 뿌리 주변에 기근이 보이고 메타의 잎은 마주보고 난다.

12.3 은행나무(Ginkgo biloba L.)

은행나무는 신생대에 번성하였던 식물로 '살아있는 화석'으로도 불린다. 은행나무과로는 유일한 식물로 보기와는 달리 고독한 나무다. 이 나무의

고향은 중국 절강성에 위치한 천목산이다. 은행은 은빛살구라는 뜻이며 열매가 살구나무열매를 닮았기 때문이다. 잎이 오리발 같아서 '압각수', 열매가 손자대에 열린다고 '공손수'라고도 부른다. 껍질을 벗기면 열매의 육질이 흰색이라 '백과'라고도 한다. 서양 사람들은 오리의 물갈퀴처럼 생긴 은행잎을 처녀의 머리로 보이는 모양인데 은행의 학명(Ginkgo biloba L.)의 종명인 biloba는 "뚜갈래로 갈라진 잎"을 뜻한다. 학명을 붙인 사람은 수목의 학명체계를 정립한 리나이우스(Linnaeus, 1707－1778)이다.

은행나무는 암수딴그루이며 낙엽침엽교목이다. 은행나무는 암수의 구분을 나무에 열매가 열리는지의 여부로 감별해 왔다. 그래서 은행나무는 30년 이상 일정 기간 이상 자라야 열매를 맺을 수 있기 때문에 어린 묘목은 암수 감별이 어려워 가로수로 암나무를 심어 시민들에게 악취피해를 주어 민원이 발생하는 경우가 종종 있다. 악취소동으로 어느 지자체에서 은행 암나무를 수나무로 교체한다는 소식에 "나는 감정이 섬세한 사람도 아니고 나무를 특별히 사랑하는 사람도 아닌, 오히려 도구적 이성이 발달한 사람이지만 수나무만 심어서 불편을 없애겠다는 우리 안의 무의식이 정말이지 염려스럽다."[4]고 어느 교수의 칼럼에서 생명에 대한 관료적이고 폭력적인 행정에 대한 우려를 나타내기도 했다.

그림 12-9 K학생의 은행나무 수목일기

K학생은 은행나무를 조선의 선비들은 "배움의 깊이가 깊어지고 이어지라는 의미로 교육기관에 이 나무를 많이 심었다"고 썼다(그림 12-9). 사실 공자의 위패를 모신 서울 성균관 대성전, 전국의 향교와 서원 등 교육기관의 정원에는 어김없이 은행나무가 자리하고 있다.

4 조한혜정 칼럼, "은행나무의 수난", 2015년 12월 5일 검색. http://www.hani.co.kr/arti/opinion/column/660848.html

경상북도 영양 서석지의 은행나무 그림 12-10

민가의 정원으로 유명한 은행나무는 영양 서석지의 정원에 있는 은행나무다(그림 12-10). 사실 은행은 공자의 행적과 관련이 있는데 공자가 학문을 가르치고 배우는 장소를 행단이라고 하며 공자가 그 위에 앉아서 강의를 하고 제자들이 그 곁에서 강의를 들었다고 한다.

필자가 근무하는 대학의 교목도 은행이고 일본 도쿄대학(東京大學)과 오사카대학(大阪大學) 그리고 우리나라 성균관대학교의 학교로고에 보이는 나무도 다름 아닌 은행나무다. 조선시대 유학자들이 그들의 정원에 은행을 심고

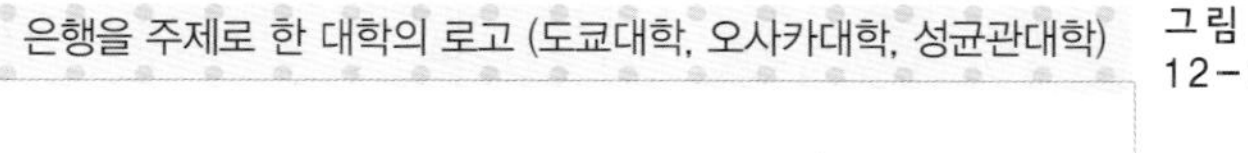

은행을 주제로 한 대학의 로고 (도쿄대학, 오사카대학, 성균관대학) 그림 12-11

일본과 한국의 유명 대학 캠퍼스에 은행나무를 심는 이유는 아마도 대학자인 “공자의 행적과 사상을 상기하고 학행의 분위기를 조성하기 위함”[5]이었을 것이다.

12.4 칠엽수(Aesculus turbinata BLUME.)

네덜란드-독일의 식물학자 불루메(Carl Ludwig Blume)가 붙인 학명(Aesculus turbinata BLUME.) ‘아이스쿨루스(Aesculus)’는 ‘먹다’라는 뜻의 라틴어 ‘아이스카레(Aescare)’에서 유래했다. 그러나 가을이면 탁구공 만한 열매가 달리는데 먹음직스러운 밤으로 보지만 독성이 있어 함부로 먹으면 안 된다. 그래서 영어명칭은 Japanese horse chestnut(일본 말 밤나무)이고, 속명인

그림 12-12 마로니에와 일본칠엽수의 수형비교

5 허균, 한국의 정원, 다른세상, p.93.

'투르비나타(turbinata)' 는 꽃모양이 '원뿔' 이라는 뜻이다. 5월쯤에 피는 꽃은 높은 곳에 달려 쉽게 볼 수는 없지만 꽃대 하나에 수백 개의 작은 꽃이 모여 커다란 고깔(원뿔) 모양을 이루고 있다. 칠엽수는 우리나라에서 가끔 마로니에라고 불리지만 마로니에는 발칸 반도가 원산지인 가시칠엽수를 말하고 우리나라 대부분의 마로니에는 사실 일본칠엽수다.

그래서 이 오산관의 나무는 일본이 원산지로 세계 3대 가로수로 우리나라 중부 이남에서 심어 기르는 낙엽교목이다. 나무의 줄기는 높이 30m에 이르며 잎은 어긋나며, 작은잎 5－7장으로 된 손바닥 모양 겹잎이다. 즉 칠엽수라서 나뭇잎이 7개가 아니라 자세히 보면 5－8개로 되어 있다. 잎은 가운데 것이 가장 크고 길며 양옆으로 갈수록 작아져 전체가 둥근 모양을 이룬다. 그리고 봄에 피는 꽃을 자세히 보면 마로니에, 즉 가시칠엽수는 꽃잎 안쪽에 붉은색 무늬가 있고 일본칠엽수는 꽃이 우윳빛이다(그림 12－12).

1975년 서울대학교 문리대와 법대가 관악캠퍼스로 옮긴 뒤 그 자리를 공원으로 조성한 대학로 마로니에공원의 마로니에는 1929년 4월 5일 서울대학교의 전신인 경성제국대학 시절에 심은 것으로 일본칠엽수다.

대구같이 여름이 특별이 뜨거운 도시의 일본칠엽수의 커다란 잎이 만드는 그늘은 더위를 식히기에 아주 안성맞춤인 나무다. 그리고 가을이 오면 잎이 황색으로 변해 우리의 눈을 기쁘게 하며 감성을 자극한다. 한편 A군은 일기에서 친구들과 칠엽수와 마로니에가 같은 나무라며 내기하여 진 경험을 다음과 같이 적고 있다. "처음에는 칠엽수와 마로니에는 같은 수목인 줄 알고 고등학교

일본칠엽수의 꽃과 열매 그리고 잎 모양 그림 12－13

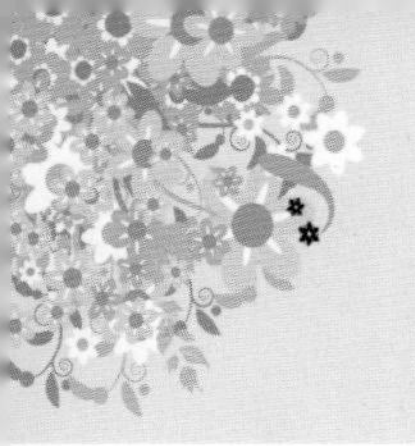

그림 12-14 A군의 일본칠엽수에 관한 수목일기

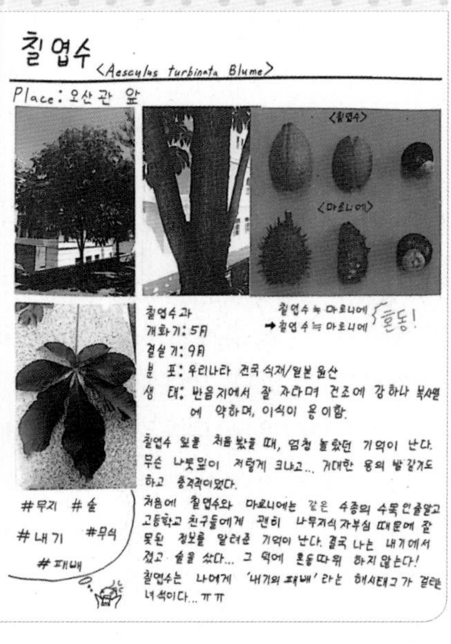

칠엽수 <Aesculus turbinata Blume>

Place : 오산관 앞

칠엽수과
개화기 : 5月
결실기 : 9月
분 포 : 우리나라 전국 식재/일본 원산
생 태 : 반음지에서 잘 자라며 건조에 강하나 복사열에 약하며, 이식이 용이함.

칠엽수 ≒ 마로니에
➜ 칠엽수 ≒ 마로니에 } 혼동!

칠엽수 잎을 처음 봤을 때, 엄청 놀랐던 기억이 난다. 무슨 나뭇잎이 저렇게 크나고... 거대한 용의 발 같기도 하고 충격적이었다.

처음에 칠엽수와 마로니에는 같은 수종의 수목인 줄 알고 고등학교 친구들에게 괜히 나무지식 자부심 때문에 잘못된 정보를 알려준 기억이 난다. 결국 나는 내기에서 졌고 술을 샀다... 그 덕에 혼동따위 하지 않는다! 칠엽수는 나에게 '내기의 패배'라는 해시태그가 걸린 녀석이다... ㅠㅠ

#무지 #술 #내기 #무식 #패배

친구들에게 …(중략)… 잘못된 정보를 알려준 기억이 난다. 결국 나는 내기에서 졌고 술을 샀다" 그 덕에 A군은 더 이상 마로니에와 칠엽수를 혼동하지 않는다고 하였다(그림 12-14).

일기에는 친절하게 마로니에와 칠엽수 열매의 차이를 알려주는 사진도 실어 두었다. 일제 강점기에 들어온 일본칠엽수를 우리는 A군처럼 마로니에라고 여기며 살아왔다. 아마 이 나무로 인해 파리의 몽마르트를 떠올리고 〈자드부팡의 마로니에〉를 상상하면서 세잔느를 만나러 나도 언젠가는 파리로 가리라 다짐했을 수도 있다. 그렇게 일본칠엽수는 우리에게 환상을 주었다. 우리 대학 오산관 칠엽수도 서울 마로니에 공원에 있었던 예전의 그 대학을 생각하며 이곳에서 공부하는 학생들이

그림 12-15 계명대 오산관 일본 칠엽수의 모습

그곳에서 공부하던 그들처럼 훌륭한 학생으로 자라주기를 바라는 마음으로 심은 것을 아닐까? (그림 12－15)

12.5 배롱나무(Lagerstroemia indica L.)

'권불십년 화무십일홍'이라고 했다. 아무리 막강한 권력도 10년 못 가고, 열흘 붉은 꽃도 없다는 말이다. 그러나 배롱나무는 그 붉은 색이 거의 백일을 간다. 그래서 백일홍이라고 한다. 배롱나무는 한자 백일홍(百日紅)을 우리말로 바꾼 것이다. 여름 내내 붉은 꽃을 피우는 모습이 백일홍과 흡사해 백일홍나무라고 불리던 것이 배기롱나무를 거쳐 배롱나무로 변했다. 중국에서는 배롱나무를 '자미화(紫薇花)'라고 부른다고 한다. 자미는 '붉은 배롱나무라는 뜻이다. 한자 미(薇)가 배롱나무라는 뜻이다. 우리나라에서는 관청에 많이

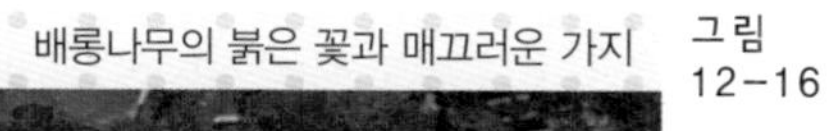

배롱나무의 붉은 꽃과 매끄러운 가지 그림 12-16

심었다고 한다. 이는 당나라 현종이 이 꽃을 좋아해서 자신이 업무를 보는 중서성에 이 배롱나무를 심고 성의 이름을 '자미성(紫薇城)'으로 바꾸어 중서성을 미원(薇垣), 즉 배롱나무가 있는 관청이라는 부른데서 기인한다. 하지만 백일홍과 배롱나무의 생태는 완전히 다르다. 멕시코 원산의 한해살이풀인 백일홍은 한 번 피운 꽃을 오랫동안 유지하지만, 중국 원산의 관목인 배롱나무는 수많은 작은 꽃들이 가지에서 끊임없이 피고 져서 오랫동안 유지되는 것처럼 보일 뿐이다(그림 12－16).

백일홍은 중국 송나라의 시인 양만리의 시(누가 꽃이 백일 동안 붉지 않고, 백일홍이 반년 동안 꽃이 핀다는 것을 말하는가)에서 처음 등장했다고 하며 학명에는 이 나무의 원산지를 인도(indica)로 표기하고 있다. 배롱나무에 관한 수목일기를 쓴 A군도 이 나무의 붉은 꽃에 마음을 빼앗겨 버렸다고 한다(그림 12－17).

배롱나무가 오랜 기간 동안 꽃을 피우면서도 사람들에게 질리지 않는 이유는 봄에 비해 꽃을 구경하기 힘든 계절에 너무 강렬하지도 부드럽지도 않은 선홍색 꽃을 여름 내내 피우기 때문이다. 그리고 배롱나무의 수피가 아름다워 수목공부를 할 때 제일 먼저 그 이름을 알아버린 나무라고 한다. 그래서 배롱나무를 '간질나무 혹은 간지름나무'라고 부르기도 하는데 이는 배롱나무 줄기를 손톱으로 조금 긁으면 나뭇가지 전체가 움직여 마치 간지럼을 타는 것 같은 느낌을 전해주어서 그렇게 부른다고 한다. 일본에서는 '사루스베리'라고 부르는데 원숭이가 미끄러지는 나무라는 뜻이다. 나무를 잘 타는 원숭이도 이 나무에 올라가면 미끄러질 만큼 수피가 매끄럽다는 뜻이다.

그림 12－17 A군의 배롱나무 수목일기

배롱 나무 (목백일홍)
<Lagerstroemia indica L.>
Place : 행소 박물관 앞

부처꽃과
개화기 : 7月~9月
결실기 : 10月
분 포 : 우리나라 온대 남부 이남에 식재/중국
생 태 : 양지바르고 습윤한 곳에서 잘 자라며 다소 척박한 토양에서도 생육이 가능함.

배롱나무의 첫인상이라고 하면, 아름다운 붉은색 꽃일수도 있지만 나는 배롱나무의 수피가 가장 인상깊었다. 불과 1년전, 복학한지 얼마되지 않아 혼자 캠퍼스를 돌아다닐때 녀석을 만나게 되었다. 수목에 대해 무지했을 때였고 수피가 워낙 아름다워서 알아봤던 수목이다.
나에게 배롱나무는 '수목공부의 첫걸음'의 의미라고 할 수 있다.

당나라 현종이 사랑한 배롱나무는 우리나라 궁궐이나 관청 그리고 서원 등에서 자주 만날 수

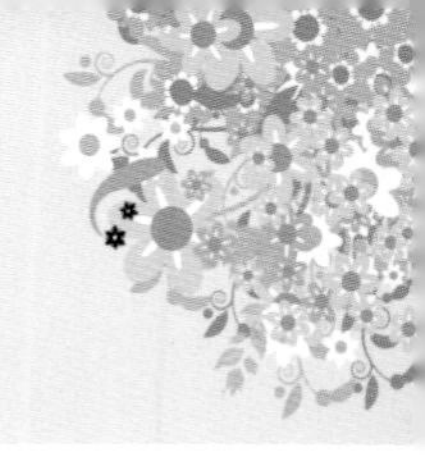

도동서원의 배롱나무 그림 12-18

있는데 아마 나무가 뜰에 가득하게 있어 보여 많이 심는 것인지도 모른다. 대구 인근에서는 도동서원의 배롱나무가 유명하다(사진 12-18).

12.6 이팝나무(Chionanthus retusus Lindl. & Paxton)

우리나라 자생인 이팝나무의 "팝"은 꽃이 팝콘처럼 피었을 때 붙이는 이름이다. 이팝나무의 "이팝"에는 두 가지 설이 있다. 꽃이 활짝 피었을 때 흰 꽃이 마치 쌀밥 같아서 쌀밥이라는 뜻의 이밥나무라고 부르다가 이팝나무로 변했다는 이야기가 첫 번째 설이다. 24절기 중 입하(立夏) 때 꽃이 피기 때문에 입하나무라고 부르던 것이 이팝나무가 되었다는 설도 있다. 영국의 식물학자 린들리(John Lindley, 1799-1865)와 팩스턴(Joseph Paxton, 1801-1865)이 함께 붙인 학명인 키오난투스(Chionanthus)는 고대 그리스어 눈이라는 뜻의

그림 12-19 계명대학교 교화인 이팝나무 꽃

키온(chion)이라는 말이다. 꽃이라는 안투스(anthos), 즉 눈처럼 하얀 풍요로운 꽃이라는 말이다. 저자가 근무하고 있는 계명대학교는 모든 구성원들이 이팝나무 꽃처럼 아름답고 풍요롭고 깨끗하기를 소망하여 교화로 지정했다.

우리나라 남부지방과 제주도 산지에서 자라는 물푸레나무과 활엽수인 이팝나무는 니팝나무, 니암나무(전북), 뻣나무(경남)라고도 불리는 고유수종(樹種)이다.

영어권에서는 이팝나무를 '프린지 트리(Fringe Tree)' 즉, '하얀 솔'이라고 부른다. 하얀 솔 모양의 꽃이 온 나무를 뒤덮고 있는 나무라는 뜻이다. 학명 중 종소명인 레투수스(retusus)의 레투사(retusa)는 '조금 오목한 상태'를 말하는데 잎이 미요형(微凹形), 즉 잎의 끝이 약간 오목해서 붙여진 이름이다. 대구시 달성군 옥포면 교황리에 이팝나무 군락지가 있는데 SNS와 인터넷을 통해 많이 알려져서 새로운 관광지로 떠오르고 있다고 한다. 이곳 이팝나무 군락지(1,5510㎡)는 희귀식물자생지로 달성군이 1991년부터 산림유전자원보호구역으로 지정하여 관리하고 있다. 이 지역은 수령 300년 이상 이팝나무 33그루를 포함해 약 500 그루가 자생하고 있다. 최근에는 대구시와 광주시가 맺은 '달빛동맹'을 기념해 양 도시에 기념숲을 조성하고 이팝나무 등을 심기로 했다고 한다.

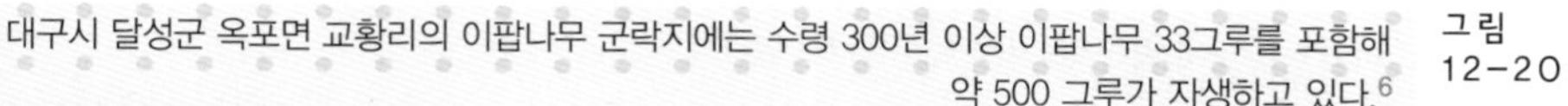

그림 12-20 대구시 달성군 옥포면 교황리의 이팝나무 군락지에는 수령 300년 이상 이팝나무 33그루를 포함해 약 500 그루가 자생하고 있다.[6]

12.7 호랑가시나무(Ilex cornuta Lindl. & Paxton)

감탕나무과에 속하는 상록활엽관목인 호랑가시나무(Ilex cornuta Lindl. & Paxton)는 '호랑이'와 '가시'의 합성어이며 잎이 호랑이발톱을 닮았기 때문이다(그림 12-21). 이 나무의 한자이름인 노호자(老虎刺)도 호랑이가시라는 뜻이고 또 다른 한자어인 묘아자(猫兒刺)는 고양이 발톱이라는 뜻으로 둘 다 날카로운 발톱을 가지고 있다는 뜻의 나무이름이다.

영국의 식물학자 린들리(John Lindley, 1799-1865)가 붙인 학명 중 속명 일렉스(ilex)는 감탕나무속인 것을 나타내며, 종명 코르누타cornuta는 뿔을 의미하는 라틴어로 잎 가장자리의 가시를 뜻한다. 우리나라 남부지방에서 자생하는 호랑가시나무는 특히 유럽 사람들이 좋아하는 나무다. 유럽에서는 호랑가시나무를 태양의 축복을 받은 나무로 신성시하여, 이 나뭇가지로 집안을 장식하면 신이 집안을 보호해준다고 믿었다. 예수의 면류관을 만드는 데

6 http://www.yeongnam.com/mnews/newsview.do?mode=newsView&newskey=20140217.010080713260001 달성 명소 이팝나무 군락지, 더 울창하게… 2015년 12월 9일 검색.

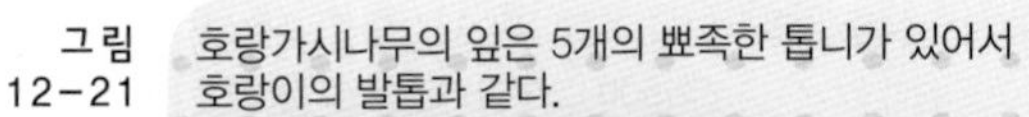

그림 12-21 호랑가시나무의 잎은 5개의 뾰족한 톱니가 있어서 호랑이의 발톱과 같다.

쓰였기에 더 신성하게 여겨왔고, 성탄 축하카드에도 자주 등장한다. 이처럼 왜 호랑가시나무가 크리스마스를 상징하는 나무인가 하면 십자가를 진 예수가 호랑가시나무가시관을 쓰고 골고다언덕을 오를 때, 이마에 파고드는 날카로운 가시에 찔려 피를 흘리고 고난을 받자 날아가던 새가 몸을 던져 예수의 고통을 덜어 주었다고 한다. 그 새가 '로빈'이라는 지바귀과의 티티새였는데 로빈이 부리로 가시를 파내는 과정에 자신도 가시에 찔려 붉은 피를 흘리고 온 몸이 붉게 되어 죽고 말았다고 한다. 가슴이 붉은 새가 호랑가시나무의 열매를 잘 먹기 때문에 이 나무를 귀하게 여기는 풍습이 유럽에서 생겨났다고 한다. 이처럼 호랑가시나무는 예수와 관련이 있어서인지 성탄절카드에도 늘 호랑가시나무의 오각형 잎과 붉은 열매가 등장한다.

호랑가시나무는 수관이 둥글고 높이보다 옆으로 더 크게 퍼지는 수형을 하고 있어 공원, 정원 등의 잔디밭에 심지만 잎에 날카로운 가시가 있어서 어린이가

호랑가시나무는 수관이 둥글고 높이보다 옆으로 더 크게 퍼지는 수형을 하고 있다. 그림 12-22

많이 모이는 어린이 놀이터나 어린이 공원에는 식재를 하지 않는 것이 좋다 가지와 잎이 빽빽하기 때문에 산울타리 용도로 많이 사용되며, 은폐의 목적 외에 작은 동물의 침입방지용으로 사용된다. 호랑가시나무의 빨간 열매를 감상하기 위해 사람이 다니는 통로는 피하는 것이 좋고 정원의 첨경용으로 식재하는 것은 좋다. 암수딴나무이며 열매는 암나무 열매보다 수나무 열매가 더 아름답다.

에필로그: 나무와 친해지는 한 가지 방법[1]

카이스트 산업디자인학과 배상민 교수의 텔레비전 특강을 보고 있으면 그가 늘 강조하는 것이 디자인저널, 즉 디자인일기 쓰기다. 즉, 디자인일기를 쓰라는 것이다. 디자인일기는 디자이너의 고민을, 느낌을, 깨달음을 매일 기록하는 일기다. 이 저널쓰기는 나중에 클라이언트가 어떤 문제 해결을 부탁할 때 즉석에서 바로 답을 줄 수 있는 아이디어의 보물창고 같은 것이라고 배교수는 강조했다.

여덟 번째로 계명문화 대학에서 볼 수 있었던 '주목'
주목은 주목과에 속하는 상록침엽교목으로, 한국, 중국 북동부, 일본이 원산지이며, '붉은 나무' 라는 의미의 '주목' 이라는 이름으로 다양한 재배 품종이 있다
높은 산에서 주로 자라며, 암수딴그루 또는 암수한그루이며, 10 ~18미터 크기로 자라는데, 밑동의 지름은 60cm가 되며, 나무껍질은 적갈색이고, 얇게 갈라지며, 잎은 오른쪽 그림과 같이, 침엽형으로 평평하고, 짙은 녹색이다
뒷면은 엷은 황록색이며, 2줄의 황색 줄이 있으며, 잎은 2 ~3년 만에 떨어지며, 잎의 길이는 1 ~3cm, 너비는 2 ~3mm 정도이고, 끝은 약간 뾰족하며, 잎은 가지로부터 나선 모양으로 달리지만, 옆으로 뻗은 가지에서는 깃 모양으로 달린다
4월에 꽃이 피며, 수꽃은 1개씩 달리며, 6개의 비늘조각으로 싸여 있고, 암꽃은 1 ~2개씩 달리며, 10개의 비늘조각으로 싸여 있으며, 9월 ~10월에 붉은 열매가 달리고, 열매는 길이 5mm 정도의 둥근 달걀모양이며 빨간 가종피 안에 종자가 있다
열매는 맛이 쓰고, 독이 있으며, 약으로 쓰이고, 목재는 단단하면서도 탄력이 있다

그림 13-1 팩트는 있으나 이야기가 없는 수목도감 형식의 수목일기

배교수처럼 학생들에게 수목일기를 쓸 것을 제안을 한지가 몇 년이 지났는데 대부분의 학생이

1 2014년과 2015년 〈생태조경학개론〉 및 〈동양조경사〉 시간에 과제로 제출한 수목일기 중 가장 수목을 잘 관찰하고 표현한 이미정, 김주혜, 김미진, 백두수, 남희수 학생 등의 수목일기를 소개한다.

일기를 쓰지 않고 수목도감을 만들어 제출할 때 조금 놀란 기억이 있다(그림 13-1).

평소 일기도 쓰지 않는 학생들에게 수목일기를 쓰라고 한 것은 그들에게 무리였을지도 모른다. 내가 강조한 수목일기는 팩트보다도 에피소드, 즉 그 나무와 오감으로 느낀 이야기를 중심으로 쓰라고 조언했기 때문이다.

그러나 몇몇 학생은 아주 훌륭한 수목일기를 멋진 그림과 함께 제출해서 기분이 좋았던 기억이 있다(그림 13-2). 그 다음 학기부터 학생들에게 이 학생들의 일기를 참고해서 쓰라고 했으며 특히 나무와 관련된 시나 소설, 에세이의 일부분을 잘 활용하면 좋을 것이라는 제안을 했다. 그렇게 나무와 친해져야지 예전 내가 수목을 공부할 때처럼 라틴어로 된 수목의 학명을 먼저 외우고 공부하는 것은 조경 수목을 공부하는 방법으로는 적절하지 못했던 것 같다. 무엇보다도 조경을 공부하거나 관심이 있는 사람들은 나무와 쉽게 친해져야 한다.

나무와 친해지기 위해 가장 좋은 방법을 나무를 매일 만나고 그 느낌을 글로 기록해서 남기는 것이라고 생각한다. 학생들에게 나무와 관련된 시도 읽어보고

그림 13-2 수목일기는 조경학과 학생이 나무와 친해지는 첫 걸음이다.

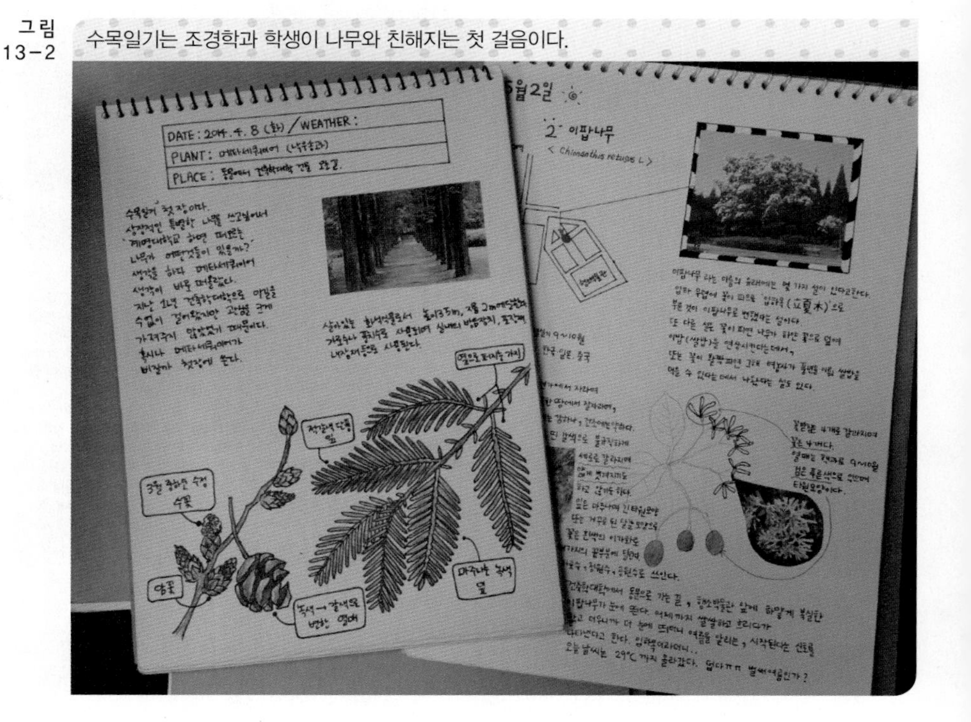

소설도 많이 읽어 보라고 했으나 그것은 요즘 학생들에게는 무리한 부탁일 수 도 있겠다는 생각을 하던 중 평소 페이스북으로 자주 소통하는 H교수의 다음 글에서 정신이 번쩍 들었다.

"그동안
난 그 냄새가
너무 궁금했었는데
플라타너스 냄새라는 걸 오늘 알았다.

향수냄새와
선크림 냄새와
니스 바닷가 냄새와
도치아 스끼우마[2] 냄새와
레스토랑의 음식 냄새 등과 뒤섞여
숙소로 돌아오는 길에 항상 마주치던
나의 기억 속에 강하게 남아버린 그 냄새를
오늘 비 내린 거리를 걷다가 갑자기 알게 되었다."[3]

H교수는 그의 오감 중에서 후각을 통해서 그의 기억 속에 남았던 나무의 냄새가 플라타너스였음을 알았다고 했다. 이런 경우 우리가 플라타너스라는 나무를 잊을 수가 있을까? 이런 기억들이 조경을 공부하는 학생들에게 많이 있다면, 그것을 기록한 일기를 많이 가지고 있다면 그 기록이야 말로 그 학생에게는 평생의 보물이 아닐까 생각해본다.

그리고 언젠간 우리 학생들도 H교수처럼 감성 가득한 이야기가 있는 수목일기를 쓸 날이 올 것으로 믿는다.

조경의 존재에 가치를 더하는 일은 조경의 소재의 아름다움을 발견하고 그것에 대해서 더 공부하고 연구하는 것에서 출발한다고 생각한다.

---

2 Doccia Schiuma, 목욕용 샤워 젤을 말하는 것 같다.
3 계명대학 H교수님의 페이스북에서

그동안
난 그 냄새가
너무 궁금했었는데
플라타나스 냄새라는걸 오늘 알았다.

향수 냄새와
썬크림 냄새와
니스 바닷가 냄새와
도치아 스끼우마 냄새와
레스토랑의 음식냄새등과 뒤섞여
숙소로 돌아오는 길에 항상 마주치던
나의 기억속에 강하게 남아버린 그 냄새를
오늘 비내린 거리를 걷다가 갑자기 알게 되었다.

그림 13-3 후각으로 기억한 플라타너스의 냄새를 잘 표현한 글. 학생들이 이와 유사한 수목일기를 썼으면 좋겠다.

어떻게 하면 학생들이 수목과 친해질까를 고민하다가 몇 년 전부터 내가 강의하는 〈생태조경학개론〉시간에 학생들에게 과제로 제출하게 한 것이 수목일기다. 지금은 나의 모든 강의시간에 수목 일기를 써서 제출하는 것이 필수 과제처럼 되어 버렸다. 특별히 에필로그에 소개하는 수목일기는 2014학년도 1학기 〈생태조경학개론〉과 2015학년도 2학기 〈동양조경사〉시간에 과제로 제출한 수목일기 중 수목을 잘 관찰하고 표현한 이미정, 김주혜, 김미진, 백두수 학생 등의 수목일기를 소개한다. 1학기가 봄학기인 관계로 수목일기에 많이 소개되었던 봄을 상징하는 꽃나무들과 가을의 아름다운 단풍을 자랑하는 2학기 수목일기의 나무들을 골고루 소개한다.

그들의 일기를 보면서 여러분들도 멋진 수목일기 오늘부터 써보길 바란다. 그것이 조경의 시작이요 마지막일 것이다. 이 자리를 빌려 멋진 수목일기를 써 준 학생들에게 한 번 더 고마움을 전한다.

13.1 벚꽃(Prunus serrulata var. spontanea (Maxim.) E. H. Wilson) 

"벚꽃을 보고 봄이 왔다는 계절감을 느꼈고 「버스커 버스커의 '벚꽃엔딩'」이라는 노래가 떠오른다. 그리고 왕벚나무의 원산지는 일본이 아닌 한국의 제주도라는 사실을 알게 되었다."

DATE : 2014. 4. 9 (수) / WEATHER :
PLANT : 왕벚나무 (장미과)
PLACE : 도서관 올라가는 길. 벚꽃길.

"봄 이다.
벚꽃을 보면 봄이 왔다는것이 실감이난다.
쌀쌀한듯 따뜻한 날씨에 하얗고 분홍빛을 띈
벚꽃을 보면 봄노래가 생각난다.
버스커 버스커 — 벚꽃엔딩

벚나무에 대해서 꼭 알고 넘어가야 할 사실은,
왕벚나무의 원산지는 일본이 아닌
"한국의 제주도"이다.
역사를 왜곡하는 일본인이 꾸며낸것이다.

산지에서 널리자라고, 높이는 20m에 달한다.
벚꽃의 꽃말은 순결, 정신의 아름다움이다.

13.2 목련(Magnolia kobus A. P. DC.)

“1년 전, 만우절(4월 1일)에 학교로 교복을 입고 와서 목련나무 앞에서 플로라이드 사진을 찍었던 기억이 난다. 봄에만 잠깐 피고 지는 백목련 꽃이 아쉬웠다.”

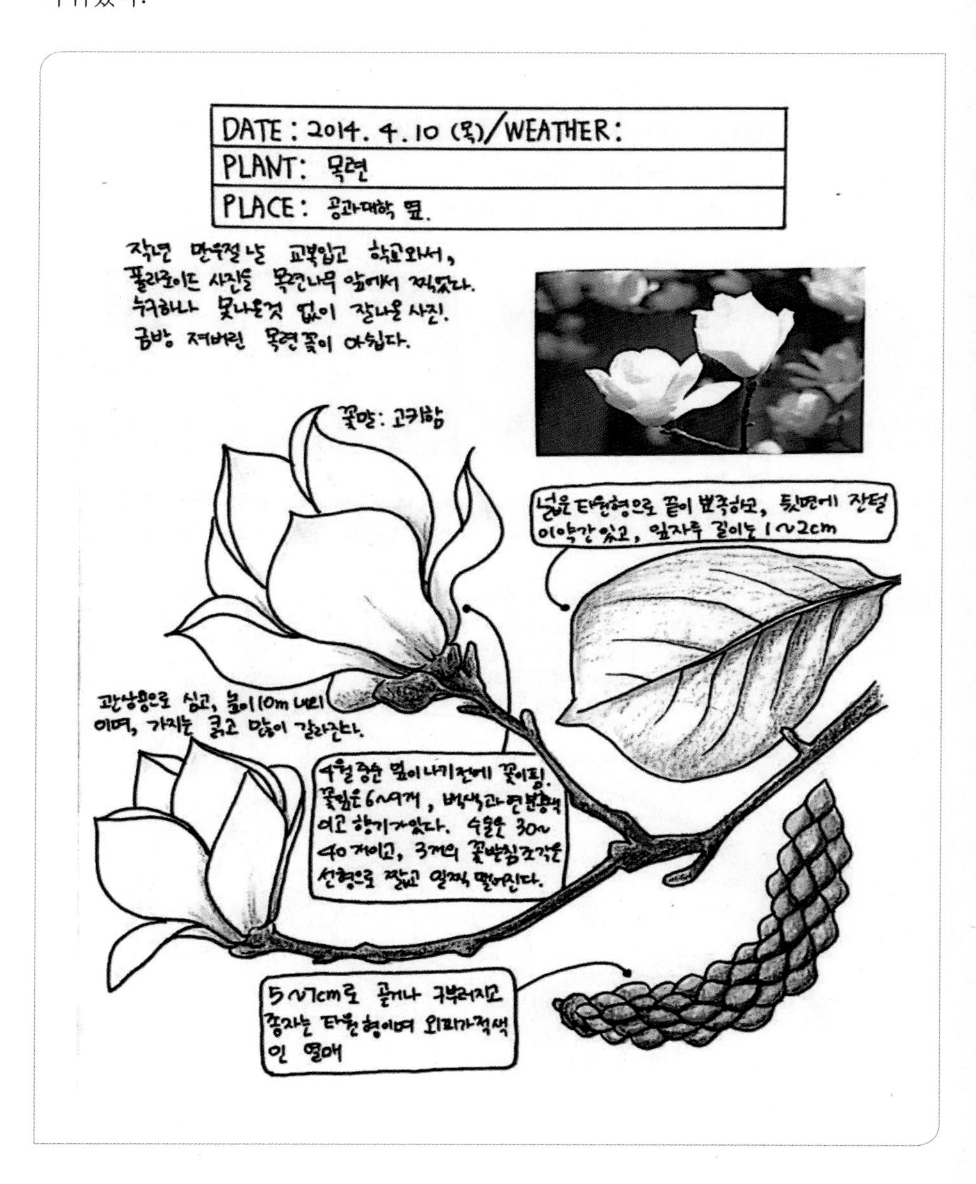

13.3 산딸나무(Cornus kousa F. Buerger ex Miquel)

"도서관 근처를 지나면서 산딸나무를 보고 꽃이 하얗고 매끈해서 만져보고 싶었다. 그리고 열매를 찾아보니, 환공포증을 불러일으킬 만큼 어지럽게 생겼다."

DATE: 2014. 4. 13 (일) / WEATHER:
PLANT: 산딸나무
PLACE: 도서관 벤치 or 쉐터관 옆

도서관 쪽을 지나치면서 산딸나무를 보았다. 하얗고 매끈하여 만지고 싶었다. 산딸나무 열매를 찾아 보았는데 환공포증을 불러일으킬만큼 징그럽게 생겼다.

나무숲속에 자라는 7~12m의 낙엽교목이다. 햇볕이 잘 들어오고, 부엽질이 많은 토양에서 자란다.

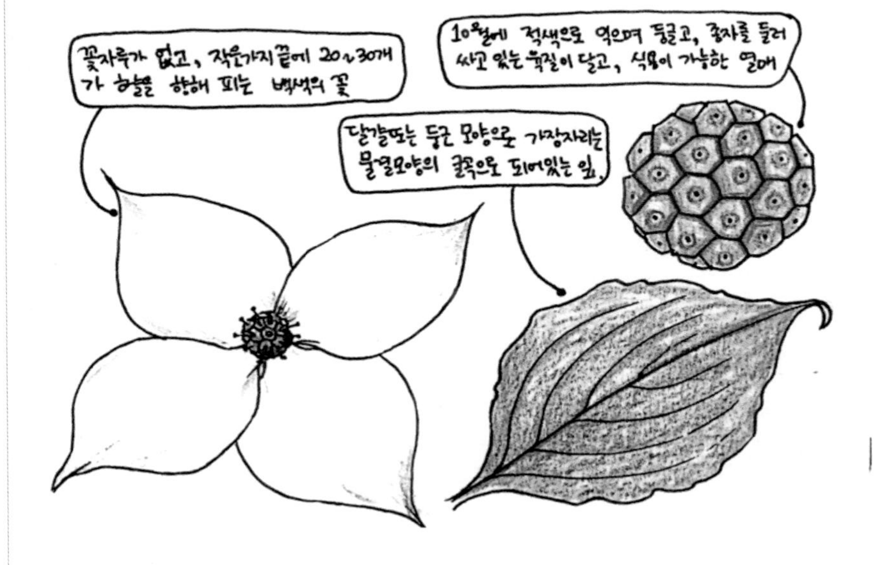

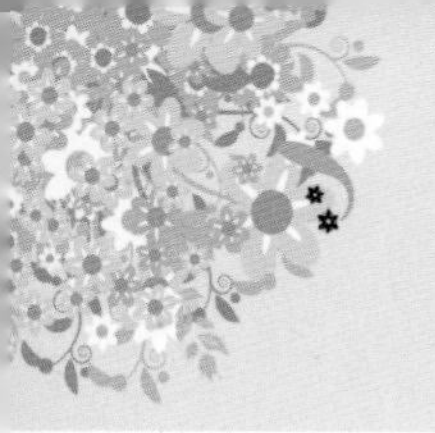

13.4 모과나무(Cydonia sinensis THOUIN)

"1년 전, 야외수업을 통해 학교에 모과나무가 있다는 것을 알게 되었다. 그 후로 모과나무를 관찰하였고 모과의 향이 좋아서 아버지 자동차에 방향제로 사용했었다."

DATE : 2014. 4. 18 (금) / WEATHER:
PLANT: 모과나무
PLACE: 테니스장 앞

작년 야외수업시간에 우리학교에
모과나무가 있다는걸 알았다.
학교 갈때마다 옆에 보였는데,
가까이 가면 모과냄새가 향긋
하게 나서 기분이 좋았던것 같다.
모과향이 좋아서 아버지자동차
방향제로 썼었다.

나무껍질이 조각으로 벗겨져서 흰무늬 형태가
되며 10m의 높이에 어린가지에 털이
있으며 두해살이 가지는 자갈색의 윤기가 있다.

13.5 섬잣나무(Pinus parviflora S. et Z.)

"섬잣나무의 꽃이 다른 꽃보다 예쁘고 홍자색이여서 눈에 잘 띈다. 화장품으로 이런 색상이 나왔으면 좋겠다."

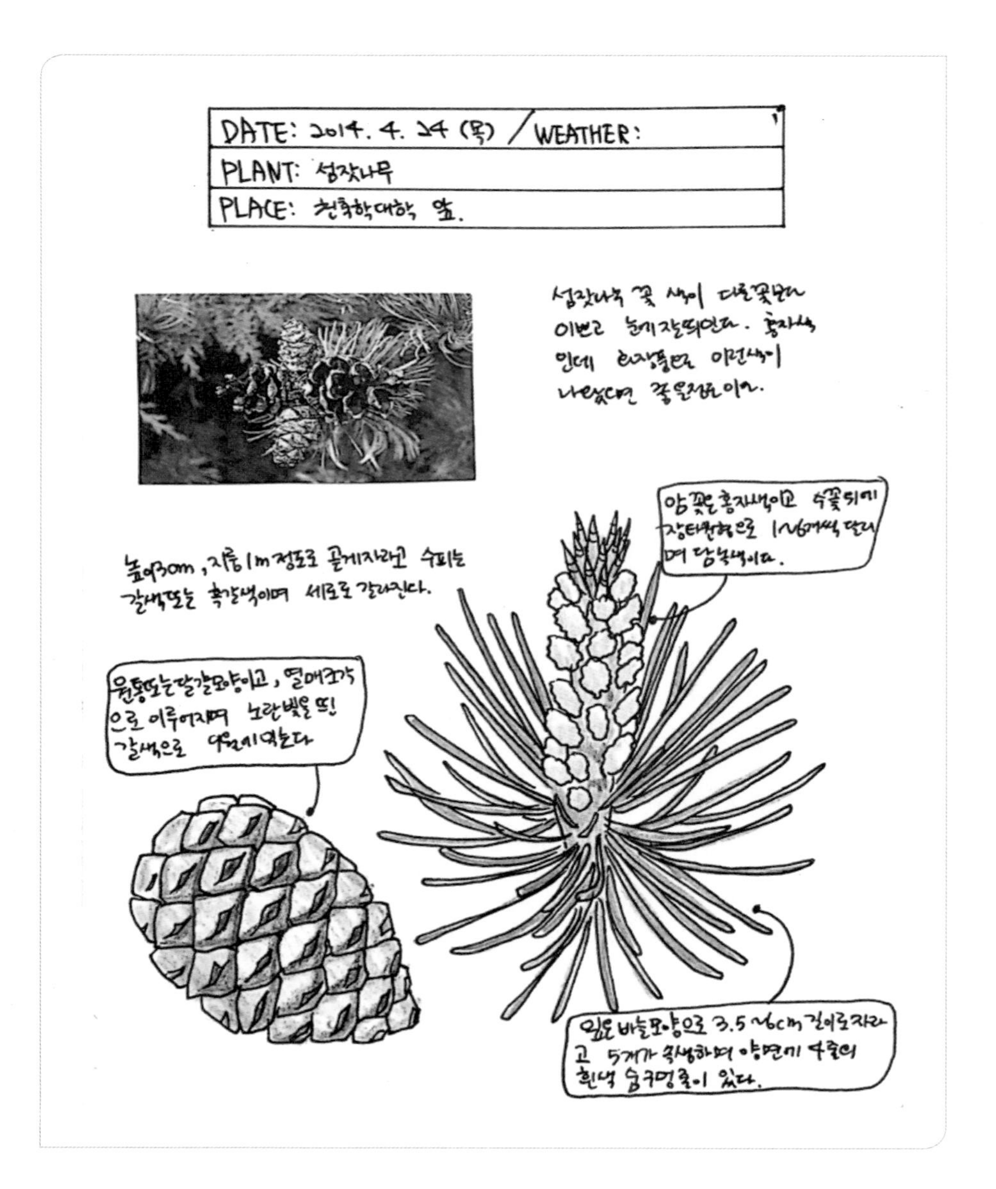

13.6 백합나무(Liriodendron tulipifera L.)

"목백합나무, 튤립나무, 백합나무는 모두 같은 나무를 가리키는 말이었는데, 백합나무라고 통합해서 부른다고 한다. 수업을 통해 백합나무에 대해 관심을 갖게 되었고 직접 찾아보았다. 백합나무를 보면 당시 녀석을 찾아다니던 기억이 생각난다."

백합나무 <Liriodendron tulipifera L.>

Place: 사회관 뒤

목련과

개화기: 5月~6月

결실기: 10月~11月

분 포: 우리나라 전국에 식재/북미 원산

생 태: 햇볕드는 적윤지 토양에서 잘 자람.
내음성이 강하고, 천근성/생장 빠름.

백합나무는 목백합나무, 튤립나무라고도 불리었다. 하지만 이젠 백합나무라고 통합해서 부른다고 한다.

백합나무는 작년 식재 스튜디오 수업 당시, 한 가지의 수목에 대해 조사해오는 과제가 있었는데 난 백합나무였다. 학교 안에 어디있나 찾아다니다가 수고가 엄청 높은 녀석이었다. 잎 모양이 마치 제비가 날아가는 형태같다. 이제 곧 꽃이 피려고 하는데, 정말 튤립 같았다. 백합나무는 나에게 '한참 찾아헤매던 녀석'이었다.

13.7 박태기나무(Cercis chinensis Bunge)

"공원답사를 하면서 알게 된 수목이었다. 잎의 모양이 하트모양이라서 '사랑해요 박태기'라고 외웠다. 처음에는 수목 공부에 대해 막막했지만, '관심'을 가지면서 안 보이던 특징들도 보이고 수목공부에 대한 즐거움이 생겼다."

박태기나무 <Cercis chinensis Bunge>

Place: 덕래관 앞

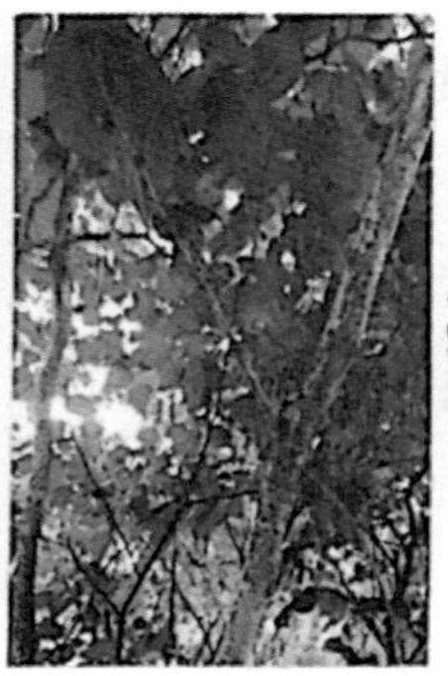

콩과
개화기: 4月
결실기: 8月
분 포: 전국 식재/중국
생 태: 양수, 약간 습하고 비옥한 곳.

박태기나무는 나에게 있어서 참 반가운 나무이다.
작년 공원답사를 조별로 하면서 조원이었던 다솜이가 알려준 수목이었다. 잎이 하트모양이라서 '사랑해요 박태기'라고 외우면 된다고 했다.
처음에는 수목에 대해 너무 몰라서 앞으로 어떻게 해야 뒤처지지 않을까 하는 걱정이 많았다. 그래서 들파구는 '관심'을 가졌다! 그러니까 안 보이던 특징들도 보이고 재미가 있 었다.
그래서 박태기나무는 나에게 '사랑하는 박태기'다.
수목에 대해 관심을 갖게 해 준 녀석이니까!

13.8 피라칸타(Pyracantha angustifolia C. K. Schneid.)

"예쁜 풍경 속에서 새빨간 열매가 달려있는 피라칸타가 인상적이었다. 가지에 가시가 있어 경계식재용으로 쓰이는 것을 많이 봤는데 위 사진처럼 독립적으로 식재해 시각적인 아름다움을 뽐내는 관상수로도 괜찮은 것 같다."

2. 피라칸타 (위치 : 계명대학교 행소박물관 동문 방면)

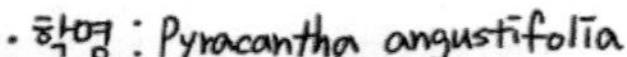

2015. 09. 08. 화

이틀 뒤 있을 중요한 발표 때문에 정신없이 지내고 있는 요즘..
동문에서 점심을 먹고 학교로 다시 들어오는 길에 문득 하늘을 보게 되었다.
파란하늘에 새하얀 구름이 떠 있었고 가을이 오고 있긴 하구나 하는 생각이 들었다..
그리고 이런 예쁜 풍경속에 새빨간 열매가 달려있는 '피라칸타'를 보게 되었다.

피라칸타는 장미과라서 가지에 가시가 있다. 그래서 경계식재용으로 쓰이는것을 많이 봤는데, 이렇게 크게 자란 피라칸타를 독립적으로 식재해 시각적인 아름다움을 보이는 것도 괜찮은 것 같다.

피라칸타는 요즘과 같은 가을철에 열리는 열매도 아름답지만, 봄에 피는 흰꽃도 아름답다고 한다. 내년 봄에 꽃이 피면 위의 사진과 같은 장소, 같은 구도로 사진 촬영을 해놓아야겠다.

(+ 열매가 노란 품종도 있다고 함. 실제로 한 번 보고 싶음. ^^)

13.9 꽃댕강나무(Abelia mosanensis T.H.Chung)

"꽃의 향이 좋고 부러질 때 '댕강' 소리가 난다고 해서 꽃댕강나무라고 이름이 붙여졌다고 한다. 일본에서는 '아벨리아'라는 이름으로 알려져 있는데, 학명 때문이라고 한다. 병충해가 거의 없고 향도 좋고 이식도 용이해서 매력적이다."

5. 꽃댕강나무 (위치: 채플 ~ 한학촌 길)

· 학명 : Abelia mosanensis T.H

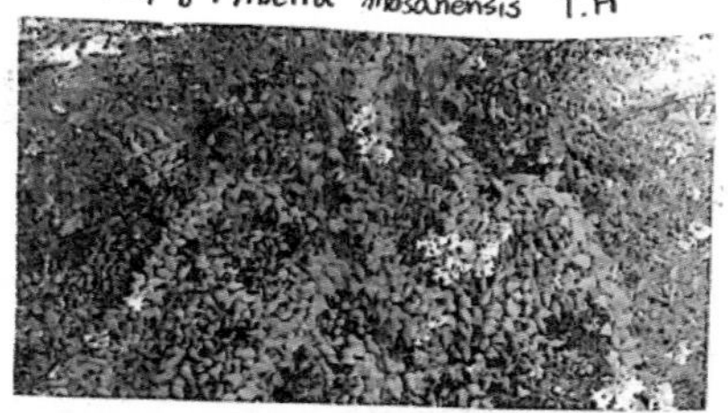

2015. 09. 11. 금

꽃댕강나무는 우리나라에서 조경수로 많이 쓰인다고 한다. 아무데서나 잘 자라고 이식이 잘 되서 그런 것 같다. 꽃향기도 좋고 개화기간이 길다고 하는데 이곳의 꽃댕강나무는 꽃이 거의 진 상태여서 향기를 맡기가 쉽지 않았다.

꽃향기가 좋고 부러질 때 '댕강' 소리가 난다고 해서 꽃댕강 나무라는 이름이 붙여졌다고 한다. 일본에서는 '아벨리아' 라는 이름으로 알려져 있다는데, 학명이 Abelia mosanensis T.H 여서 아벨리아라고 불리는 것 같다.

병충해가 거의 없고, 꽃도 좋고, 향기도 좋고, 잎에서 윤기도 나고, 이식도 용이한 이나무의 매력은 어디까지인 것 일까. ☺

13.10 단풍나무(Acer palmatum Thunb.)

“푸른 잎들 사이로 빨갛게 물든 단풍잎은 공간을 더욱 풍성하고 아름답게 보이게 하는 것 같다. 헬리콥터의 프로펠러가 이 단풍나무의 열매를 본 뜬 것이라고 한다. 이 점에서 수목의 가치는 무궁무진하다고 생각한다.”

단풍나무 (위치: 동산도서관 옆 (동쪽))

·학명: Acer palmatum

푸른 잎들 사이로 빨갛게 물든 단풍잎이 나의 시선을 끌어당겼다. 가을이 되니 여러 나무의 잎에 단풍이 들어 또 다른 공간의 분위기를 느낄 수 있다. 특히 나의 시선을 끈 단풍나무의 빨간 잎은 더욱 공간을 풍성하게, 아름답게 보이게 하는 듯 하다.

위쪽의 두 번째 사진은 단풍나무의 열매다. 땅에 떨어진 것을 주워 자세히 보니 꼭 부메랑처럼 생겼다. 또 이 열매를 위에서 아래로 떨어뜨려보니 뱅그르르 회전을 하며 떨어졌다. 헬리콥터의 프로펠러도 이 단풍나무 열매를 본 뜬 것이라고 하니, 수목의 가치는 무궁무진 한 것 같다.

13.11 중국단풍(Acer buergerianum MIQ.)

“수피가 벗겨지는 지저분한 나무가 중국단풍이라고 알고 있었다. 잎은 중국단풍인데 수피가 너무 단정해서 다른 나무가 아닌가 혼동을 했었다. 수목의 특징을 한 가지만 보지 않고 다양하게 보도록 해야겠다.”

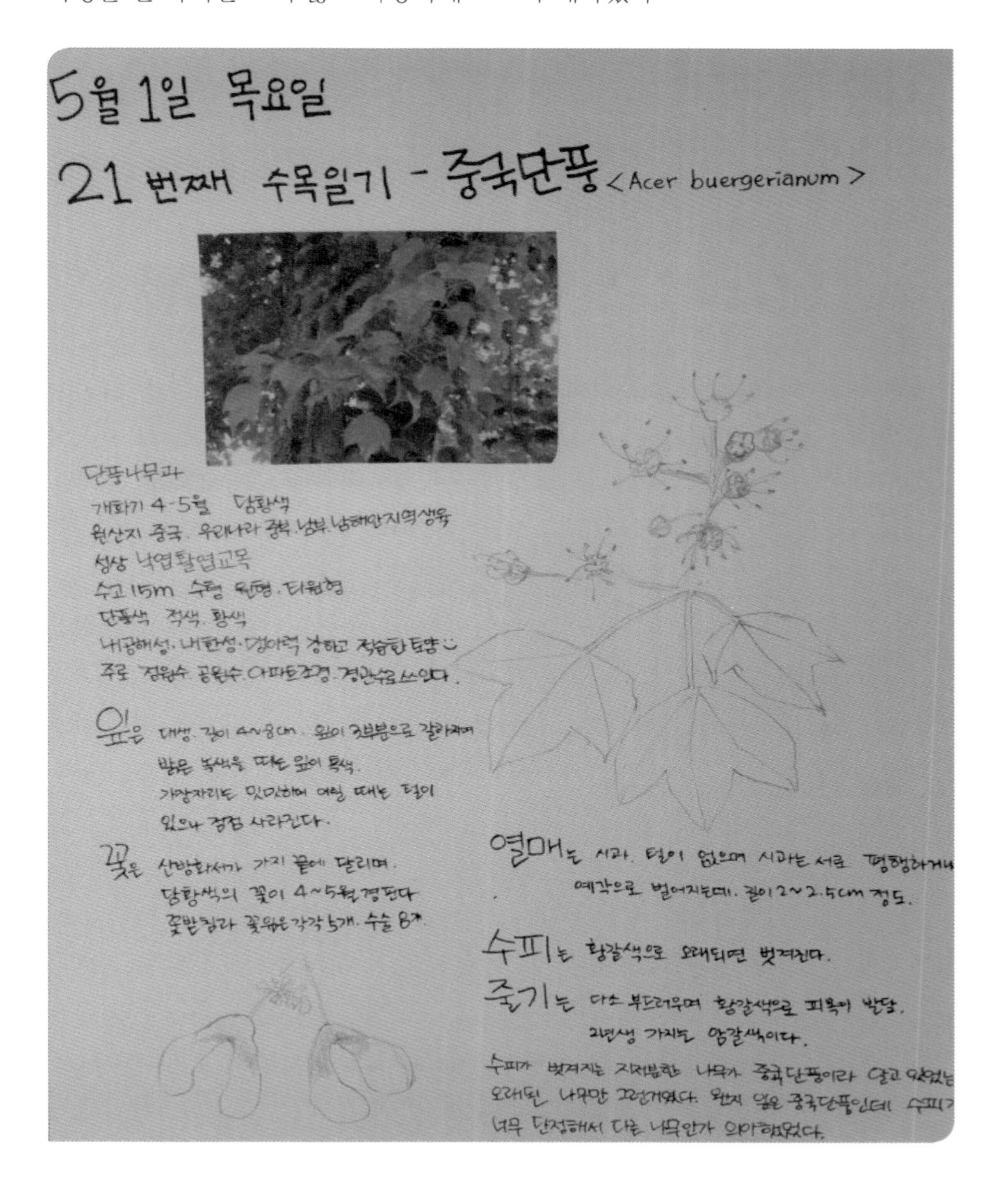
5월 1일 목요일

21 번째 수목일기 - 중국단풍 <Acer buergerianum>

단풍나무과
개화기 4-5월 담황색
원산지 중국. 우리나라 중북.남부.남해안지역생육
성상 낙엽활엽교목
수고 15m 수형 원형.타원형
단풍색 적색.황색
내공해성.내한성.맹아력 강하고 적습한 토양
주로 정원수.공원수.아파트조경.경관수로 쓰인다.

잎은 대생. 길이 4~8cm. 잎이 3부분으로 갈라지며 밝은 녹색을 띠는 잎이 특색. 가장자리는 밋밋하며 어릴 때는 털이 있으나 점점 사라진다.

꽃은 산방화서가 가지 끝에 달리며. 담황색의 꽃이 4~5월경 핀다 꽃받침과 꽃잎은 각각 5개. 수술 8개.

열매는 시과. 털이 없으며 시과는 서로 평행하거나 예각으로 벌어지는데. 길이 2~2.5cm 정도.

수피는 황갈색으로 오래되면 벗겨진다.
줄기는 다소 부드러우며 황갈색으로 피목이 발달. 2년생 가지는 암갈색이다.
수피가 벗겨지는 지저분한 나무가 중국단풍이라 알고 있었는 오래된 나무만 그런거였다. 왠지 잎은 중국단풍인데 수피가 너무 단정해서 다른 나무인가 의아해했었다.

13.12 화살나무(Euonymus alatus (Thunb.) Siebold)

“처음 화살나무를 보고 진짜 가지들이 화살모양처럼 자라있어서 놀라웠다. 가을에 단풍이 든 빨간 잎을 보고 매력이 강한 나무라고 생각했다.”

4월 29일 화요일

열 아홉번째 수목일지 - 화살나무 <Euonymus alatus Sieb.>

노박덩굴과

개화기 5~6월 결실기 9~10월

원산지 한국. 일본. 중국. - 전국에 자생

성상 낙엽활엽관목

수고 1.5m~3m 수형 선형

음수에서 자라고 비옥하고 건조한 토양에 적합.

내한성. 내염성. 맹아력이 강하고 천근성.

잎은 대생하고 도란형 또는 장타원상 난형

길이 2~7cm. 넓이 1~3cm 거치가 있고

가을 단풍이 매우 아름답다.

꽃은 취산화서로 3개의 꽃이 달리고,

꽃은 5월에 황녹색으로 지름 1cm의

작은 꽃이 은은하게 피며.

꽃잎. 꽃받침. 수술은 각 4개다.

열매는 10월에 붉은색으로 익으며

12월까지 나무에 달려있고,

종자는 황적색 종의로 싸여 있고

흰색이다.

가지는 녹색으로 세로로 2~4줄의 뚜렷한

코르크질의 날개가 있다.

가을에 붉게 물드는 단풍과 꽃으로 착각할 정도로

아름다운 주황색의 종의에 싸인 열매 그리고 화살모양 같은

가지에 쌓이는 설화가 매우 아름답다.

공원수. 정원수. 하목식재용. 경계식재용. 차폐식재용

적당하게 1~2그루는 심어 놓음직한 수종이다.

처음 화살나무를 보고 진짜 가지들이 화살 모양처럼

자라 있어 깜짝 놀랐는데 가을에 단풍이 진

빨간 잎을 보고 매력 강한 나무라고 생각했다.

13.13 메타세쿼이아(Metasequoia glyptostroboides)

"가을이 되니, 메타세쿼이아의 푸른 잎들이 울긋불긋하게 단풍이 들었다. 어린 메타세쿼이아의 잎은 단풍이 예뻤다. 아직도 푸른 잎이 있었는데 모든 잎이 단풍이 들면 얼마나 멋질지 궁금하다. 땅에 떨어진 잎들은 마치 카펫 같았다."

13.14 수수꽃다리(Syringa oblata var. dilatata (Nakai) Rehder)

"바람이 불 때마다 느티나무의 잎과 떨어진 낙엽이 흩날린다. 푸를 줄만 알았던 느티나무의 잎도 울긋불긋 단풍이 들어 가을이란 것을 실감하게 해준다. 잎을 하나 가져왔는데, 가장자리가 살짝 거친 듯 뾰족하면서 갈색 빛이 난다."

13.15 영산홍(Rhododendron indicum Linnaeus)

“진달래, 철쭉, 영산홍 구별하는 것이 헷갈렸는데 친구의 도움으로 알게 되었다. 영산홍의 꽃은 진달래와 철쭉보다 늦게 피는 꽃이다. 다음에 제대로 비교를 해봐야겠다.”

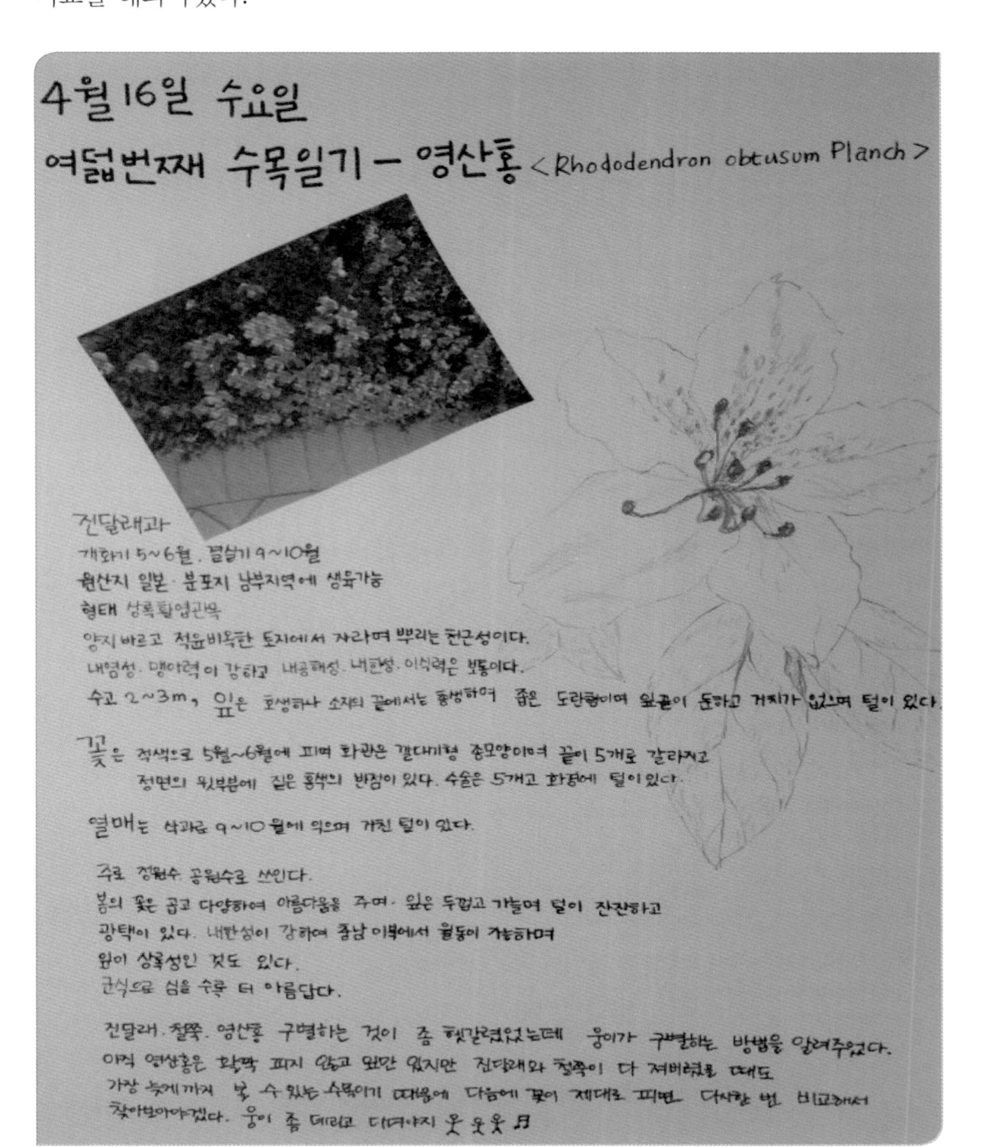

4월 16일 수요일

여덟번째 수목일기 - 영산홍 <Rhododendron obtusum Planch>

진달래과

개화기 5~6월, 결실기 9~10월

원산지 일본. 분포지 남부지역에 생육가능

형태 상록활엽관목

양지 바르고 적윤비옥한 토지에서 자라며 뿌리는 천근성이다.

내염성. 맹아력이 강하고 내공해성. 내한성. 이식력은 보통이다.

수고 2~3m, 잎은 호생하나 소지의 끝에서는 총생하며 좁은 도란형이며 잎끝이 둔하고 거치가 없으며 털이 있다.

꽃은 적색으로 5월~6월에 피며 화관은 깔대기형 종모양이며 끝이 5개로 갈라지고 정면의 윗부분에 짙은 홍색의 반점이 있다. 수술은 5개고 화경에 털이 있다.

열매는 삭과로 9~10월에 익으며 거친 털이 있다.

주로 정원수. 공원수로 쓰인다.

봄의 꽃은 곱고 다양하여 아름다움을 주며. 잎은 두껍고 가늘며 털이 잔잔하고 광택이 있다. 내한성이 강하여 중남 이북에서 월동이 가능하며 잎이 상록성인 것도 있다.

군식으로 심을 수록 더 아름답다.

진달래. 철쭉. 영산홍 구별하는 것이 좀 헷갈렸었는데 웅이가 구별하는 방법을 알려주었다. 아직 영산홍은 활짝 피지 않고 몇만 있지만 진달래와 철쭉이 다 져버렸을 때도 가장 늦게까지 볼 수 있는 수목이기 때문에 다음에 꽃이 제대로 피면 다시한 번 비교해서 찾아보아야겠다. 웅이 좀 데리고 다녀야지 웃웃웃 ♬

13.16 탱자나무(Poncirus trifoliata)

"탱자나무 울타리는 가지가 길고 억세서 생울타리로 적격이다. 마을에서 보던 탱자나무의 가지는 가시가 많아서 무섭게 느껴졌던 기억이 있다. 귀여운 열매와 예쁜 꽃이 달림으로써 위협적인 가시를 숨기고 예쁜 모습을 돋보이게 하는 것 같다."

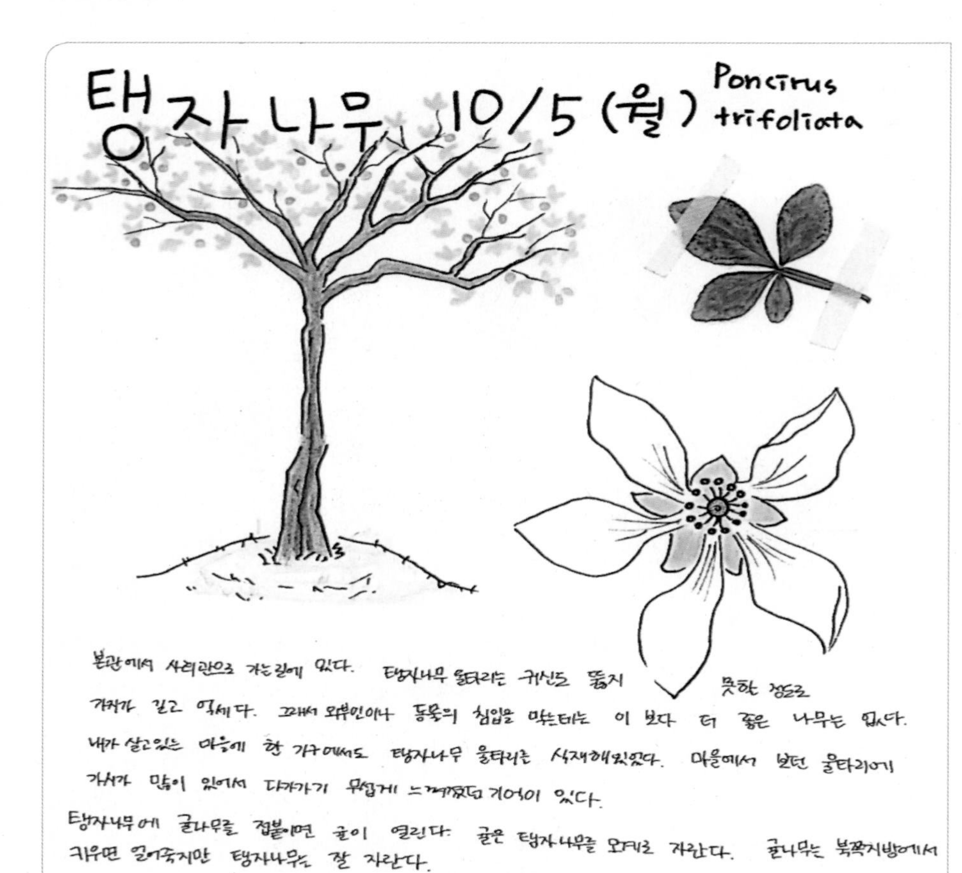

13.17 은목서(Osmanthus fragrans (Thunb.) Lour.)

"점심을 먹고 오는 길에 한 수목을 두고 언니와 의견이 분분했다. '은목서 VS 호랑가시나무'였다. 나는 거치가 있는 잎 때문에 호랑가시나무라고 생각했지만, 은목서였다."

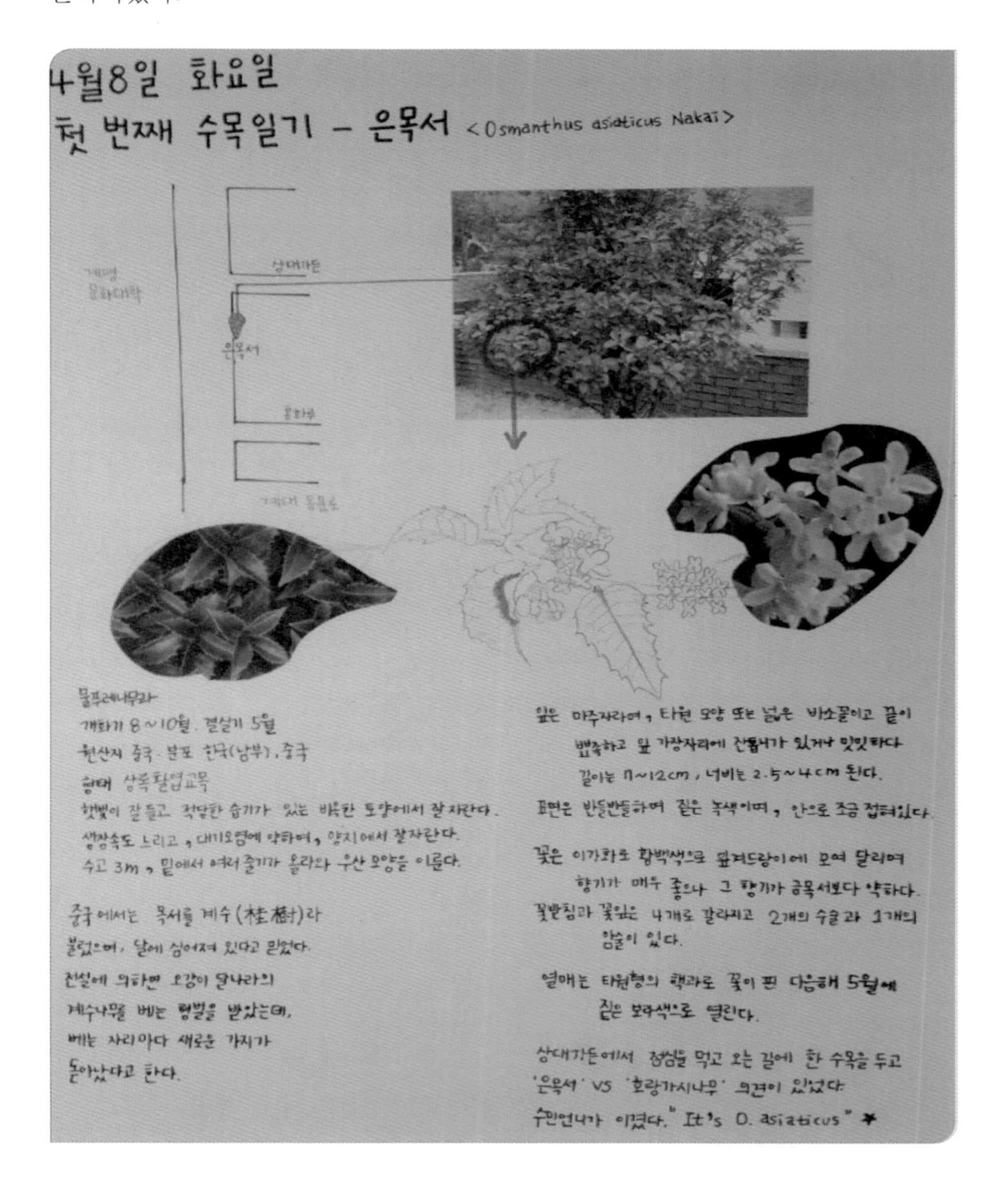

4월8일 화요일
첫 번째 수목일기 - 은목서 <Osmanthus asiaticus Nakai>

물푸레나무과
개화기 8~10월, 결실기 5월
원산지 중국, 분포 한국(남부), 중국
형태 상록활엽교목
햇빛이 잘 들고, 적당한 습기가 있는 비옥한 토양에서 잘 자란다.
생장속도 느리고, 대기오염에 약하며, 양지에서 잘 자란다.
수고 3m, 밑에서 여러 줄기가 올라와 우산 모양을 이룬다.

중국에서는 목서를 계수(桂樹)라 불렀으며, 달에 심어져 있다고 믿었다.
전설에 의하면 오강이 달나라의 계수나무를 베는 형벌을 받았는데, 베는 자리마다 새로운 가지가 돋아났다고 한다.

잎은 마주자라며, 타원 모양 또는 넓은 바소꼴이고 끝이 뾰족하고 잎 가장자리에 잔톱니가 있거나 밋밋하다
길이는 7~12cm, 너비는 2.5~4cm 된다.
표면은 반들반들하며 짙은 녹색이며, 안으로 조금 접혀있다.

꽃은 이가화로 황백색으로 잎겨드랑이에 모여 달리며 향기가 매우 좋으나 그 향기가 금목서보다 약하다.
꽃받침과 꽃잎은 4개로 갈라지고 2개의 수술과 1개의 암술이 있다.

열매는 타원형의 핵과로 꽃이 핀 다음해 5월에 짙은 보라색으로 열린다.

상대가든에서 점심을 먹고 오는 길에 한 수목을 두고 '은목서' VS '호랑가시나무' 의견이 있었다.
수민언니가 이겼다. "It's O. asiaticus" *

13.18 상수리나무(Quercus acutissima CARR.)

“조경용으로는 거의 사용하지 않고 자연보존림, 녹음수로 이용이 되고 생장이 빠르다. 밤나무와 비슷하지만 엽록체가 없어 잎이 희게 보인다. 참나무의 하나로서, 그 외에 떡갈나무, 갈참나무, 졸참나무, 신갈나무, 굴참나무도 있다.”

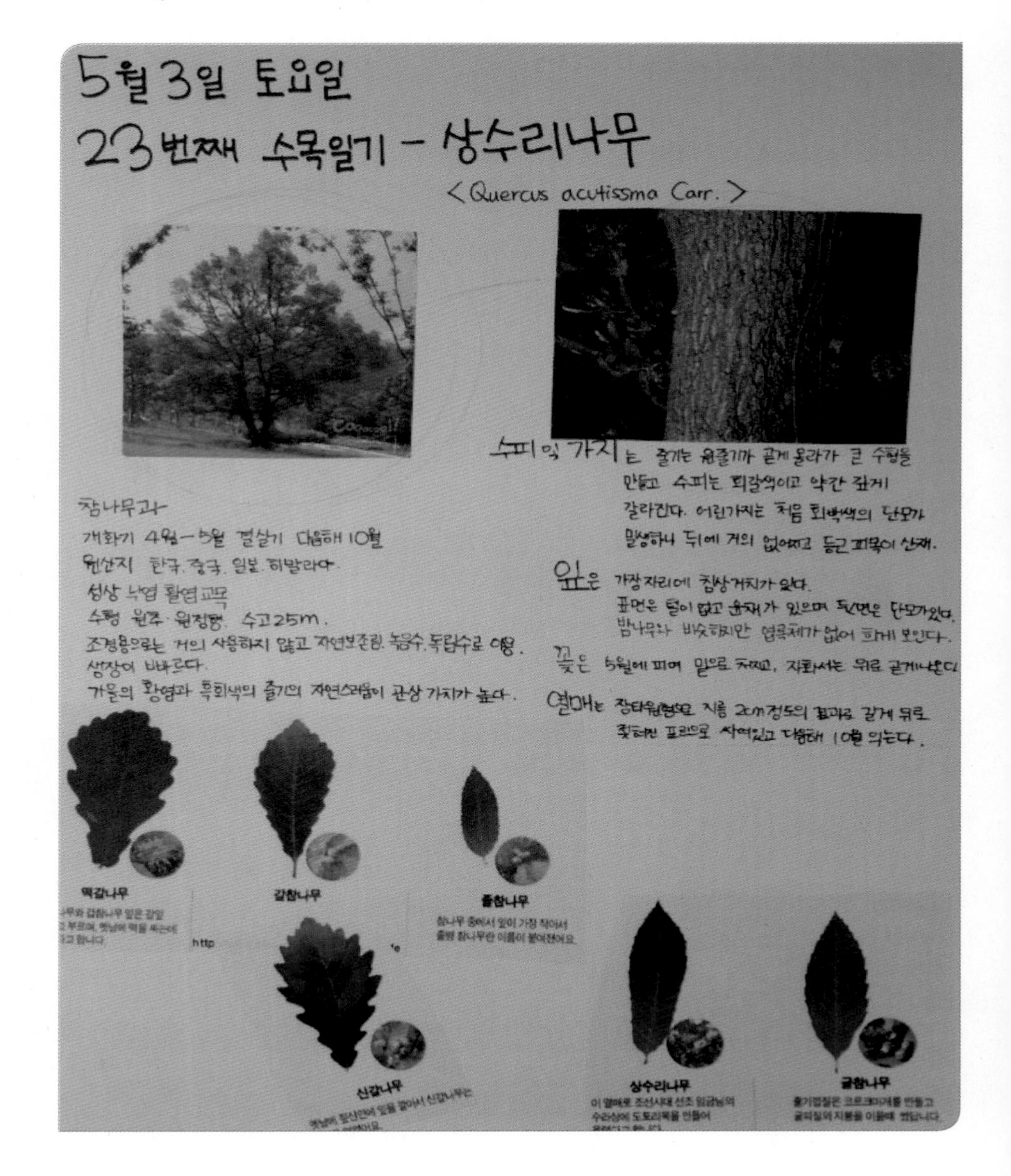

13.19 전나무(Abies holophylla Max.)

"어린 시절에 집에서 내 나무라고 스트로폼 박스에 전나무 묘목을 키운 적이 있다. 그래서인지 소나무보다 더 정겹고 친근하다. 아직까지 나는 소나무와 구분이 너무 어렵다."

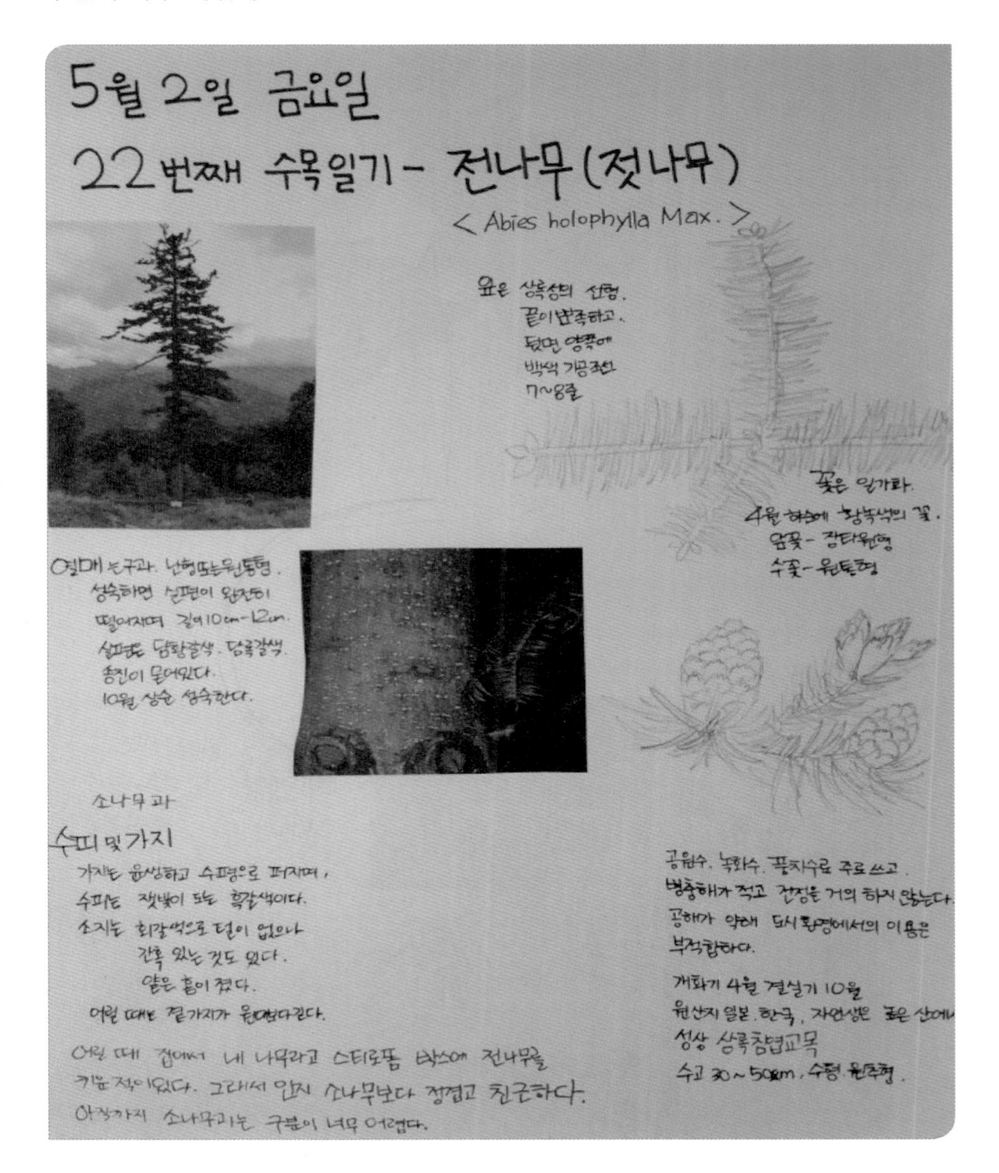

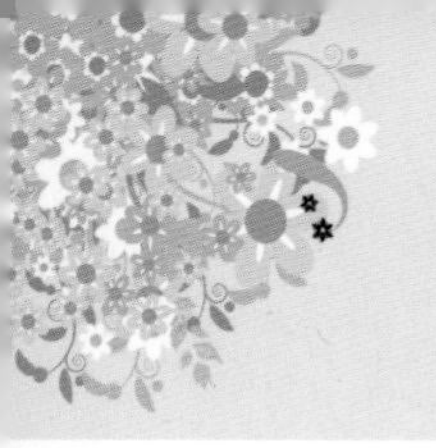

13.20 좀작살나무(Callicarpa dichotoma.)

“점심을 먹고 한학촌에 갔는데, 다리 밑에 포도 같이 생긴 열매가 달려있었다. 바로 좀작살나무였다. 작살나무보다 작아서 ‘좀작살나무’인지 의문이 들었다. 난 주렁주렁 달린 나무여서 좋았다. 꽃을 보지 못해 아쉬웠다.”

찾아보기

[ㄱ]
가렛 에크보(Garrett Eckbo) 61
개인적 공간 205
게릴라 가드닝 190
계획 217
공원녹지 131
공중정원 107
관계의 축소 19
교호식재 291
규격 294
그린디자인 266
그린인프라 142
근원직경 297

[ㄴ]
노단식 정원 125

[ㄷ]
단식 291
대식 291
도시생태계 257
도시숲 177
도시열섬현상 261
디자인 217

[ㄹ]
랜드스케이프어바니즘 40
르네상스 123

[ㅁ]
마을숲 154
메타세쿼이아 303

[ㅂ]
배롱나무 311
버큰헤드파크 143
별장정원 114
비오톱 137

[ㅅ]
생태계 255
생태학 254
센트럴파크 148
소나무 301
수고 296
수관폭 296
수도원정원 117
수렵원 106
수목의 규격 296
수목일기 320
스케일(Scale) 192
스페인의 정원 120
식재디자인 275

[ㅇ]
아도니스 가든 111
아크로스 후쿠오카 108

앤드류잭슨 다우닝 45
에덴동산 101
열식 291
영역성 205
예술미 14
은행나무 305
이안 맥하그(Ian McHarg) 66
이팝나무 313
인공시스템 258
인도의 정원 122
일본의 정원 79

[ㅈ]

자연미 13
자연시스템 257, 258
정원 23
정원과 조경의 차이점 34
조경계획과정 219
조경디자인 요소 229
조경의 현대적 가치 35
줄기의 수 297
중국의 정원 74
지속가능한 개발 263
지속가능한 개발의 범주 264
지하고 297
집단식재 291

[ㅊ]

찰스 엘리엇 54
축경 17
칠엽수 308

[ㅌ]

탄소제로도시 266

[ㅍ]

평면기하학식 정원 126
포럼 115
푸른 옥상 가꾸기 178
풍경식정원 128
프레데릭 로우 옴스테드 49

[ㅎ]

하이라인파크 40
학교숲 178
한국의 정원 86
헨리 빈센트 허바드 58
현대 조경가 요약 71
호랑가시나무 315
환경의 특성 244
흉고직경 296

[기타]

3R 268
4H 269
5R 268
Atrium 114
Peristylium 114
PPT(People, Place, Time) 220
Xystus 114

저자소개

김 수 봉

- 1961년 대구 生
- 대한민국 ROTC 22기
- 경북대와 동 대학원 조경학과 졸업
- 영국 셰필드대학 조경학과에서 Ph.D.
- 경북대 조경학과 조교
- 셰필드 대학 건축학부 조경학과에서 Post-Doc과정
- 싱가폴국립대학(NUS) 건축학과 초빙교수 역임
- 현재 경상북도 도시계획위원, 대구경북녹색연합공동대표
- 한국조경학회 영남지회장, 학회부회장, 계명대학교 동영학술림장
- 계명대학교 공과대학 도시학부 생태조경학전공 교수
- 저서로는 〈옥상조경 정책연구(2009)〉와 〈그린디자인의 이해(2012)〉 등 20여 권, 역서 〈우리의 공원, 2014〉, 주요 논문으로 〈건강한 캠퍼스 공동체 조성을 위한 대학생의 보행성에 관한 연구, 2015〉 외 110편이 있다.

자연을 담은 디자인

초판인쇄 2016년 2월 25일
초판발행 2016년 3월 10일

지은이 김수봉
펴낸이 안종만

편 집 전채린
기획/마케팅 박세기
표지디자인 조아라
제 작 우인도 · 고철민

펴낸곳 (주) 박영사
서울특별시 종로구 새문안로3길 36, 1601
등록 1959.3.11. 제300-1959-1호(倫)
전 화 02)733-6771
f a x 02)736-4818
e-mail pys@pybook.co.kr
homepage www.pybook.co.kr
ISBN 979-11-303-0280-5 93520

정 가 24,000원